시그널, 기후의 경고

시그널, 기후의 경고

SIGNAL

SBS 기상전문기자 안영인 박사의 기후 탐사보도

꼭 알아야 할 100가지 기후경고

안영인 지음

사람을
위협하는 기후

기후를
위협하는 사람

CONTENTS

기후의 경고 2 스모그 겨울이 올까?

중국에서 코로나19 첫 환자가 보고된 것은 지난 2019년 12월, 1년 반이라는 시간이 흘렀지만 세계는 여전히 코로나19로 심한 몸살을 앓고 있다. 2021년 5월 현재까지 전 세계에서 1억 5천만 명이 넘는 환자가 발생해 이 가운데 320만 명이 넘는 환자가 목숨을 잃었다. 국내에서도 12만 명이 넘는 환자가 발생해 1,800명 이상이 목숨을 잃었다. 백신 접종이 진행되면서 한편에서는 집단 면역이라는 희망을 갖게 됐지만 다른 한편에서는 또 다른 유행을 걱정하고 있는 상황이다.

최근 들어 사스SARS와 메르스MERS, 코로나19가 지구촌을 강타하면서 앞으로는 이 같은 팬데믹이 더 잦아질 것이라는 주장 또한 점점 더 설득력을 얻어가고 있다. 환경 파괴나 야생 동물의 서식지가 빠르게 파괴되고 특히 각종 재앙을 불러오는 기후변화까지 빠르게 진행되고 있기 때문이다. 기록적인 폭염과 홍수, 슈퍼태풍, 해수면상승 같은 각종 재앙에 이어 반복되고 있는 팬데믹까지, 이제는 단순히 기후가 변하는 수준에 머무는 것이 아니라 기후위기, 기후 비상사태라는 말까지 나오고 있다.

　실제로 영국과 캐나다 등 주요 국가와 세계 각국의 지자체들은 단순한 기후의 변화가 아니라 기후위기의 심각성을 인식하고 기후 비상사태를 선언하고 있다. 세계적인 추세에 발 맞춰 우리나라도 최근 2050년까지 탄소중립carbon neutral, 넷제로net zero를 달성하겠다고 선언했다. 2050년까지 모든 산업구조를 획기적으로 조정하고 신재생 에너지 보급과 과학기술 혁신을 통해 실질적인 탄소배출량을 '0'로 만들겠다는 것이다. 모든 것이 계획대로 이루어지고 또 반드시 달성해야 하는 것이지만 앞으로 넘어야 할 산은 많다. 현재 누리고 있는 생활과 각종 산업을 획기적으로 바꾸는데 30년이라는 기간이 충분하지 않을 수도 있다. 특히 2050년에 탄소중립이 이루어진다고 해서 곧바로 대기 중 온실가스 농도가 감소한다거나 지구온난화가 멈추는 것도 아니다. 대기 중으로 한 번 배출된 이산화탄소는 짧게는 수년에서 길게는 수백 년 동안 대기 중에 머물면서 지구를 뜨겁게 가열하기 때문이다.

　실증적인 예로 코로나19가 전 세계를 강타한 2020년, 세계적으로 모든 활동이 위축되면서 각종 온실가스 배출량은 줄어들었다. 하지만 2020년 대기 중 온실가스는 전혀 감소하지 않았다. 오히려 계속해서 증가하고 있다. 2021년 4월 7일 기준, 대표적인 온실가스 관측소인 하와이 마우나로아 관측소의 전 세계 대기 중 이산화탄소 농도를 보면 418.27ppm을 기록하고 있다. 시간이 흐르면서 계속해서 역대 최고치를 경신하고 있다. 한반도 지역도 마찬가지다. 2020년 12월 31일 안면도 기후변화 감시소에서 관측한 대기 중 이산화탄소 농도는 429.68ppm이다. 2019년에 이어 2020년에도 대기 중 이산화탄소 농도가 증가한 것이다. 코로나19로 모든 활동이 움츠러들면서 온실가스 배출량이 감소한 것은 사실이지만 대기 중 온실가스는 계속해서 늘어나면서 지구온난화, 기후변화는 끊임없이 진행되고 있는 것이다.

기후 비상사태를 해결하기 위해서는 정부가 책임을 지고 앞장서 나가는 것이 매우 중요하다. 정부가 적극적으로 나설 때 국민과 산업계의 적극적인 참여와 행동을 이끌어 낼 수 있고 그들의 참여와 행동 또한 온전히 빛을 발할 수 있기 때문이다. 한 예로 지난 2021년 2월 프랑스 행정법원은 그린피스와 옥스팜 등 4개 환경단체가 프랑스 정부를 상대로 낸 소송에서 정부는 기후변화에 제대로 대응하지 않은 책임을 인정하고 이들 단체가 상징적 의미로 청구한 1유로(약 1,300원)를 배상하라고 명령한 바 있다. 기후위기 대응에서 정부의 책임과 역할이 매우 중요하다는 것을 강조한 역사적인 판결이다. 정부의 적극적인 대책과 역할이 있어야 '기후악동'이라는 불명예스러운 타이틀을 하루라도 일찍 내려놓을 수 있고 2050년 탄소중립도 달성할 수 있다.

기후위기를 제외하고도 인류가 해결해야 할 문제는 많이 있다. 당장 전 세계를 강타하고 있는 코로나19도 해결해야 하고 머리 위에 이고 있는 핵무기도 해결해야 할 문제다. 전 세계적으로 8억 명에 이르는 기아 문제도 인류가 풀어야 할 과제다. 암과 같은 질병도 인류가 정복해야 할 과제다. 하지만 지구촌 생태계와 인류의 지속적인 생존과 번영을 위해 해결해야 할 최고의 문제는 팬데믹도 핵무기도 기아도 질병도 아닌 기후변화 문제다. 기후위기 문제다.

지난 2017년 출판한 〈시그널, 기후의 경고〉의 내용을 다듬고 새로운 내용을 보충해 개정증보판을 발간한다. 기존 원고에서 3분의 1 정도를 빼고 그 이상을 최근에 발표된 새로운 내용으로 채웠다. 시간이 흐르면서 보완이 필요했던 부분은 보완했다. 2017년 출판에 이어 개정증보판을 발간하는 것은 기후변화, 기후위기로 인해서 현재 우리가 살고 있는 지구촌에 어떤 상황이 벌어지고 있고 또 앞으로 어떤 상황이 다가올 것인지 과학적인 사실을 쉽게 이해하는데 도움이 되었으면 하는 마음이 컸기 때문이다. 특히 기후변화 문제는 다음 세대 또는 손자 세대에나 나타날 문제가 아닌 임박한 우리의 문제이며, 기후변화의 재앙은 약자에게 먼저 그리고 더 가혹하게 다가오므로 힘없는 사람이나 동물, 생태계에 대한 특별한 배려가 필요하다는 사실을 깨닫는 계기가 되기를 바란다. 책 한 권에 기후 변화에 관한 모든 과학적인 사실과 영향, 전망, 대책을 담을 수는 없다. 하지만 모든 경제 주체가 기후위기 대응을 위한 즉각적인 행동을 나서는데 큰 힘이 되기를 기원하는 마음에서 이 책을 낸다.

개정증보판을 출간하는 데는 우선 엔자임헬스 김동석 대표의 힘이 컸다. 먼저 제안을 했다. 고마움을 전한다. 또한 유혜미 출판본부장과 이현선 상무, 송하현 디자인본부장의 도움도 컸다. 여기 저기 흩어져 있던 것들을 하나로 묶어 멋진 작품을 만들어 냈다. 이밖에도 개정증보판에 도움을 준 엔자임헬스의 모든 식구들에게 고마움을 전한다.

2021년 5월

지은이 안영인

2002~2003년에 사스^{SARS}가 발생했고
2009년에는 신종플루, 2014년에는 에볼라바이러스,
2015년에는 메르스^{MERS}, 2016년에는 지카바이러스,
2019년에는 코로나19가 발생하는 등
최근 들어 지구촌을 괴롭히는 감염병이 부쩍 늘었다.

기후변화, 감염병 팬데믹 잦아지나?

중국 아궁이 검댕이
심혈관 질환을 일으킨다

아궁이뿐 아니라 부엌 전체가 시커먼 그을음으로 도배가 되어 있던 시절이 있었다. 70년대까지도 시골은 그랬다. 난방하고 음식을 조리하는데 나무나 가을걷이 후 남은 볏짚, 콩대 같은 것을 땠기 때문이다. 나무나 풀, 석탄, 석유 같은 연료가 탈 때 완전히 연소하지 않으면 그을음이 나온다. 이 그을음이 검댕즉, 블랙카본BC, Black Carbon이다.

한국에서는 아궁이에 불을 때는 것을 보기 쉽지 않지만 중국과 인도의 시골에서는 여전히 난방이나 음식을 조리할 때 아궁이에 불을 지피는 경우가 많다. 중국 전체 가정 가운데 절반 정도는 아직도 아궁이를 이용하고 있다. 수억이나 되는 가정들이 지금도 아궁이에 불을 때고 있는 것이다. 이렇다 보니 전세계 검댕 배출량의 25~35%는 중국과 인도에서 배출된다

검댕은 지구로 들어오는 햇빛을 흡수해 열을 지구에 잡아두는 역할을 한다. 검댕이 지구온난화에 미치는 영향은 인간이 배출하는 물질 가운데 이산화탄소 다음으로 가장 강력하다. 다행인 것은 배출된 검댕이 대기 중에 머무는 기간이 기껏해야 몇 주 정도로 짧다는 것이다. 때문에 중국이나 인도의 아궁이에서 배출되는 검댕만 줄여도 짧은 기간에 지구온난화 속도를 눈에 띄게 늦출수 있다는 주장도 나온다.

이런 검댕이 심장병을 일으킬 수 있다는 연구 결과가 미국 국립 과학원회보

PNAS에 실렸다(Baumgarter et al, 2014). 캐나다 맥길McGill대학교 연구팀이 중국 윈난성雲南城 시골에서 난방이나 음식을 조리할 때 아궁이에 불을 지피는 여성 280명에게 검댕을 비롯한 초미세먼지PM2.5를 포집할 수 있는 장치가 부착된 특수 옷을 입혀 실험했다. 280명 모두 담배를 피운 적이 없는 여성들이다.

연구팀은 포집한 미세먼지뿐 아니라 여성의 혈압과 신체활동 정도, 체질량지수BMI, 기존 질병, 고속도로로부터의 거리 등도 함께 측정해 분석했다.

분석결과 중국 시골 여성들이 노출되는 초미세먼지 농도는 여름철에는 평균 $55\mu g/m^3$, 난방을 하는 겨울철에는 평균 $117\mu g/m^3$나 되는 것으로 나타났다. 세계보건기구WHO 권고 기준이 $10\mu g/m^3$점을 감안하면 5배에서 최고 10배가 넘는 고농도 미세먼지에 노출되고 있는 것이다. 특히 포집한 전체 초미세먼지 가운데 검댕은 연평균 $5.2\mu g/m^3$정도인 있는 것으로 나타났다.

고농도 초미세먼지에 노출되는 이 여성들의 건강에 무슨 일이 일어났을까? 특이하게도 혈압이 올라가는 것으로 나타났다. 일상생활에서 검댕에 자주 노출되는 이들 여성의 최고혈압은 검댕 농도가 $1\mu g/m^3$ 늘어날 때마다 평균 4.3mmHg씩 높아졌다. 특히 50대 이상은 40대 이하 젊은 층에 비해 같은 양의 검댕에 노출되더라도 혈압이 상승하는 정도가 더 크게 나타났다. 노인층일수록 검댕이 심장질환을 일으킬 가능성이 커진다는 뜻이다. 특히 검댕이 혈압 상승에 미치는 영향은 함께 포집한 다른 미세먼지보다 2배 이상 큰 것으로 나타났다.

아궁이에서 배출되는 검댕 말고 기하급수적으로 늘어나는 자동차에서 배출되는 검댕 또한 적지 않다. 연구팀이 고속도로 부근(208미터 이내)에 살고 있는 여성을 조사한 결과 아궁이에서 배출되는 검댕과 자동차에서 배출되는 검댕에 동시에 노출되는 여성의 경우 검댕이 $1\mu g/m^3$ 늘어날 때마다 최고혈압은 6.2mmHg씩 상승하는 것으로 나타났다. 도로에서 멀리 떨어져 사는 여성의 혈압 상승폭보다 3배나 큰 것이다.

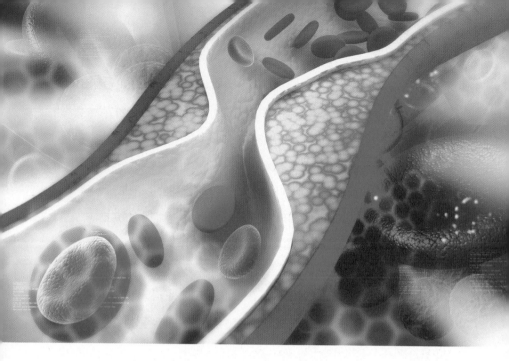

검댕이 혈압을 상승시키는 이유에 대해서는 논문에서 자세하게 언급하고 있지 않다. 다만 검댕처럼 불완전연소 시 발생하는 초미세먼지가 완전연소 시 발생하는 초미세먼지보다 몸에서 면역을 담당하는 대식세포 등에 미치는 독성이 강하다고 밝히고 있다. 또 검댕이 연소과정에서 발생하는 여러 가지 건강에 해로운 물질을 대식세포나 상피세포로 실어 나르는 역할을 하는 것으로 추정하고 있다.

중국 가정의 아궁이나 석탄을 때는 화력 발전소, 급증하고 있는 자동차에서 배출되는 검댕은 혈압을 상승시켜 심혈관질환 발생 가능성을 높일 뿐 아니라 지구온난화를 가속화시키고 지독한 스모그를 일으키는 주범 가운데 하나다. 그런데 중국에서 발생한 검댕이 중국에만 머물러 있지 않는다는 게 문제다. 바람이 중국에서 한반도로 불어올 때면 검댕도 한반도로 넘어온다. 검댕으로 인해 혈압이 상승하는 일이 단지 중국 시골 여성들만의 일이 아닌 것이다. 지구온난화 속도를 늦추고 아시아인의 건강을 지키기 위해 중국은 반드시 검댕을 줄일 수 있는 대책을 강구해야 한다.

"무릎이 쑤셔, 비가 오려나"
과학인가? 짐작인가?

"허리가 아픈 것을 보니 비가 오려나? 얘야 빨래 걷어라!"

비가 오기 전에 허리가 아프고 무릎이 쑤신다는 사람이 많다. 비가 오기 전, 두통이 심해진다는 사람도 있고 날씨가 후텁지근해지면 머리가 더 아파진다는 사람도 있다. 심지어 경험 많은 기상예보관보다도 관절염이나 허리통증, 편두통을 앓고 있는 사람들이 궂은 날씨를 더 잘 예측한다는 말도 한다.

"날씨가 만성 통증에 영향을 미친다." 시작이 언제 인지 알 수 없을 정도로 아주 오래 전부터 내려오는 얘기다. 그런데 과학적인 근거는 있는 것일까? 아니면 대강 어림으로 짐작한 것일까?

날씨 변화가 다양하고 사람도 각각 다르고 질병도 각각 다르고 환자의 기분도 각각 다르고 나타나는 통증의 정도 또한 각각 다른 만큼 연구 결과도 다양하다.

통증 때문에 응급실을 찾은 류마티스 관절염 환자를 대상으로 한 스페인 연구팀의 연구 결과를 보면 50~65세 환자의 경우 평균 기온이 떨어질 때 통증이 심해지는 것으로 나타났다(Abasolo et al., 2013). 날씨 변화가 통증을 일으킨다는 믿음과 일치하는 것이다. 노르웨이 연구팀의 연구에서도 류마티스 관절염 환자의 통증은 3가지 이상의 기상 요소에 영향을 받는 것으로 나타났는데 이 같은 현상은 개인에 따라 차이가 매우 심했다고 연구팀은 밝히고 있다

(Smedslund et al., 2009).

여러 연구를 종합해 볼 때 류마티스 관절염 환자의 증상에 영향을 미치는 기상 요소는 습도와 온도인데 습도가 높을수록 증상이 악화될 수 있고 높은 온도 역시 대기 중 수증기량을 늘려 관절염 증상을 악화시킬 수 있다는 연구 결과도 있다(Patberg and Rasker, 2004). 또 만성 통증 환자 가운데 상대적으로 젊고 관절염이 있는 환자일수록 날씨 변화와 통증의 연관성이 크게 나타났다는 연구 결과도 있다(Jamison et al., 1995).

일본 나고야대학 연구팀은 쥐를 이용해 통증과 날씨 변화에 대한 연관성을 실험하기도 했다(Sato, 2003). 관절이나 신경에 통증이 생기도록 발에 염증을 일으킨 쥐를 기압이 낮은 곳과 온도가 낮은 곳에 넣어 두는 실험을 했다. 실험 결과 발에 염증이 있는 쥐는 염증이 없는 정상적인 쥐와는 달리 기압이 낮아지거나 온도가 낮아지면 통증을 호소하는 것 같은 행동을 보였다. 연구팀은 비행기를 탄 사람이 비행기가 이착륙할 때 느끼는 것처럼 쥐의 귀 속에 기압의 변화를 감지하는 어떤 센서가 있는 것이 아닌가 추정했다. 궂은 날씨가 닥칠 때 사람에게도 이와 비슷한 현상이 나타나지 않겠느냐 하는 것이다.

하지만 지금까지의 믿음을 부정하는 연구 결과도 있다. 최근 호주 시드니대학 연구팀은 누구나 평생 한번은 겪게 되는 허리통증은 온도나 습도, 기압, 바람방향, 강수 같은 기상 상태와 별다른 관련이 없다는 논문을 학계에 제출했다(Steffens et al, 2014). 바람이 강하게 불거나 돌풍이 부는 날에는 허리통증이 조금 심해지는 경향이 나타나기도 했지만 의학적으로는 중요하지 않은 정도라고 연구팀은 주장했다. 많은 사람들이 날씨 변화와 허리통증이 관련이 있다고 믿는 것과는 달리 과학적으로는 별다른 연관성을 찾지 못했다는 것이다. 물론 시드니대학의 연구는 허리통증 환자를 대상으로 한 연구로 관절염이나 다른 통증 환자를 대상으로 할 경우 같은 결과가 나올지는 알 수 없다.

날씨 변화와 통증에 대한 연구는 많이 있지만 대부분 날씨 변화와 환자의 증상이 서로 연관이 있다 없다 하는 정도의 연구다. 물론 저기압이 다가오면서 주변 기압이 낮아지면 관절 내부의 압력이나 관절액, 부종 등에 변화가 생겨 관절에 있는 신경이 자극을 받거나 염증이 악화돼 통증이 발생한다는 이론도 있다. 또 기온이 떨어지면 근육이 경직될 수 있는데 근육이 경직되면 외부의 자극이나 작은 충격에도 적절히 반응하지 못해 이것이 통증을 일으킨다는 주장도 있다. 기온이 떨어져 관절 내부에 있는 세포가 위축될 경우 신경을 자극해 통증을 악화시킨다는 설도 있다. 많은 환자들이 날씨 변화에 따라 통증이 달라진다고 말하는 것 자체가 과학적인 증거라는 주장도 있다. 하지만 날씨 변화가 구체적으로 어떻게 작용해서 어떻게 통증을 일으키는 지에 대한 메커니즘을 속 시원하게 설명해 주는 연구 결과는 찾기 쉽지 않다.

환자들이 통증의 원인을 일상생활에서 가장 찾기 쉬운 날씨 변화에서 찾고 실제로 날씨 변화의 영향이라고 믿고 있을 가능성도 없지 않다. 반대로 날씨 변화와 통증이 과학적인 인과관계가 충분히 있지만 현대 과학이 아직 이를 제대로 밝혀내지 못했을 가능성도 물론 있다. 아직은 모호하고 명확하지 않은 부분이 많이 남아 있는 것이다.

경험 많은 기상예보관보다도 날씨 예측을 더 잘한다는 통증. 과연 과학일까? 아니면 어림짐작에 불과한 것일까? 분명한 것은 기후변화가 계속해서 진행될수록 이 문제의 답을 찾기는 더욱 어려워질 가능성이 크다. 우리 몸에 큰 영향을 미치는 것으로 알려진 기온이나 습도, 기압 등 다양한 기상 요소들이 기후변화에 따라 예전과는 다르게 끊임없이 변할 것으로 예상되기 때문이다.

알레르기 유발하는
꽃가루가 두 배 늘어난다

콧물에 재채기, 코막힘까지, 1년에 봄과 가을 두 차례 찾아오는 환절기가 고통스러운 사람들이 많다. 알레르기 환자들이다. 세계 알레르기협회World Allergy Organization 백서를 보면, 세계적으로 수억 명이 알레르기 비염을 갖고 있다. 3억 명은 알레르기 천식을 앓고 있다. 그 중 천식으로 사망하는 사람이 매년 25만 명이나 된다(Canonica et al, 2011).

환절기에 알레르기를 일으키는 대표적인 물질은 바로 꽃가루다. 봄철에는 나무 꽃가루가 많고 가을철에는 잡초 꽃가루가 많다. 이런 꽃가루에 대해 일반인의 20% 정도, 아토피 환자의 경우는 40% 정도가 알레르기 반응을 일으키는 것으로 알려져 있다.

앞으로 이산화탄소 배출량이 지속적으로 늘어나고 오염물질인 지상 오존이 계속해서 늘어날 경우 2,100년쯤에는 꽃가루가 지금보다 얼마나 더 늘어날까?

미국 하버드대학교와 매사추세츠대학교(Amherst) 공동연구팀이 벼과에 속하는 다년생 잡초인 큰조아재비Timothy grass, Phleum pratense를 현재와 2100년에 예상되는 기후와 동일한 상태를 만들어 낼 수 있는 커다란 용기에서 키우면서 꽃가루를 직접 세는 방식으로 실험을 진행했다. 이산화탄소와 오존의 농도는 씨를 뿌릴 때부터 꽃망울을 터뜨릴 때까지 일정하게 유지했다.

실험은 현재와 2100년의 대기 중 이산화탄소와 지상 오존 예상 농도에 따라 다음과 같이 4가지를 진행했다.

(실험 1) 현재 이산화탄소 농도(400ppm), 현재 오존 농도(30ppb)

(실험 2) 현재 이산화탄소 농도(400ppm), 2100년 오존 농도(80ppb)

(실험 3) 2100년 이산화탄소 농도(800ppm), 현재 오존 농도(30ppb)

(실험 4) 2100년 이산화탄소 농도(800ppm), 2100년 오존 농도(80ppb)

실험 결과 오존 농도가 현재와 같은 수준에 머물면서 이산화탄소가 두 배로 늘어날 경우(실험 3) 꽃가루는 현재보다 202%나 늘어나는 것으로 나타났다. 공기 중 이산화탄소가 늘어날 경우 광합성이 활발해지면서 잡초가 더 잘 자라고 꽃도 더 많이 피고 하나의 꽃에서 더 많은 꽃가루를 만들어낸다는 것이다. 이산화탄소 증가와 함께 오존이 동시에 증가하더라도(실험 4) 꽃가루가 현재보다 165%나 증가하는 것으로 나타났다. 늘어나는 오존이 식물의 생장을 억제해 이산화탄소 증가로 늘어날 수 있는 꽃가루를 일부 상쇄하기는 하지만 기후변화가 진행될수록 꽃가루가 급격하게 늘어난다는 뜻이다.

문제는 단순히 꽃가루만 늘어나는 것이 아니라는 점이다. 연구팀이 각각의 실험에서 알레르기를 일으키는 항원 단백질Phl 5 allergen을 조사한 결과 오존 농도는 변화 없이 이산화탄소만 두 배로 늘어날 경우(실험 3) 항원 단백질이 190%나 늘어나는 것으로 나타났다. 알레르기 반응을 일으키는 물질이 두 배 가까이 늘어나는 것이다. 대기 중 오존이 두 배 이상 증가해 식물의 생장을 억제하는 경우에도(실험 4) 항원 단백질은 47%나 증가하는 것으로 나타났다.

단순히 꽃가루만 생각할 경우 지상 오존은 식물의 생장을 억제해 꽃가루 발생을 줄이는 역할을 한다. 하지만 지상 오존이 늘어나는 것을 반길 수는 없다. 오존 자체가 코나 기관지 점막을 자극해 호흡기 질환을 일으키거나 악화시킬 수 있고 눈에도 문제를 일으키는 오염물질이기 때문이다. 결국 앞으로 이산화탄소 배출을 줄이지 않는 한 급증하는 꽃가루를 줄이기는 쉽지 않을 전망이다.

지금과 같은 추세로 기후변화가 지속될 경우 알레르기 환자가 크게 늘어날 뿐 아니라 이들에게 꽃가루가 늘어나는 봄철과 가을철은 더욱 더 혹독한 계절이 될 가능성이 높다.

지카 바이러스와 엘니뇨,
그리고 기후변화

브라질 올림픽이 열린 2016년, 참가 선수단뿐 아니라 당국을 바짝 긴장시킨 것은 바로 지카바이러스다. 지카 바이러스Zika virus가 전 세계로 빠르게 확산하면서 올림픽 참가를 거부한 선수까지 등장했다. 신생아의 소두증小頭症을 일으킬 가능성이 있는 것으로 알려진 지카 바이러스를 옮기는 매개체는 이집트숲모기Aedes aegypti다.

어느 지역에서 얼마나 많은 이집트숲모기가 활발하게 활동을 하는 지는 무엇보다도 온도와 밀접한 관계가 있다. 이집트숲모기가 알에서 부화하고 유충이 성체로 자랄 수 있는 온도는 14℃~36℃ 사이로 알려져 있다. 이집트숲모기 유충이 성장할 수 있는 최저 한계온도는 9℃~10℃ 정도지만, 보통 14℃아래에서는 유충이 성체로 제대로 자라지 못하기 쉽고 36℃를 넘어서는 폭염 속에서도 정상적인 활동이 어려워진다는 뜻이다. 이집트숲모기가 성장하는데 최적의 온도는 보통 20℃~30℃ 사이다. 20℃~30℃ 사이에서는 모기 유충의 88~93%가 성체로 자라는 것으로 학계는 보고 있다(자료: 이근화, Micha, Tun-Lin et al.).

특히 온도가 높으면 높을수록 알에서 부화해서 성체로 자라기까지의 시간이 짧게 걸린다. 온도가 30℃를 넘어설 경우 1주일 정도면 알에서 부화해 성체까지 자라지만, 온도가 15℃인 경우는 알에서 부화해 유충이 되고 유충이 성체로 변하기까지 걸리는 기간은 무려 40일 정도나 된다. 이집트숲모기가 정상적으로 살아갈 수 있는 온도 범위에서는 온도가 높으면 높을수록 번식에 걸리는 시간이 짧아지는 만큼 개체수가 크게 늘어날 가능성이 있는 것이다. 2015년부터 브라질을 비롯한 중남미지역에서 지카 바이러스가 빠르게 확산한 것도 그 해 지구 평균기온이 관측사상 가장 높았던 것과 관련이 있는 것으로 보고 있다. 슈퍼 엘니뇨와 지구온난화로 인한 기후변화가 지카 바이러스의 확산을 부추겼을 가능성이 크다는 것이다.

기온이 올라가면 이집트숲모기가 서식할 수 있는 지역 또한 넓어진다. 현재 열대와 아열대지역에서 서식하고 있는 이집트숲모기는 지구온난화로 기후변화가 진행될 경우 아열대 지역이 넓어지면서 서식지 또한 크게 넓어질 수 있는 것이다. 현재 우리나라의 경우 제주도와 남해안 일부 지역이 아열대 기후대에 포함돼 있다. 지구온난화로 인한 기후변화가 지속될 경우 아열대 지역은 빠르게 북상할 것이 분명하다.

강수량 또한 이집트숲모기의 개체수와 활동에 큰 영향을 미친다. 강수량은 특히 모기 개체수를 크게 늘어나게 하는 역할도 하지만, 반대로 크게 감소시키는 역할도 할 수 있는 양날의 칼이다. 비가 적게 내리는 지역에서 비가 적당히 내리면 물이 고이는 웅덩이가 많이 만들어지면서 모기가 알을 낳을 수 있는 장소 또한 늘어나게 된다. 하지만 강수량이 늘어난다고 반드시 모기 개체수가 늘어나고 활동이 활발해 지는 것은 아니다. 비가 너무 많이 내려 홍수가 발생하거나 비가 너무 자주 내리면 모기 유충이 서식하는 고인 물이 모두 쓸려 내려갈 가능성이 크기 때문이다. 비가 자주 내리는 장마철에는 상대적으로 모기가 적은 이유와 같다.

가뭄이 발생할 경우에도 가뭄의 정도에 따라 바이러스 감염자가 늘어날 수도 있고 얼마든지 감소할 수도 있다. 심한 가뭄이 이어질 경우 모기가 알을 낳을 수 있는 고여 있는 물 자체가 줄어들면서 모기 개체수가 급격하게 줄어들 수 있다. 당연히 감염자가 늘어나기 어렵다. 하지만 고여 있는 물이 적당히 남아 있을 정도로 심하지 않은 가뭄이 이어질 경우 지카 바이러스가 널리 퍼질 가능성도 있다. 일정 수준의 모기 개체수가 유지되는데다 비가 적을 경우 비가 자주 많이 내릴 때보다 사람들의 야외 활동이 늘어나서 모기에 물릴 가능성 또한 커지기 때문이다.

엘니뇨가 발생하거나 지구온난화로 인한 기후변화가 진행될 경우 각 지역의 기온과 강수량 또한 지속적으로 변하기 마련이다. 온도와 강수량에 큰 영향을 받는 모기 활동과 개체수 역시 지속적으로 영향을 받을 수밖에 없는 것이다.

2016년 브라질에서 지카 바이러스가 가장 폭발적으로 퍼진 지역은 브라질 북동부 대서양 연안에 있는 헤시피Recife라는 도시다. 주민이 3백 70만 명 정도인 헤시피는 브라질 북동부에서 가장 크고 아름다운 항구 도시로 유명하다(자료: Wikipedia). 헤시피는 고온과 가뭄이 이어지는 상황에서 지카 바이러스가 폭발적으로 퍼졌다. 평년보다 기온이 높고 비가 많이 내린 상황에서 바이러스가 폭발적으로 퍼진 것이 아니다.

지구온난화에 엘니뇨까지 겹치면서 지구

평균기온이 관측사상 최고를 기록한 2016년 헤시피 지역에는 기록적인 고온 현상이 나타났다. 그해 9~11월 기온은 평년보다 1.2℃나 높아 1998년 이후 가장 더웠다. 평년 헤시피의 9~11월 평균기온이 28~30℃인 점을 감안하면 평균 30℃를 넘은 날이 많았다는 뜻이다. 기온이 올라갈수록 모기 유충에서 성체로 자라는 데 걸리는 기간이 짧아지는 만큼 모기 개체수가 크게 늘어날 한 가지 조건은 만들어진 것이다.

하지만 한 해 전인 2015년 헤시피 지역에 비가 많이 내리지는 않았다. 2015년 헤시피 지역 강수량은 1998년 이후 가장 적었다. 뜨겁고 건조한 날씨가 이어진 것이다. 그럼에도 불구하고 헤시피 지역에서 지카 바이러스가 폭발적으로 확산한 것은 고온 건조한 상황에서도 모기가 번식할 수 있는 고인 물이 곳곳에 적당히 존재했을 것으로 추정된다. 특히 고온으로 모기 개체수가 늘어나는 상황에서 사람들이 야외 활동을 많이 하면서 모기에 더 많이 물리지 않았을까 학계는 추정하고 있다. 엘니뇨와 지구온난화의 영향으로 바뀐 지역 기후가 모기 개체수에 영향을 미치고, 사람들의 생활 양식에까지 변화를 초래해 지카 바이러스가 폭발적으로 퍼졌다는 것이다. 한 가지가 아니라 여러 가지 조건이 맞아 떨어지면서 환자가 폭발적으로 늘어난 것으로 추정하는 것이다.

엘니뇨나 지구온난화로 인한 기후변화가 바이러스 확산에 미치는 영향은 모든 지역에서 비슷하게 나타나는 것은 아니다. 기후변화가 모든 지역과 계절에 동일하게 나타나지는 않는 만큼 기후변화가 모기 활동에 미치는 영향 또한 지역과 계절에 따라 크게 다를 수밖에 없다.

미국 애리조나 대학교는 치명적인 뇌염을 일으키는 웨스트 나일 바이러스 West Nile virus를 옮기는 모기의 활동이 기후변화에 따라 어떻게 달라지는 지 연구했다(Morin et al.).

1937년 우간다 웨스트 나일지역에서 처음 발견된 웨스트 나일 바이러스는 1990년대 말 미국에 상륙했고 2012년 한 해 동안 286명이 웨스트 나일 바이러스로 인한 뇌염으로 사망하는 등 최근까지 많게는 한 해에 수백 명이 웨스트 나일 바이러스로 목숨을 잃기도 한다(자료: Wikipedia).

연구 결과 기후변화가 지속될수록 미 서남부 지역의 모기 활동 시기는 점점 늦춰지는 것으로 나타났다. 미 서남부 지역은 사막까지 있는 건조지역인데, 기후변화로 봄철과 여름철의 기온이 크게 올라가고 더욱 건조해지면서 오히려 모기가 살기 어려워진다는 것이다. 하지만 늦여름부터 가을까지는 기온 상승에 강수량까지 늘어나면서 모기 활동 시기가 길어질 것으로 전망됐다. 기후변화가 모기 활동 시기에 변화를 초래하는 것이다.

엘니뇨나 기후변화가 모기 활동과 바이러스 확산에 미치는 영향은 지역과 계절별로 기후가 다른 것만큼이나 제각각이다. 결국 모기로 인한 바이러스 확산은 전 세계적인 공동 대응도 물론 중요하지만, 가장 중요한 것은 각 지역이나 나라마다 나타나는 기후와 그 변화 특성에 맞게 지역적인 대책을 세워야 그 효과를 극대화 할 수 있다는 것이다. 특히 모기 활동에 결정적인 영향을 미치는 지역별 기후변화를 미리 예측하고 그에 맞는 대책을 세워야 할 것으로 보인다.

우리 모두는 매일
담배 1개비씩 피운다?

국내 미세먼지에 절대적인 영향을 미치는 것은 무엇보다도 중국발 미세먼지다. 1년 평균으로 볼 때 전체 미세먼지의 30~50%가 중국발이다. 고농도 미세먼지가 나타날 때는 중국의 영향이 훨씬 더 커진다. 최고 80% 이상의 미세먼지가 중국에서 넘어온다.

실제로 2017년 새해 첫 출근일인 1월 2일 서울의 초미세먼지 농도는 최고 146㎍/㎥(중랑구), 3일에도 최고 141㎍/㎥(중랑구)까지 올라갔다. 서울에는 새해 벽두부터 초미세먼지 주의보가 발령됐다. 중국을 강타한 스모그가 서풍을 타고 한반도로 넘어온 것이다. 당시 중국내 26개 도시에는 스모그 최고 등급인 적색경보가 발령됐었다.

2017년 두 번째 고농도 미세먼지가 나타났던 1월 18일과 19일에도 서울의 초미세먼지 농도는 각각 최고 125㎍/㎥와 124㎍/㎥(광진구)까지 올라갔다. 세계보건기구WHO의 24시간 평균 초미세먼지 권고기준이 25㎍/㎥인 것과 비교하면 중국발 고농도 미세먼지 농도는 세계보건기구 권고기준보다 5배 정도나 높은 것이다.

2017년 3월 17일부터 20일까지 나흘동안에도 고농도 미세먼지가 기승을 부렸는데 국립환경과학원은 당시 초미세먼지의 86%가 중국발이라고 밝히기도 했다.

고농도 미세먼지가 건강에 좋지 않다는 것은 모두가 다 알고 있다. 하지만 120이다 150이다 숫자만 봐서는 도대체 얼마나 해로운 건지 피부에 잘 와 닿지 않는 것도 사실이다. 어떻게 하면 미세먼지가 해롭다는 것을 생생하게 느낄 수 있을까?

미국 캘리포니아대학교(UC Berkeley) 연구팀이 미세먼지의 해로움을 생생하게 느낄 수 있는 한 가지 방법을 만들어 냈다. 주변에서 흔히 보고 느낄 수 있는 담배를 피우는 것과 비교했다. 연구팀은 세계보건기구 자료 등을 이용해 담배가 건강에 미치는 영향과 초미세먼지가 건강에 미치는 영향을 비교했다. 특히 흡연으로 인해 발생하는 사망자와 미세먼지로 인해 발생하는 사망자를 비교 분석했다.

분석 결과 초미세먼지 농도가 $22\mu g/m^3$인 곳에서 하루 종일 있을 때 초미세먼지가 건강에 미치는 영향은 하루에 담배 1개비씩 피울 때 건강에 미치는 영향과 동등한 것으로 나타났다. 이 연구 결과를 각 지역별 오염 농도에 적용하면 각 지역에서 초미세먼지를 마시는 것이 담배를 어느 정도 피우는 것과 같은지 알 수 있다. 연구결과는 아래 표와 같다.

국가·지역	초미세먼지 농도($\mu g/m^3$)	하루에 피우는 담배(개비)
미국 평균(2013)	9	0.4
중국 평균	52	2.4
중국 베이징 평균	85	4.0
중국 베이징, 오염 심한 날	550	25
중국 선양, 오염 최고 기록	1,400	63
한국, 서울(2016)	26	1.2

연구결과에 우리나라 자료는 들어있지 않지만 비교를 위해서 2016년 평균 초미세먼지 자료를 추가한 것이다. 산출 결과를 보면 미국의 2013년 연평균 초미세먼지 농도는 $9\mu g/m^3$, 담배로 환산할 경우 하루에 0.4개비씩 피우는 꼴이다. 중국의 경우 하루 평균 2.4개비, 중국에서도 상대적으로 오염이 심한 베이징에서는 하루 평균 4개비씩 담배를 피우는 꼴이 된다. 베이징의 경우 오염이 아주 심한 날에는 하루에 1갑 이상 담배를 피우며 사는 것과 같다. 상상하기 어렵지만 초미세먼지 농도가 최고 $1,400\mu g/m^3$까지 올라갔던 중국 선양의 경우 하루에 3갑 이상 담배를 피우는 것과 비슷한 꼴이 된다.

우리나라는 어떨까? 국립환경과학원에 따르면 2016년 서울과 우리나라의 연평균 초미세먼지 농도는 $26\mu g/m^3$이었다. 평균적으로 볼 때 우리 국민 모두는 매일매일 1.2개비씩 담배를 피우는 것과 마찬가지인 공기를 들이마시고 있는 것이다. 물론 우리나라도 고농도 미세먼지가 나타나는 날에는 초미세먼지 농도가 $100\mu g/m^3$를 훌쩍 넘어선다. 이런 날이면 우리 모두는 하루에도 5개비, 6개비, 7개비씩 담배를 피우는 꼴이 된다. 아이나 성인, 노인 할 것 없이, 또 본인의 뜻과 관계없이 담배를 피우는 것과 같은 상황이 발생하는 것이다.

하루에 1갑씩 담배를 피우는 사람이 보기에는 별 것 아니라고 생각할지 모르지만 우리나라는 담배를 피우지 않는 사람이 피우는 사람보다 훨씬 더 많다. 흡연율이 가장 높은 성인 남성의 경우도 흡연율이 40%를 넘지 않는다. 어린 아이의 경우는 당연히 흡연자가 없다. 우리나라에서 금연운동은 매우 활발하고 적극적으로 진행되고 있다. TV에 금연광고가 등장한 지도 이미 오래전 일이다.

미세먼지는 어떨까? 미세먼지의 해악이 알려지고 미세먼지에 대한 국민들의 경각심이 높아지면서 2014년부터는 우리나라도 공식적으로 미세먼지 예보를 시작했다. 정부도 미세먼지 대책을 발표하고 있다. 하지만 우리나라의 미세먼지는 감소하지 않고 2012년 이후 오히려 다시 증가하고 있는 추세다. 미세먼지에 대한 대책은 금연 대책을 따라가지 못하고 있는 듯하다. 상대적으로 피부에 훨씬 덜 와 닿는다.

건강한 성인도 문제겠지만 만약 갓 태어난 우리 아기나 병마와 싸우고 있는 우리 부모가 본인의 뜻과는 관계없이 하루에 1개비씩, 때로는 5개비, 6개비, 7개비씩 억지로 담배를 피우게 된다면 이를 가만히 보고만 있을 사람이 세상에 과연 있겠는가?

2050년대 우리나라 폭염 사망자
한 해 최고 250명

서울 39.6℃, 홍천 41℃

2018년 여름은 우리나라 폭염 역사상 최악의 폭염으로 기록됐다. 기록적인 폭염이 이어지던 2018년 8월초, 일본에 상륙했던 12호 태풍 종다리JONGDARI가 일본 부근에서 제주도 남쪽 해상으로 이동했다. 세력은 열대저압부로 크게 약해졌지만 태풍으로 인해서 우리나라 주변에는 동풍이 만들어졌고 이 동풍이 태백 산맥을 넘으면서 푄현상까지 나타나면서 서쪽지방의 기온을 더욱 크게 끌어 올렸다. 8월 1일 폭염으로 펄펄 끓던 홍천의 기온은 푄현상까지 더해지면서 41℃까지 올라갔다. 우리나라 기상 관측사상 역대 최고 기온이다. 당일 서울의 기온도 39.6℃를 기록했다. 1907년 서울에서 관측을 시작한 이래 111년만에 기록한 역대 최고 기온이다.

역대 최악의 폭염은 기록적인 온열질환자 발생으로 이어졌다. 질병관리본부의 2018년 온열질환 감시체계 운영결과에 따르면 5월 20일부터 9월 7일까지 모두 4,524명의 온열질환자가 발생해 이 가운데 48명이 목숨을 잃었다. 폭염이 절정에 이르렀던 7월 22일부터 28일까지 일주일 동안 1,017명의 온열질환자가 발생해 17명이 숨졌고, 7월 29일부터 8월 4일까지 일주일 동안에는 1,106명의 온열질환자가 발생해 13명이 목숨을 잃었다(자료: 질병관리본부).

온열질환은 폭염 상황에서 땀이 나지 않아 피부가 건조하고 뜨거워지면서 체온이 크게 올라가는 열사병, 땀을 과도하게 많이 흘려 발생하는 열탈진, 손가락이나 팔, 다리에 경련이 나타나는 열경련, 일시적으로 의식을 잃는 열실신, 손이나 발, 발목 등이 붓는 열부종, 붉은 뾰루지가 생기는 열발진 등을 말한다.

폭염일수가 늘어나면 늘어날수록 온열질환자는 늘어나고 사망자 또한 늘어날 가능성이 크다. 그렇다면 지구온난화로 인한 기후변화가 지속될 경우 미래에 우리나라에서 폭염으로 인한 사망자는 얼마나 발생할 것인가?

국립재난안전연구원이 우리나라 미래 폭염 사망자에 대한 연구결과를 유명 저널에 발표했다(Kim et al., 2016). 지구온난화로 인한 기후변화가 진행되는 가운데 고령화가 급속하게 진행될 경우 미래에 폭염으로 인한 사망자가 현재(2000~2010년 평균)보다 어느 정도나 더 늘어날 것인지 전망한 연구다. 연구팀은 온실가스 저감 정책을 상당히 실현하는 경우(RCP4.5)와 온실가스 배출량을 줄이지 않고 지금처럼 계속해서 배출할 경우(RCP8.5) 각각에 대해 미래에 폭염이 연속적으로 이어지는 최대 일수(폭염최대연속일수)가 어느 정도까지 늘어나고 그로 인한 폭염 사망자가 얼마나 늘어날 것인지 추정했다. 특히 현재뿐 아니라 미래에도 급속하게 진행될 것으로 예상되는 고령화를 고려하기 위해서 통계청의 인구 추계 시나리오를 이용했다. 폭염 피해에서 고령화가 매우 중요한 변수인 것은 고령층이 폭염에 특히 취약하기 때문이다.

우선 기후변화가 진행될수록 한반도 기온은 빠르게 상승한다. 온실가스 저감 정책이 상당히 실현되더라도 2050년대에는 한반도 평균기온이 최근(1981~2010년 평균)보다 2.3℃ 상승하고 저감 없이 지금처럼 온실가스를 계속해서 배출하는 경우 2050년대 평균기온은 최근보다 3.2℃나 높아질 것으로 기상청은 예상하고 있다. 2060년대에는 2050년대보다 기온이 더 올라가 온실가스 저감정책을 상당히 실현하더라도 최근보다 2.6℃나 상승하고, 지금처럼 온실가스를 계속해서 배출할 경우는 한반도 평균기온이 최근보다 4.1℃나 상승할 전망이다.

연구결과 2060년까지 온실가스 저감 정책을 상당히 실현하더라도(RCP4.5) 폭염최대연속일수는 현재보다 1.7배나 늘어나고, 저감 없이 온실가스를 지금처럼 계속해서 배출할 경우(RCP8.5) 폭염최대연속일수는 현재보다 2.5배나 길어지는 것으로 나타났다. 기후변화로 기온이 빠르게 상승한 결과다.

고령화 또한 급속하게 진행돼 65세 이상 인구가 급증하면서 2060년에는 65세 이상 고령인구 비율이 현재보다 4배나 높아질 것으로 전망됐다. 온실가스를 지금처럼 배출할 때뿐 아니라 온실가스 저감 정책을 상당부분 실현하더라도 점점 상승하는 기온으로 인해 폭염일수가 급격하게 증가하고, 급속한 고령화로 고령인구 또한 크게 늘어난다는 것이다.

그 결과 2050년대 폭염으로 인한 사망자 수는 온실가스 저감 정책을 상당히 실현하더라도 현재보다 평균 5배나 늘어나고, 저감 없이 온실가스를 지금처럼 계속해서 배출할 경우는 폭염으로 인한 사망자가 현재보다 평균 7.2배나 급증할 것으로 전망됐다. 통계청 사망원인 통계에 따르면, 현재 온열질환으로 인한 사망자는 한해 평균 23명 정도다. 2050년대에는 온실가스를 상당히 감축하더라도 폭염으로 인한 사망자가 현재의 5배인 평균 115명, 저감 없이 온실가스를 배출할 경우는 현재의 7.2배인 평균 165명이 매년 폭염으로 사망할 것으로 예상된다는 뜻이다. 특히 2050년대에는 한해에 최고 250명 정도가 폭염으로 사망하는 이례적인 폭염도 나타날 것으로 전망됐다. 늘어나고 길어지는 폭염이 급속한 고령화와 맞물려 사망자가 급증하는 것이다.

폭염을 흔히 소리 없는 살인자라고 부른다. 하지만 폭염은 여름만 되면 흔히 나타나는 더위쯤으로 생각하는 사람이 아직도 많다. 삼복더위는 예전에도 있었다고 치부하는 경향이 있는 것이다. 하지만 분명한 것은 지구온난화로 인한 기후변화가 진행되면 진행될수록 폭염은 점점 더 사나워진다는 것이다. 기후변화로 점점 더 사나워지고 있는 폭염이 급속하게 진행되고 있는 고령화와 맞물려 가장 위협적인 기상 재앙으로 다가오고 있다.

폭염 속 차량에 방치된 아이,
그늘에 주차해도 위험하다

해마다 기온이 큰 폭으로 올라가는 여름철이 되면 어린 아이들이 폭염 속 차량에 방치됐다가 목숨까지 잃는 안타까운 사고가 발생했다는 소식을 들을 때가 있다.

폭염 속에 차량을 세워둘 경우 기온은 얼마나 올라갈까? 차량 형태나 크기, 차량을 세워두는 위치(땡볕 또는 그늘), 세워두는 시간에 따라 실내 온도나 기기 표면 온도는 어떻게 달라질까? 특히 어린 아이가 차에 방치됐다면 피부온도가 아니라 몸속 체온인 심부온도core temperature는 얼마나 상승할까? 차량을 주차해 두는 장소나 차량 크기 등에 따라서는 어떻게 달라질까? 사고가 발생할 경우 방송에서도 가끔 실험을 하는 경우가 있지만 미국 연구팀이 여름이면 뜨겁기로 소문난 애리조나 주 템피Tempe에서 실험을 했다(Vanos et al., 2018).

연구팀은 은색의 중형 세단과 소형 세단, 그리고 미니밴을 땡볕과 그늘에 각각 세워놓고 1시간 동안 자동차 내부 온도가 얼마나 올라가는지 비교 실험했다. 차량을 폭염 속에 세워둔 시간은 오전 9시부터 오후 4시 정도까지 다양하게 설정했다. 실험 당일 기온은 화씨로 100°F, 섭씨로는 37.8℃ 정도였다. 차를 1시간 정도 주차하는 것을 가정한 것은 보통 1시간 정도의 쇼핑 시간을 고려한 것이다. 연구팀은 특히 2살짜리 남자 아이가 차량에 방치된 것을 가정해 실험했다. 다양한 상황에서 시간에 따라 차량 내부 온도가 올라가고 차량 내부 온도가 올라감에 따라 어린 아이의 심부온도가 어느 정도의 속도로 얼마나 상승하게 되는지 에너지 평형 이론 등을 이용해 산출했다. 차량에 방치된 어린 아이가 다양한 상황에서 얼마나 빨리 어느 정도로 심각한 고체온증에 빠질 수 있는지 산출해 본 것이다.

실험결과 차량을 1시간 동안 땡볕에 주차할 경우 차량 내부 온도는 평균적으로 46.7℃까지 올라가는 것으로 나타났다. 내부 온도가 1시간 만에 외부 기온보다 10℃ 가까이 급격하게 올라간 것이다. 특히 대시보드는 69.4℃까지 뜨겁게 달아올랐다.

69.4℃는 달걀을 깨어 놓으면 그대로 익고 살모넬라균이 죽고 사람 피부도 검거나 하얗게 타고 피하지방까지 손상될 수 있는 3도 화상이 생길 정도라고 연구팀은 설명하고 있다. 또 운전대는 평균 52.8℃, 좌석도 외부 기온보다 13℃ 가까이 높은 50.6℃까지 올라가는 것으로 나타났다.

뒷자리 카시트에 앉아 있는 어린 아이의 경우 50℃ 안팎까지 뜨겁게 달아오른 시트에서 열이 몸으로 전달되고 46.7℃까지 올라간 차량 내부 온도의 영향으로 심부온도가 39.1℃까지 올라가는 것으로 나타났다. 1시간 만에 아이의 심부온도가 평균 2.3℃나 올라간 것이다(그림 참고). 아이가 땡볕에 주차된 차량에 방치될 경우 1시간도 안돼 고체온증에 빠질 가능성이 크다는 것이다.

차량을 그늘에 주차한 경우는 땡볕에 주차한 경우보다 온도가 낮기는 했지만 여전히 온도는 올라가는 것으로 나타났다. 대시보드는 평균적으로 47.8℃까지 올라갔고 운전대는 41.7℃, 앞좌석은 40.6℃까지 올라갔다. 차량 내부의 온도가 올라가면서 어린 아이의 심부온도 또한 평균 38.2℃까지 올라갈 것으로 예상됐다.

시원하다고 생각하는 그늘에 주차를 해 놓더라도 1시간 동안 아이의 심부온도가 평균 1.4℃ 올라가는 것으로 나타났다. 땡볕이 아니라 시원한 그늘에 주차를 하더라도 여름에 어린 아이가 차 안에 방치될 경우 1시간 정도만 지나

땡볕에 1시간 주차시 차량 내부 온도

100°F 37.8°C

대시보드: 69.4℃

좌석: 50.6℃

체온: 39.1℃

운전대: 52.8℃

내부: 46.7℃

그늘에 1시간 주차시 차량 내부 온도

100°F 37.8°C

대시보드: 47.8℃

좌석: 40.6℃

체온: 38.2℃

운전대: 41.7℃

내부: 37.8℃

도 고체온증에 빠질 가능성이 높아진다는 것이다. 짧은 시간 그늘에 주차하더라도 아이가 결코 안전하지 않다는 뜻이다.

특히 이 같은 속도로 아이의 심부온도가 올라갈 경우 땡볕에 주차한 경우 평균적으로 1시간 26분이 지나면 심부온도가 40℃를 넘어서고 그늘에 주차를 한 경우라도 2시간 24분이 지나면 심부온도가 40℃를 넘어서는 것으로 나타났다. 심부온도가 40℃를 넘어서면 단순한 고체온증이 아니라 어른의 경우도 중추신경까지 손상될 가능성이 높아진다.

한편 실험을 진행한 미국 애리조나 주는 건조한 지역이다. 반면 우리나라 여름철은 습도가 매우 높다. 애리조나 폭염이 건식 사우나라면 우리나라 폭염은 습식 사우나에 해당한다. 어린 아이가 차량에 방치될 경우 우리나라의 경우 실험결과보다 더욱 짧은 시간, 더욱 낮은 온도에서도 더욱더 치명적일 수 있다는 뜻이다. 전반적으로 차량 크기에 따라 같은 조건에서도 차량 내부 온도가 올라가는 정도가 조금씩 달랐는데 평균적으로 소형차의 경우는 중형차나 미니밴에 비해 차량 내부 온도가 더 빠르게 올라가는 것으로 나타났다.

미국에서는 연평균 37명의 어린이가 뜨거운 차 안에 방치된 채 숨지는 것으로 알려져 있다. 국내에서도 여름철이면 종종 사고 소식이 들려온다. 보호자가 깜박하거나 주의를 소홀히 한 사이에 어린 생명이 목숨을 잃는 것이다. 시원한 그늘에 주차했다고 방심해서도 안 된다. 당연히 깜박해서도 안 되고 주의를 소홀히 해서도 안 되겠지만 만에 하나 어린 아이가 차에 방치되더라도 이를 빨리 알아차리고 구할 수 있도록 관련 기술개발도 뒤따라야 할 것으로 보인다.

석탄화력발전소 대기오염으로
신생아 '텔로미어' 길이 짧아진다

정부는 매년 미세먼지 저감을 위해 일정 기간 동안 화력발전소를 중단하는 정책을 시행하고 있다. 지난 2017년 6월에도 정부는 30년 이상 된 노후 석탄화력발전소 8기를 일시 가동 중단한 바 있다. 당시 충남지역에서 4기, 경남지역 2기, 강원지역에서 2기의 화력발전소가 한 달 동안 가동이 중단됐다. 심각해진 미세먼지를 줄이기 위한 응급대책 이었다.

한 달 동안의 가동중단이 끝난 뒤 환경부는 2017년 7월 4기의 석탄화력발전소 가동이 중단됐던 충남지역에서 초미세먼지PM2.5 배출량이 141톤 줄었고 전국적으로는 304톤의 초미세먼지가 줄었다고 밝혔다. 특히 한 달 가동 중단을 시뮬레이션한 결과 충남지역 월평균 대기중 초미세먼지 농도가 0.3µg/㎥로 감소했다고 밝혔다. 인체 위해성 관점에서 중요한 단기간 감소 효과는 상대적으로 커서 발전소 인근 최대영향지점에서는 초미세먼지 농도가 일 최대 3.4µg/㎥, 1시간 최대 9.5µg/㎥까지 감소했다고 밝혔다.

그렇다면 석탄화력발전소 가동 중단으로 인한 초미세먼지 감축이 실제로 건강을 증진시키는 효과가 있을까? 가동 중단으로 줄어드는 초미세먼지 농도가 별로 크지 않은데 혹시 효과가 없는 것은 아닐까? 최근 미국 컬럼비아대학교 연구팀이 석탄화력발전소 가동 중단과 관련된 매우 흥미롭고 의미 있는 연구 결과를 발표했다. 석탄화력발전소 주변지역에서 태어나는 아이의 향후 건강상태를 추정할 수 있는 연구다(Perera et al., 2018).

연구팀은 중국 남서부 충칭重慶시 퉁량銅梁에 있는 석탄화력발전소 폐쇄 전후에 태어난 신생아의 탯줄혈액에서 텔로미어telomere를 뽑아내 그 길이를 측정했다. 텔로미어는 염색체 양쪽 끝에 모자처럼 붙어 있는 부분을 말하는데 이 부분은 세포분열이 진행될수록 길이가 점점 짧아져 나중에는 세포분열이 멈추고 죽는 것으로 알려져 있다. 특히 텔로미어의 길이가 짧으면 짧을수록 암을 비롯한 각종 질환이나 노화, 뇌 발달 저하, 인지력 감퇴, 조기에 사망할 가능성이 커지는 것으로 알려져 있다.

연구팀은 충칭 어린이병원과 함께 석탄화력발전소 폐쇄 전인 2002년에 태어난 신생아 122명과 폐쇄 이후인 2005년에 태어난 신생아 133명 등 모두 255명을 대상으로 연구를 실시했다. 스모그가 극심해지자 충칭시는 2004년 5월에 퉁량 석탄화력발전소를 폐쇄한다고 사전에 예고한 뒤 문을 닫았는데 연구팀은 이것을 놓치지 않고 발전소 폐쇄 전후에 산모가 석탄화력발전소에서 배출되는 초미세먼지에 노출된 정도와 신생아의 텔로미어 길이를 비교한 것이다.

인구 81만 명 정도인 퉁량 도심의 남쪽에 위치한 석탄화력발전소는 보통 12월부터 5월까지 가동했는데 1995년부터는 거의 모든 가정의 난방용과 조리용 연료가 천연가스로 대체되면서 석탄화력발전소는 퉁량 대기 오염의 주범으로 지목돼 왔다.

특히 이 발전소를 제외하면 도심 반경 20km 이내에는 석탄을 연료로 하는 별다른 오염원이 없었다. 자동차도 주된 오염원이 못 되는 상황에서 퉁량 석탄화력발전소는 말 그대로 이 도시 대기오염의 주범으로 몰린 상황이었다. 연구팀은 석탄화력발전소 폐쇄 효과를 보기 위해 폐쇄 전에 임신하고 2002년에 출산한 경우와 폐쇄 이후에 아이를 갖고 2005년에 출산한 신생아에 대해 조사했다.

연구팀은 특히 산모가 석탄이 연소할 때 배출되는 초미세먼지의 대표적인 주성분 가운데 하나인 다환방향족탄화수소PAH에 어느 정도나 노출됐는지 그리고 신생아의 텔로미어의 길이는 폐쇄 전후에 어떻게 달라졌는지 분석했다.

석탄화력발전소에서 배출되는 초미세먼지인 다환방향족탄화수소는 호흡기를 통해 체내로 들어오면 혈액으로 들어가 태반을 통과해 태아에까지 영향을 미치는데 태아의 신경발달에도 영향을 미치는 독성물질로 알려져 있다. 산모가 석탄화력발전소에서 배출되는 다환방향족탄화수소에 노출된 정도는 탯줄 혈액을 이용해 산출했다.

조사결과 예상했던 대로 산모가 다환방향족탄화수소에 노출된 정도는 화력발전소 폐쇄 이전에 컸고 신생아의 텔로미어의 길이는 석탄화력발전소 폐쇄 이전에 비해 폐쇄 이후에 크게 길어진 것으로 나타났다. 그 동안 석탄화력발전소가 배출한 대기오염 물질 때문에 신생아의 '텔로미어' 길이가 짧아졌다는 뜻이다.

석탄화력발전소 폐쇄 이전에 임신을 하고 태어난 아이들이 폐쇄 이후에 태어난 아이들에 비해 뇌나 인지기능 발달이 상대적으로 느리고 암을 비롯한 각종 질환에 걸릴 위험성이 더 크고 노화가 더 빨리 진행되고 수명 또한 더 짧을 가능성이 있다는 뜻이다.

결과적으로 이번 연구는 국지적으로 대기오염의 주범이 될 수 있는 석탄화력발전소가 그 동안 주변 사람들의 평생 건강에 어떤 영향을 미쳤고 또 석탄화력발전소를 폐쇄할 경우 주변에서 태어나는 아이들의 평생 건강에 얼마나 큰 영향을 미칠 수 있을 것인가에 대한 구체적이고도 생물학적인 증거를 제시한 것이라 볼 수 있다.

물론 석탄화력발전소가 오염물질을 배출한다고 당장 모두 문을 닫을 수 있는 것은 아니다. 석탄화력발전소는 그동안 경제 발전과 국민들의 일상생활에 엄청난 기여를 한 것 또한 사실이다. 현재도 국내 전력 생산량의 40% 정도는 석탄화력발전소가 담당하고 있다. 전체적인 에너지 믹스와 에너지 수요, 전기

요금 등을 고려해야겠지만 이제는 경제적인 차원을 넘어서 파괴됐던 환경과 국민 건강을 되찾는 차원에서 계획적이고도 적극적으로 석탄화력발전을 친환경 발전으로 대체하는 노력이 시급한 상황이 됐다.

코로나19,
팬데믹의 원인은?

전 세계를 강타한 코로나19 팬데믹 터널의 끝이 다가오고 있다. 특히 백신이 보급되면서 희망이 살아나고 있다.

중국 우한에서 코로나19 환자가 처음으로 보고 된 것은 2019년 12월 30일 이다. 이후 1년 이상 코로나19 바이러스가 전 세계를 강타했다. 2021년 4월 4일 기준 전 세계에서 1억 3천 명이 넘는 환자가 발생했고 안타깝게도 이 가운데 280만 명 이상이 사망했다(자료: WHO). 국내에서도 2020년 1월 20일 첫 환자가 나온 이후 2021년 4월 4일까지 10만 명이 넘는 환자가 발생해 이 가운데 1,700명 이상이 목숨을 잃었다(자료: 보건복지부).

그렇다면 인간에게 코로나바이러스감염증-19코로나19, COVID-19를 일으키는 신종 코로나바이러스SARS-CoV-2는 어떻게 사람에게 옮겨온 것일까? 우선 박쥐에는 여러 종류의 코로나바이러스가 붙어사는 것으로 알려져 있다. 박쥐가 코로나바이러스의 자연숙주일 가능성이 크다는 뜻이다. 그렇다면 박쥐에 살고 있는 코로나바이러스가 어떻게 인간에게까지 옮겨온 것일까? 중간에 어떤 숙주를 거쳐 사람에게 넘어온 것일까?

한때 뱀이 중간숙주였을 가능성이 제기되기도 했지만 과학계에서는 박쥐에 붙어살고 있는 코로나바이러스가 천산갑이라는 중간숙주를 거쳐 인간으로 옮겨왔다는 것을 추론할 수 있는 연구결과가 잇따라 발표되고 있다(자료: Zhang et al(2020), Lam et al(2020), 고규영 등(2020)). 천산갑은 멸종 위기종인 포유동물이지만 중국에서는 식용이나 약재로 은밀하게 거래되고 있는 것으로 알려져 있다.

우선 홍콩대학교와 호주 시드니대학교 공동연구팀은 2017년부터 말레이 천산갑의 폐와 장기, 혈액의 메타게놈 유전체 및 RNA 유전자 분석을 실시해 왔다(Lam et. al., 2020). 말레이 천산갑의 폐와 내장, 혈액은 중국 남부지역에서 당국이 밀수를 단속하는 과정에서 확보한 것이다.

분석 결과를 보면 43개의 샘플가운데 6개의 샘플에서 코로나바이러스가 발견됐다. 폐 샘플 2개에서 코로나바이러스가 나왔고, 내장 샘플 2개에서, 그리고 하나는 폐와 내장이 혼합된 샘플, 마지막 하나는 혈액 샘플에서 발견됐다. 특히 천산갑에서 발견된 코로나바이러스의 게놈 유전체 서열이 신종 코로나바이러스SARS-CoV-2 유전체 서열과 85.5%~92.4%나 유사한 것으로 확인됐다.

또한 천산갑에서 발견된 코로나바이러스의 표면에 돌기 형태로 붙어 있는 스파이크단백질의 아미노산을 분석한 결과 인간에서 코로나19를 일으킨 신종 코로나바이러스 스파이크단백질의 아미노산 서열과 매우 유사한 것으로 확인됐다. 코로나바이러스 감염과정에서 결정적인 역할을 하는 주요 부분이 거의 같다는 것이다. 특히 코로나바이러스가 숙주 세포에 빠르게 침투할 수 있도록 도와주는 ACE2안지오텐신 전환효소 2, Angiotensin-converting enzyme 2의 유전자 서열은 사람과 박쥐 사이보다 천산갑과 사람 사이에서 유사성이 더 크게 나타났다.

결과적으로 박쥐에 붙어사는 코로나바이러스가 사람에까지 옮겨왔을 가능성이 크고 특히 박쥐의 코로나바이러스가 사람에게 직접 온 것이 아니라 중간 숙주인 천산갑을 거쳐서 사람에게 옮겨왔을 가능성이 크다는 것을 추정할 수 있는 부분이다. 또한 이번 연구에서 분석한 천산갑의 폐와 내장, 혈액은 밀수를 단속하는 과정에서 얻었다는 점을 고려할 경우 시장에서 식용이나 약재로 밀거래 되고 있는 야생동물을 통해서 코로나바이러스가 사람에까지 옮겨왔을 가능성이 있다고 추정할 수 있는 부분이다.

미국 미시간대학교 연구팀도 유전체 분석을 통해 박쥐의 코로나바이러스를 사람에게 옮긴 중간숙주는 뱀이 아니라 천산갑일 가능성이 크다는 사실을 밝혀냈다(Zhang et al., 2020). 연구팀은 천산갑의 폐에서 나온 단백질의 서열이 인체에 감염된 신종 코로나바이러스 단백질의 서열과 91%나 일치한다는 것을 밝혀냈다. 또한 스파이크 단백질 수용체 결합 영역의 경우 천산갑에서 발견된 코로나바이러스와 신종 코로나바이러스SARS-CoV-2 사이에는 단지 5곳만 차이가 있었던 반면 박쥐에 붙어사는 코로나바이러스와 신종 코로나바이러스 사이에는 19곳이나 다른 것으로 나타났다. 박쥐에 붙어사는 코로나바이러스가 인간에게 옮겨왔는데 직접 옮겨온 것이 아니라 천산갑이라는 중간숙주를 거쳐 옮겨왔을 가능성이 크다는 것을 암시하는 대목이다.

지난 2002~2003년 널리 퍼졌던 사스SARS는 박쥐에 붙어살던 코로나바이러스가 사향고양이Civet를 거쳐 사람에게 옮겨져 발생한 중증호흡기질환이다. 또한 지난 2015년에 발생한 메르스MERS는 박쥐의 코로나바이러스가 낙타를 거쳐 사람에게 옮겨진 것으로 알려져 있다. 코로나19의 경우와 비슷하게 두 경

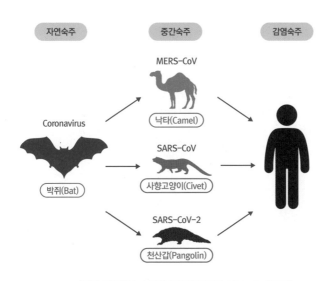

〈코로나바이러스 숙주와 전염 경로(자료: Yi et al., 2020)〉

우 모두 박쥐의 코로나바이러스가 중간숙주인 야생동물을 거쳐 인간에게 옮겨와 중증호흡기질환을 일으킨 것이다.

전문가들은 야생동물 매개 감염병을 예방하기 위해서는 당연한 얘기지만 야생동물과의 접촉을 최대한 피할 것을 권하고 있다. 그 방법으로 우선 시장에서 야생동물 거래를 퇴출해야 한다고 강조하고 있다. 야생동물의 서식지를 보호해 인간과 야생동물이 접촉할 수 있는 기회를 차단하는 것도 중요하다고 강조하고 있다.

물론 팬데믹이 발생한다고 해서 박쥐나 천산갑 같은 야생동물을 비난할 수는 없다. 팬데믹을 부른 근본적이고 가장 큰 이유는 바로 인간이라고 할 수 있기 때문이다. 인간이 지구상에서 인간과 야생동물이 서로 일정한 거리를 두고 함께 살아갈 수 있는 환경을 파괴하고 야생동물의 서식지를 파괴하는 것이 문제다. 인간 스스로 야생동물과 직접 접촉할 수 있는 기회를 계속해서 만들고 있는 것이다.

특히 인간은 지속적으로 탄소를 배출해서 기후위기까지 불러오고 있다. 지구촌을 야생동물과 인간이 함께 살기에 더욱더 어려운 공간으로 만들고 또 다른 바이러스를 인간에게 불러들일 가능성까지 높이고 있는 것이다. 인간이 자연과 야생동물을 경시하고 착취의 대상으로 생각할수록 환경은 더욱더 파괴되고 기후변화는 가속화될 수밖에 없다. 또 다른 바이러스가 종의 장벽을 뛰어 넘어 인간에게 옮겨와 또 다른 팬데믹을 불러올 가능성이 커지고 있는 것이다.

기후변화,
감염병 팬데믹 잦아지나?

세계 곳곳에서 코로나19 환자가 발생하던 2020년 5월 국내 한 언론사가 한국 기후변화학회 회원을 대상으로 온라인 설문조사를 진행했다. 설문 내용은 코로나19의 발생 원인이 무엇인지, 코로나19 같은 신종감염병이 기후위기와 관련이 있는지, 그리고 신종감염병 발생 주기가 점점 더 빨라질 것인가 등을 묻는 설문이었다(자료: 최우리, 2020).

결과를 보면 기후변화 전문가들은 신종감염병의 발생 원인으로 난개발 등 환경 파괴(65.7%)를 가장 큰 이유로 꼽았고 이어 기후변화(51.4%)와 도시화(32.9%)를 원인으로 꼽았다(중복답변). 또 신종감염병이 기후위기 문제와 연관이 있느냐는 질문에는 44.3%가 '매우 그렇다'고 답했고 32.9%는 '그렇다'고 답했다. 77% 정도가 신종감염병과 기후위기가 연관이 있다는 것이다. 특히 기후변화로 신종감염병 발생 확률이 높아지고 주기도 점점 더 빨라지고 있다면서 약 40%는 앞으로 3년 이내에, 32% 정도는 5년 이내에 신종감염병이 또 발생할 가능성이 있다고 답했다.

실제로 2000년 이후 발생한 감염병을 보면 2002~2003년에 사스SARS가 발생했고 2009년에는 신종플루, 2014년에는 에볼라바이러스, 2015년에는 메르스MERS, 2016년에는 지카바이러스, 2019년에는 코로나19가 발생하는 등 최근 들어 지구촌을 괴롭히는 감염병이 부쩍 늘었다.

그렇다면 기후변화는 신종감염병 발생과 어떻게 연결이 된다는 것일까? 유감스럽게도 기후변화가 신종감염병, 특히 코로나19 발생의 직접적인 원인이라는 구체적이고 과학적인 증거는 없다. 그러나 기후변화 때문에 신종전염병이 발생하고 앞으로 기후변화가 진행될수록 신종전염병이 점점 더 잦아질 것이라는 데에는 많은 사람들이 공감하고 있다. 팬데믹의 배경에는 기후변화가 있다는 주장이 점점 더 설득력을 얻어가고 있는 것이다. 기후변화가 팬데믹을 부를 수 있다는 주장이 나온 것도 어제 오늘의 일이 아니다. 적어도 30년 전부터 이 같은 주장이 제기됐다.

한 예로 1991년 미국 예일대학교 Robert Shope 교수는 기후변화로 서식지의 온도나 습도, 생태가 변하고 그로 인해 병원체나 병을 옮기는 매개체, 사람, 그리고 숙주에 영향을 미쳐서 결과적으로 직접 또는 간접적으로 전염병 위험을 증폭시킬 수 있다고 주장한 바 있다(Robert Shope, 1991). 이후에도 많은 학자들이 급속한 도시화와 기후변화에 따른 서식지의 변화가 전염병 위험을 증폭시킨다는 연구 결과를 발표하기도 했다(예: Bradley and Altizer, 2006).

최근 독일 연구팀은 전 세계를 강타한 코로나19 팬데믹은 그동안 급속하고 광범위하게 진행된 기후변화와 그로 인한 급속한 환경변화가 동물매개전염병의 출현과 확산에 대한 위험을 증가시킨 결과라는 점을 보여주고 있다고 강조하고 있다(Gorji and Gorji, 2020). 특히 앞으로 나타날 수 있는 극단적인 기후변화는 인간뿐 아니라 야생동물의 행동과 이동, 먹이나 식량수급에 영향을 미치고 결과적으로 인간과 야생동물과의 접촉이나 충돌이 늘어나면서 인류는 동물매개전염병에 보다 더 자주 노출될 수밖에 없을 것이라고 연구팀은 주장하고 있다.

전문가들은 또한 이번 코로나19 팬데믹이 인류가 기후위기에 대해서 어떻게 효과적으로 대응해야 할지 미리 학습시킨 전형적인 사례라고 보고 있다(Botzen et al., 2021). 코로나19 팬데믹이나 기후변화 같은 재난은 모두 사회적으로나 경제적으로 취약한 계층이 가장 큰 피해를 보게 되고 불평등 또한 커질 가능성이 매우 큰데 이 같은 위기에 대해 국가와 개인 모두 너무 늦기 전에 어떻게 효과적으로 대응하고 소통하고 행동을 해야 위기를 극복하고 지속가능한 삶을 살 수 있을지 학습하는 계기가 됐다는 것이다.

코로나19 팬데믹으로 전 세계가 말할 수 없는 큰 고통과 피해를 겪었지만 코로나19 팬데믹을 계기로 인류가 앞으로 또 다가올 수 있는 팬데믹과 각종 기후재앙의 가능성을 낮추고 또 위기에 대응할 수 있는 힘과 전략을 가다듬고 지구상에서 공존해야 하는 야생동물과 인간, 자연에 대한 관계를 다시 정립할 수 있는 기회가 됐다면 코로나19가 남긴 것은 단지 고통만은 아닐 것이다.

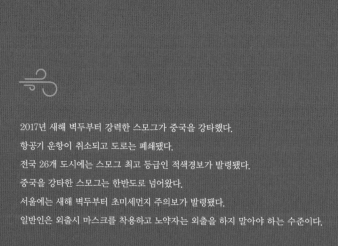

2017년 새해 벽두부터 강력한 스모그가 중국을 강타했다.

항공기 운항이 취소되고 도로는 폐쇄됐다.

전국 26개 도시에는 스모그 최고 등급인 적색경보가 발령됐다.

중국을 강타한 스모그는 한반도로 넘어왔다.

서울에는 새해 벽두부터 초미세먼지 주의보가 발령됐다.

일반인은 외출시 마스크를 착용하고 노약자는 외출을 하지 말아야 하는 수준이다.

스모그 겨울이 올까?

미세먼지,
죽음의 바다를 부르나

고등어 구이가 한때 미세먼지의 주범으로 몰린 적이 있다. 기록적인 봄철 미세먼지 터널을 막 빠져나오는 시점인 지난 2016년 5월 23일, 환경부가 주방에서 오염물질 발생량을 조사한 결과 고등어 구이를 할 때 미세먼지 농도가 가장 높은 것으로 나타났다는 자료를 내면서 부터다.

당초 요리를 할 때는 창문을 열고 환기를 하라는 뜻의 자료였지만 미세먼지로 몸살을 앓은 국민들이 정부의 강력한 대책을 요구하는 상황에서 이 같은 발표가 나오면서 고등어 구이를 미세먼지의 주범으로 몰았다는 오해를 사기에 충분했다. 고등어 구이가 논란이 되면서 고등어 소비는 끊겼고 가격은 뚝 떨어졌다. 해양수산부가 고등어 소비 촉진행사를 추진하고 고등어의 영양학적 우수성을 홍보하는 캠페인까지 벌였다. 환경부는 설명자료를 내고 당초 자료의 뜻과 다르게 알려지고 있다며 해명에 나섰지만 논란은 쉽게 가라 앉지 않았다. 국민들의 호된 비판도 뒤따랐다.

국민들이 강력한 미세먼지 대책을 요구하는 것은 현재 미세먼지 상황이 그만큼 심각하기 때문이다. 정부가 경유차 퇴출 중장기 로드맵을 추진하고 노후 석탄화력발전소 8기를 일시 가동 중단 했던 것도 모두 같은 이유에서 일 것이다. 모두가 알고 있듯이 미세먼지는 호흡기질환이나 심혈관질환, 뇌혈관질환 등 국민 건강을 크게 위협하고 있다. 뿐만 아니라 미세먼지는 기후를 변화시키고 지구 생태계에도 커다란 위협이 되고 있다.

　최근까지 학계에서 궁금증을 시원하게 풀지 못한 것이 있었다. 어떻게 적도 태평양 바닷물에 녹아 있는 산소의 양(용존산소량)이 지난 수십 년 동안 가파르게 지속적으로 감소하느냐 하는 것이었다. 우선 생각할 수 있는 것은 바닷물이 따뜻해지는 것이다. 바닷물의 온도가 올라가면 올라갈수록 바닷물에 녹아 있을 수 있는 산소가 줄어들기 때문이다. 실제로 지구온난화가 이어지면서 바닷물이 점점 따뜻해지고 있고 그 영향으로 용존산소량이 줄어들고 있다. 그런데 적도 태평양의 용존산소량을 분석한 결과 지구온난화로 인한 바닷물의 수온 상승폭을 고려하더라도 그보다 더욱더 가파르게 산소가 줄어들고 있는 것으로 확인됐다. 특히 이 같은 현상은 1970년대 이후 뚜렷하게 나타났다. 지구온난화로 인한 수온상승 말고 또 다른 무엇이 있다는 것이다.

　과학자들이 눈여겨 본 것은 다름 아닌 아시아, 특히 중국과 한국을 비롯한 동아시아 지역의 대기오염이다. 중국의 스모그와 한국의 미세먼지를 지목한 것이다. 중국과 한국을 비롯한 동아시아에서 발생한 대기오염 물질은 서풍을 타고 동쪽인 태평양으로 이동하게 된다. 무겁고 큰 먼지는 오염 발생지역인 중국이나 한국에 곧바로 떨어지겠지만 작은 먼지는 좀 더 멀리 날아가 태평양에 떨어진다. 아주 작은 먼지는 5일 정도면 미국 본토까지도 날아간다.

　미국 조지아공대Georgia Institute of Technology 연구팀은 동아시아 지역에서 발생하는 오염물질로 인해 적도 태평양의 용존산소량이 줄어든다는 사실을 처음으로 밝혀냈다(Ito et al., 2016). 동아시아에서 발생한 먼지는 서풍을 타고 태평양으로 이동해 많은 양이 아시아 대륙의 연안인 일본 동쪽 해상에 떨어지는데 이렇게 떨어진 미세먼지가 해류를 타고 1만 km 이상 떨어진 적도 태평양까지 이동해 용존산소량에 영향을 미친다는 것이다(그림 참고).

　실제로 일본 동쪽에는 쿠로시오 해류가 있고 북태평양에는 오염물질을 북미 연안까지 실어 나를 수 있는 북태평양 해류가 있다. 이렇게 해류에 실려 북미

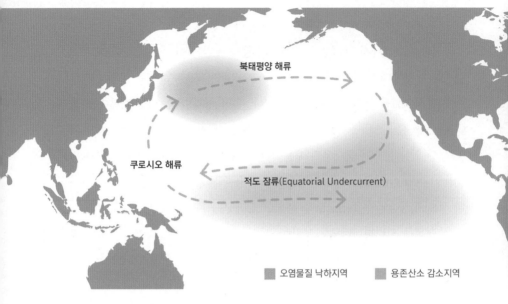

북태평양 해류

쿠로시오 해류

적도 잠류(Equatorial Undercurrent)

■ 오염물질 낙하지역　　■ 용존산소 감소지역

〈대기오염 물질로 인한 적도 태평양 용존산소 감소(자료: Georgia Institute of Technology, 2016)〉

연안까지 이동한 미세먼지는 적도 태평양 수면 아래 수십~수백 미터 사이를 흐리는 적도잠류Equatorial Undercurrent를 타고 적도 태평양 전 지역으로 퍼지게 된다.

중요한 것은 오염물질 중에 들어 있는 철과 질소 성분이다. 철은 생물체에 꼭 필요한 미량 원소인데 일반적으로 육지와 접해있는 연안을 제외한 넓은 해양에서는 철이 부족한 경우가 많다. 따라서 해양에 철이 충분히 공급될 경우 식물성플랑크톤 같은 생물체가 더욱더 잘 자라게 된다. 특히 질소는 대표적인 영양염류다. 농부가 식물이 잘 자라도록 질소비료를 뿌려 주듯이 오염물질에 포함된 질산염이 해양에 영양염류를 공급하는 것이다. 결국 대기 오염물질이 해양에 많이 떨어진다는 것은 한편으로는 해양의 식물성플랑크톤이 대량 증식할 수 있는 여건이 형성된다는 것을 의미한다. 식물성플랑크톤이 늘어나면 늘어날수록 광합성을 많이 하게 되고 대기 중으로 내뿜는 산소는 늘어난다.

문제는 광합성으로 많이 만들어진 유기물이 결국은 바다 아래로 가라앉는 다는 데 있다. 유기물이 바다 아래로 가라앉게 되면 바닥에 있던 박테리아가 유기물을 분해하게 되는데 이 과정에서 바닷물에 녹아 있던 산소가 소비된다. 미세먼지가 공급하는 철과 질소가 늘어나면 식물성플랑크톤이 늘어나고 식물 성플랑크톤이 광합성을 많이 하면 많이 할수록 유기물이 늘어나게 된다. 결국 바다 속에서 분해해야 할 유기물 또한 늘어나면서 바다 속에 녹아 있던 산소 는 점점 더 줄어드는 것이다. 이 같은 현상은 태평양 모든 해역에서 일어나지 만 적도지역에서 가장 활발하게 나타나면서 적도 태평양 바다 속의 산소가 가 장 크게 줄어드는 것으로 연구팀은 보고 있다.

바다 속 산소가 줄어들면 줄어들수록 바다 속 생태계는 위험에 빠질 수밖 에 없다. 바다에 사는 동물 역시 산소 호흡을 하며 살아가는데 산소가 점점 줄 어드는 만큼 서식지는 황폐화될 수밖에 없는 것이다. 식물성 플랑크톤이 먹이 사슬에서 가장 아래인 만큼 식물성 플랑크톤이 늘어나면 먹이사슬 상 위에 있 는 동물이 늘어날 것처럼 생각되지만 결코 그렇지 만은 않다.

미세먼지가 공급하는 철과 질소로 인해 과도하게 늘어나는 플랑크톤은 결국 은 깊은 바다 속에 사는 동물의 생존을 위협할 뿐이다. 사라지는 바다 깊은 곳 의 산소는 다시 채워지기가 쉽지 않기 때문이다. 뿐만 아니라 산소가 부족한 바 닷물이 연안이나 다른 해역으로 이동할 경우 그 해역의 생물도 생존에 문제가 생길 수 있다.

기후변화가 바다의 용존산소량을 줄이고 미세먼지는 이 같은 작용을 증폭 시키는 역할을 하고 있다. 기후변화와 미세먼지 오염이 심해지면 심해질수록 태평양의 산소 고갈 해역은 넓어진다. 인간 활동이 태평양을 죽음의 바다로 만 들고 있는 것은 아닌지 모를 일이다.

OECD 국가 중 최악 초미세먼지…
더 이상 중국 탓만 할 수 있을까?

최근 세계보건기구가WHO가 흥미로운 자료를 하나 내놨다. 2016년을 기준으로 전 세계 194개국의 연평균 초미세먼지PM2.5 농도를 발표한 것이다. WHO는 각 나라별로 시골과 도시, 그리고 국가 전체를 평균한 자료를 발표했다. PM2.5 크기는 2.5마이크로미터 이하의 아주 작은 입자로 주로 자동차 배출가스나 공장 등에서 발생한다. 크기가 10마이크로미터 이하인 미세먼지PM10보다 훨씬 작은 만큼 폐 깊숙이 침투할 수 있고 건강에는 그만큼 더 해롭다.

우리나라의 대기오염 수준은 과연 세계에서 어느 위치에 속할까? 초미세먼지가 늘어나고 있을까 아니면 줄어들고 있을까? 전 세계에서 공기가 가장 깨끗한 나라는 어느 나라일까? 어느 나라의 대기오염이 가장 심각할까? 중국은 어느 정도 일까?

WHO가 발표한 자료에 따르면 지구상에서 대기 중에 먼지가 가장 많은 나라는 네팔이다. 2016년 네팔의 연평균 초미세먼지 농도는 94.33$\mu g/m^3$을 기록했다. 다음으로 대기 중에 먼지가 많은 나라는 카타르(90.35$\mu g/m^3$), 이집트(79.28 $\mu g/m^3$)순으로 나타났다. 대기 오염이 심하기로 알려진 인도의 경우는 65.2$\mu g/m^3$로 194개국 가운데 8번째로 공기질이 좋지 않았고, 중국은 2016년 연평균 초미세먼지 농도가 49.16$\mu g/m^3$로 194개국 가운데 16번째로 대기중 먼지가 많은 나라로 기록됐다.

반면에 194개 나라 가운데 공기가 가장 깨끗한 나라는 뉴질랜드로 나타났다. 2016년 뉴질랜드의 연평균 초미세먼지 농도는 $5.73\mu g/m^3$을 기록했다. 다음으로 공기가 깨끗한 나라는 브루나이($5.78\mu g/m^3$), 핀란드($5.88\mu g/m^3$), 스웨덴($5.89\mu g/m^3$), 아이슬란드($5.94\mu g/m^3$)순으로 나타났다.

WHO가 발표한 2016년 우리나라 연평균 대기 중 초미세먼지 농도는 $24.57\mu g/m^3$이다. 뉴질랜드와 비교하면 4배 이상 먼지가 많은 것이고 중국에 비해서는 절반 정도의 수준이다. 전 세계적으로 보면 우리나라의 대기 중 초미세먼지 농도는 전 세계 194개 나라 가운데 깨끗한 순위로 볼 때 125번째에 해당한다. 당연히 뒤에서부터 순위를 따지는 게 더 빠르다. 대기 중 먼지가 많은 나라 순위로 볼 경우 70번째 나라에 해당한다.

비교 대상을 경제협력개발기구OECD 국가로 한정할 경우 우리나라는 더욱 참담한 성적을 받게 된다. 우리나라는 37개 OECD 회원국 가운데 36위다. OECD 회원국 가운데 대기 중 먼지가 가장 많은 나라는 터키로 2016년 $41.97\mu g/m^3$를 기록했다. 우리나라는 터키 덕분에 꼴찌를 면했다.

모두가 알고 있듯이 우리나라는 세계 10대 경제 대국에 속한다. 2020년 국제통화기금IMF이 추정한 국가별 명목 국민총생산GDP에 따르면 우리나라는 세계에서 10번째로 명목 GDP가 크다. 경제적으로 성공한 나라임에는 분명하지만 대기 중 초미세먼지 농도 즉, 대기질 차원에서 보면 194개국 가운데 125위로 실망스러운 수준이다.

WHO가 권장하는 연평균 대기 중 초미세먼지 농도는 $10\mu g/m^3$ 이하다. 현재 우리나라 대기 중 초미세먼지 농도는 세계보건기구 권장기준보다 2.5배나 높은 것이다. 국립환경과학원의 대기환경연보를 보면 2015년과 2016년 $26\mu g/m^3$이었던 연평균 대기 중 초미세먼지 농도는 2018년에는 $23\mu g/m^3$로 조금 감소했다. 하지만 2019년에는 $23\mu g/m^3$으로 주춤한 상태다. 2020년은 관측 이래 가장 낮은 $19\mu g/m^3$기록했다. 하지만 2020년은 다른 해와 결과를 직접 비교하기는 어려운 점이 있다. 코로나19가 전 세계를 강타하면서 우리나라뿐 아니라 전 세계적으로 경제를 비롯한 각종 활동이 크게 위축됐고 배출량 또한 크게 감소했던 해다. 특히 추가적인 분석이 필요하지만 2020년 우리나라는 다른 해에 비해 동풍이 상대적으로 강했던 해로 알려지고 있다. 기상 여건상 다른 해와 달리 서쪽에서 미세먼지가 적게 들어올 수 밖에 없었던 해라는 뜻이다.

2021년 봄도 여전히 뿌연 미세먼지가 하늘을 가리고 있다. 초미세먼지 오염이 심한 것은 크게 두가지 이유에서다. 우선 국내에서 배출하는 미세먼지가 많고 또 하나는 중국을 비롯한 국외에서 많은 양의 미세먼지가 들어오기 때문이다. 실제로 연평균으로 볼 때 국내 대기중 미세먼지의 30~50%는 중국을 비롯한 국외에서 들어온다. 고농도 미세먼지 발생 시에는 60~80%가 중국을 비롯한 국외 미세먼지다. 중국의 영향이 크지만 그렇다고 중국만 탓하고 있을 수 있는 상황은 아니다. 우선 평상시 미세먼지의 50~70%는 국내에서 발생하는 것이기 때문이다. 특히 최근 들어 우리나라 대기 중 초미세먼지 농도가 감소하지 않고 주춤거리는 것을 단순히 중국 탓으로만 돌리기는 쉽지 않은 상황이 됐다.

중국은 최근 기회가 있을 때마다 대기 중 미세먼지 농도가 크게 감소했다는 점을 강조하고 있다. 실제로 국립환경과학원이 정리한 최근 4년 동안의 중국 주요 도시와 지역별 초미세먼지 농도를 보면 초미세먼지 농도가 급격하게 감소했음을 확인할 수 있다.

우선 중국 337개 도시 평균 초미세먼지 농도를 보면 2017년 44㎍/㎥에서 2020년에는 33㎍/㎥로 4년동안 25%나 감소했다. 베이징의 경우도 2017년 58㎍/㎥에서 2020년에는 38㎍/㎥까지 뚝 떨어졌다. 4년 동안 35%나 감소한 것이다. 오염이 심하고 우리나라에 큰 영향을 미치는 징진지(베이징과 톈진, 허베이 성까지 포함하는 중국의 수도권) 지역의 경우도 2017년 65㎍/㎥에서 2020년에는 51㎍/㎥ 감소했다. 4년동안 먼지가 22%나 감소한 것이다(그림 참고).

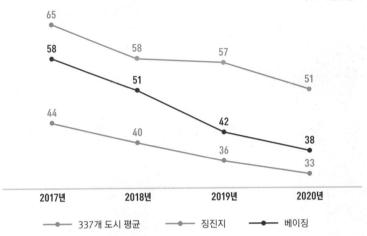

자료: 국립환경과학원

〈중국 주요 도시 및 지역별 PM2.5 농도(㎍/㎥)〉

　중국이 스모그와의 전쟁을 선포한 이후 최근 대기 중 미세먼지 농도가 기록적으로 감소하면서 일부에서는 '낮게 달려 있어 따기 쉬운 과일low-hanging fruit'을 딴 것이 아니냐는 말이 나오고 있는 것도 사실이지만 감소폭이 크지 않거나 감소세가 주춤거리고 있는 우리나라와는 전혀 다른 모습을 보이고 있는 것 또한 사실이다. 최근 감소세가 주춤거리고 있는 우리나라 대기 중 초미세먼지 농도를 무작정 중국 탓으로만 돌릴 수만은 없는 상황이라는 것이다. 중국을 비롯한 국외 영향이 큰 것은 사실이지만 오로지 중국 탓을 하고 방심하거나 또는 미세먼지 대책에 허점이 있거나 아니면 대책이 제대로 시행되지 않고 있을 가능성을 배제할 수 없다는 뜻이다. 중국을 비롯한 다른 나라 탓만 하다가는 조만간 터키를 제치고 실제로 OECD 국가 중 최악의 대기오염국가라는 불명예를 얻을지도 모를 일이다.

전기자동차는
얼마나 친환경적일까?

전기자동차를 장려하고 있는 미국 캘리포니아주에서는 주차장에서 전기자동차만 주차할 수 있는 공간을 쉽게 볼 수 있다. 주차하는 동안 충전까지 거의 공짜로 할 수 있는 곳도 많다. 특히 태양열로 전기를 생산하고 그 전기로 자동차를 충전할 수 있는 시설까지 되어 있는 곳도 있다.

기후변화를 비롯한 환경문제가 크게 대두되면서 장기적으로는 전기자동차가 대세가 될 것이라는 전망까지 나오고 있다. 미국 캘리포니아주에서 전기자동차를 구입할 경우 보조금 지급부터 세금 감면, 카풀 전용차선 이용 등 혜택도 다양하다.

상대적으로 차량 가격이 비싸고 대부분 한번 충전으로 갈 수 있는 거리도 기존 자동차에 비해 턱없이 짧고, 집에서 한번 충전하는데 길게는 8시간 정도나 걸리지만 전기자동차는 이런 혜택과 친환경이라는 인식, 기술 발전에 대한 기대감 등으로 앞으로도 보급이 확대될 가능성이 높다.

그렇다면 전기자동차는 친환경적일까? 가솔린이나 디젤을 사용하는 자동차를 단순히 배기가스를 배출하지 않는 전기자동차로 바꾸기만 하면 친환경적이라고 할 수 있는 것일까? 기준은 있는 것일까?

캐나다 토론토대학 연구팀이 기존의 화석 연료를 사용하는 자동차 대신 전기자동차를 운행하는 것이 친환경적인지 아닌지 판단할 수 있는 하나의 기준을 제시했다(Kennedy, 2015). 연구팀은 다른 요소는 배제하고 자동차 운행으로 인해 배출될 수 있는 온실가스만을 고려해 기준을 만들었다. 연구팀은 전기자동차가 이용할 전기를 생산하는 과정에서 배출되는 온실가스의 양과 기존의 화석 연료를 사용하는 자동차가 배출하는 온실가스의 양을 비교하는 실험을 진행했다.

실험결과 발전소에서 1GWh(기가와트시=10억 와트시)의 전력량을 생산하는데 600톤의 이산화탄소가 배출된다면 이 전기를 이용하는 전기자동차를 운행할 때와 기존의 화석 연료 자동차를 운행할 때 배출되는 온실가스의 양이 같아지는 것으로 나타났다. 어떤 지역이나 국가가 1GWh의 전력량을 생산하는데 이산화탄소 배출량이 600톤을 넘어서면 전기자동차 운행으로 인해 배출되는 이산화탄소가 기존의 화석 연료 자동차가 배출하는 이산화탄소보다 오히려 더 많은 것이고 반대로 1GWh의 전력량을 생산하는데 이산화탄소 배출량이 600톤 이하일 경우는 전기자동차를 운행하는 것이 기존의 화석 연료 자동차를 운행할 때보다 이산화탄소를 적게 배출한다는 뜻이다.

1GWh의 전력량을 생산하는데 이산화탄소 배출량이 600톤 이하일 경우 지구온난화 측면에서 보면 친환경으로 볼 수 있다는 것이다. 연구팀은 모든 국가나 지역에 600톤 기준을 동일하게 적용할 수는 없지만 500~700톤 정도를 기준으로 보는 것이 타당할 것이라고 밝혔다.

특정 국가나 지역에서 일정량의 전기를 생산할 때 배출되는 이산화탄소의 양은 그 국가나 지역에서 전기를 생산할 때 에너지원인 석탄이나 석유, 원자력, 수력, 풍력, 태양열 등을 어떤 비율로 얼마만큼 이용하느냐에 따라 달라진다. 수력발전과 지열발전만으로 전기를 생산하는 아이슬란드의 경우 전기 생산 과정에서 배출하는 이산화탄소는 없다. 하지만 전기의 거의 대부분을 석탄을 이용해 생산하는 아프리카 보츠와나의 경우 1GWh 전력량을 생산하는데 무려 1,787톤의 이산화탄소를 배출한다.

발전소 에너지원으로 석탄을 많이 사용하는 인도(856)나 호주, 중국(764)의 경우 600톤 기준을 크게 넘어서고 있고 수력발전소가 많은 브라질(68)이나 캐나다(167)는 600톤 기준을 크게 밑돌고 있다. 우리나라의 경우 1GWh의 전력량을 생산하는데 평균 500~600톤의 이산화탄소를 배출하는 것으로 되어 있다. 국가 전체 통계로 봐서는 국내에서 화석 연료 자동차를 전기자동차로 바꾸는 것이 친환경적이다 아니다 단정적으로 말하기 힘든 상황이다.

주요 국가에서 1GWh의 전력량을 생산하는데 배출하는 이산화탄소 양(전기의 탄소강도; Carbon intensity of electricity)을 그림으로 나타내면 다음과 같다(자료: Kennedy. 2015).

우리나라의 경우 단위 전기를 생산하는데 이산화탄소 배출이 적지 않은 것은 다른 에너지원보다 석탄을 연소시켜 발전하는 화력발전의 비율이 상대적으로 높기 때문이다. 실제로 2015년 1월 국내 에너지원별 발전전력량을 보면 총 발전전력량 4만 8,637GWh 가운데 석탄을 연소시켜 생산한 발전량이 1만

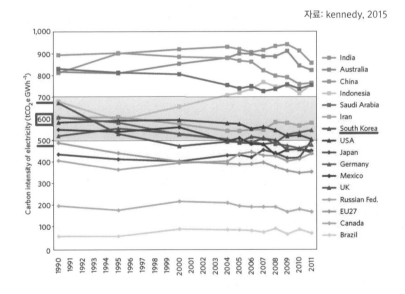

자료: kennedy, 2015

〈국가별 전기 생산 시 발생하는 이산화탄소〉

9,321GWh로 가장 많은 40%를 차지하고 있고 이어 원자력이 29%인 1만 4,220GWh, 가스가 19%, 유류는 4%를 차지하고 있다(자료: 한국전력공사 전력통계속보).

한 국가 내에서도 각 지역마다 이용하는 전기의 에너지원이 다를 수 있기 때문에 그 지역에서 운행하는 전기자동차가 친환경적일 수도 있고 아닐 수도 있다. 특정 지역의 전기자동차가 원자력이나 풍력, 태양열 등을 이용해 생산한 전기를 이용한다면 온실가스 배출 측면에서 친환경적이다라고 할 수 있지만 반대로 석탄이나 석유를 연소시켜 발전하는 화력발전소에서 생산한 전기를 이용한다면 친환경적이라고 보기 어려울 수도 있다.

겉보기만 친환경일 뿐 전기자동차의 에너지원인 전기를 생산하는 단계까지 포함시키면 친환경이 아닌 경우가 얼마든지 있다는 것이다.

제주특별자치도는 "Carbon Free Island Jeju by 2030 계획"을 실현하기 위해 1단계로 2017년까지는 운행 자동차의 10%를, 2단계로 2020년까지는 20%를, 그리고 2030년까지는 운행 자동차의 100%를 전기차로 대체한다는 계획을 세워놓고 있다(이개명, 2014). 제주도가 모든 자동차를 다른 연료를 전혀 사용하지 않는 100% 전기자동차all electric vehicle로 대체할 경우 제주도에서 운행하는 자동차가 배출하는 배기가스는 없다. 자동차 운행만 볼 경우 'Zero Emission', 'Carbon Free'가 된다.

하지만 논문에서 지적했듯이 한 가지 더 생각해야 할 것이 있다. 전기자동차가 사용하는 전기를 어떻게 생산하느냐 하는 점이다. 만약 전기자동차가 화석 연료 대신 수력이나 원자력, 풍력, 태양열을 이용해 생산한 전기를 사용한다면 온실가스 배출을 크게 줄일 수 있다.

그러나 전기자동차가 석탄이나 석유 등을 이용해 발전하는 화력발전소에서 생산한 전기를 이용한다면 얘기는 달라질 수 있다. 화력발전소에서는 화석 연료나 바이오 연료 등을 사용해 전기자동차가 이용할 전기를 생산하는 만큼 기존에 화석 연료 자동차가 돌아다니면서 배출하던 모든 배기가스를 발전소에서 한꺼번에 배출하는 꼴이 될 가능성도 있다.

특히 화력발전소의 열효율이 40% 정도인 점을 고려할 경우 화력발전소에서 전기자동차가 이용할 전기를 생산하는 과정에서 배출하는 온실가스가 기존의 화석 연료 자동차가 배출하는 온실가스보다 오히려 많은 것은 아닌지 반드시 따져볼 필요가 있다.

평상시 제주도에 전기를 공급하는 발전소는 제주화력발전소와 남제주화력발전소 두 곳이다. 두 발전소의 총 설비용량은 633.343MW(메가와트)로 이 가운데 93%인 590MW는 중유와 등유를 사용해 발전한다. 제주화력 3호기(75MW)와 남제주화력 1호기(100MW)는 바이오 중유를 사용하고 있고 나머지는 모두 석유에서 뽑아낸 중유와 등유를 사용한다.

바이오 중유는 신재생에너지로 분류되지만 연소될 때 배출하는 온실가스의 양은 석유에서 뽑아낸 중유가 연소될 때 배출하는 온실가스의 양과 큰 차이가 없다. 단순히 발전소에서의 연소 과정만 볼 경우 화석연료 대비 바이오 중유의 온실가스 감축효과는 1%가 채 안 된다. 설비용량을 기준으로 제주도에서 온실가스를 배출하지 않는 풍력발전이나 태양열발전이 생산하는 전기의 비율은 7%에 불과하다(자료: 한국중부발전, 한국남부발전).

전기자동차가 친환경적일까? 답은 국가와 지역, 그리고 어떻게 생산한 전기를 이용하느냐에 따라 달라진다. 단순히 가솔린자동차나 디젤자동차를 전기자동차로 바꾸는 것을 친환경이라고 부를 수는 없다. 전기를 생산하는 단계를 포함한 전 과정을 고려해야 한다.

스모그 겨울^{Smog Winter}이 올까?

높고 푸른 하늘을 보기가 참 쉽지 않다. 눈이 부시게 하늘이 푸른 날이면 방송에서는 하늘이 맑고 푸르다는 뉴스가 나오고 신문에는 맑고 푸른 사진에 "오늘만 같아라"라는 제목이 달려 나온다. 맑고 푸른 하늘이 뉴스가 되는 시대에 살고 있다.

뿌연 하늘은 당연히 들어오는 햇빛을 차단한다. 하늘이 맑을 때보다 적은 양의 햇빛이 지상에 도달한다. 광합성을 하는 식물은 당장 영향을 받을 수밖에 없다. 생장에 영향 받을 수 있고 수확량이 줄어들 가능성도 있다. 기후도 변할 수 있다. 오랫동안 뿌연 하늘이 덮고 있으면 들어오는 햇빛이 줄어들어 지상 기온이 떨어지기 때문이다.

실제로 국립기상연구소 연구팀이 한국기후변화학회 학술대회에서 발표한 논문에 따르면 연구팀은 1980년대부터 급증한 동아시아지역의 에어로졸로 인해 남동중국부터 한반도 북쪽지역까지 지상 기온이 떨어진다는 것을 모형^{model} 시뮬레이션을 통해 확인했다. 특히 연구팀은 지상 기온의 하락은 대륙과 해양의 기압 경도력을 감소시켜 남동중국 대륙으로 들어가는 하층 수증기량을 감소시킬 뿐 아니라 이 지역의 상승기류를 약화시켜 결과적으로 동아시아 지역의 여름 몬순^{장마}을 약화시킨다는 것을 확인했다. 미세먼지가 기후를 변화시키는 것이다.

핵겨울Nuclear winter이라는 말이 등장한 것은 냉전시대 말기인 1980년대다. 1970년대부터 핵폭발이 지구 대기와 기후에 미치는 영향이 논의되기는 했지만 논의 결과가 공식 논문으로 처음 발표된 것은 1982년이다. 오존층 파괴 메커니즘 연구로 1995년 노벨 화학상을 수상한 네덜란드 대기 화학자 폴 크루첸Paul J. Crutzen과 동료인 존 버크John Birks 박사는 핵전쟁이 지구 대기와 기후에 미치는 영향을 정량적으로 계산해 스웨덴 왕립과학원 저널에 발표했다.

핵겨울이라는 말이 널리 퍼지게 된 것은 1년 뒤인 1983년이다. '코스모스 Cosmos'작가로 유명한 천문학자인 칼 세이건Carl Sagan을 비롯한 5명의 학자가 과학 잡지 사이언스에 '핵겨울, 핵폭발이 지구에 미치는 영향'이라는 논문을 발표하면서부터다.

연구팀은 화산 폭발 영향을 연구하던 1차원 모형model을 이용해 핵전쟁이 지구 대기와 기후에 미치는 영향을 시뮬레이션 했다. 연구 결과는 무시무시하다. 핵폭발로 발생되는 미세한 먼지와 화재로 인한 연기가 1~2주 안에 전 지구를 뒤덮고 결과적으로 대부분의 햇빛이 차단되어 지표 온도는 섭씨 영하 15℃에

서 영하 25℃까지 떨어지는 것으로 나타났다. 심지어 여름에도 수 개월 동안 기온이 영하로 떨어질 수 있다는 결과를 내놨다. 특히 핵폭발로 발생한 에어로졸은 대류권에만 머무는 것이 아니라 성층권까지 올라가 오존층을 파괴해 건강에 해로운 자외선이 그대로 지상으로 쏟아지게 하는 결과를 초래할 수 있다고 논문은 주장했다.

논문에 여러 가지 불확실한 점이나 한계가 있고 과장된 면이 있다고는 하지만 햇빛이 차단된 지구, 영하 20℃ 안팎까지 떨어지는 기온, 마구 쏟아지는 방사선, 논문은 지구가 이 같은 상황에 장기간 노출된다면 인류뿐 아니라 지구상의 모든 생물에 막대한 위협이 될 것이라고 경고했다.

2014년 2월 25일 홍콩의 '사우스 차이나 모닝 포스트'는 중국농업대학교China Agricultural University 허동시엔He Dongxian,賀冬仙 부교수의 말을 인용해 "지금과 같은 스모그가 지속된다면 중국은 핵겨울Nuclear winter과 비슷한 상황에 처할 수 있을 것"이라고 보도했다. 허 교수가 핵겨울과 비슷한 상황을 '스모그 겨울Smog winter'이라고 부르지는 않았지만 지금과 같은 스모그를 방치할 경우 핵겨울과 비슷한 상황, 일명 '스모그 겨울'이 초래될 가능성이 있다고 경고한 것으로 볼 수 있다.

허동시엔 교수는 고추와 토마토의 씨를 뿌려 기르는 실험을 했다. 보통 고추와 토마토는 실험실에서 인공 광을 쪼일 경우 20일 정도면 씨가 모종으로 자라는데 베이징 창핑昌平구의 비닐하우스에서는 싹을 틔우는 데만 2달이 넘게 걸렸다. 허 교수는 비닐하우스 표면에 달라붙은 오염물질 막이 식물이 이용할 수 있는 햇빛을 절반이나 차단해 발생하는 현상이라고 설명했다. 특히 작물이 광합성을 제대로 하지 못해 발아가 늦고 발아가 된 작물도 약하기 그지없고 결국 수확량이 급격하게 줄어들어 중국의 식량 공급은 충격적인 상황에 빠지게 될 것이라고 경고했다.

물론 실험실에서 만든 인공 광은 자연 광하고는 차이가 있을 수밖에 없기 때문에 허 교수 연구가 스모그가 광합성에 미친 영향을 정확하게 측정한 것이라고 볼 수는 없다. 하지만 현지 농장 관계자들은 스모그로 인해서 작물 성장이 실제로 다른 때보다 훨씬 느려졌다고 주장하고 있다. 특히 작물의 성장 속도가 느려지면서 농민들이 작물의 성장을 자극하기 위해 사용하는 식물 호르몬 사용량이 급격하게 증가했다고 신문은 보도했다.

중국발 스모그는 단순히 중국만의 문제가 아니다. 평상시 우리나라 미세먼지의 약 40% 정도는 중국발 미세먼지다. 특히 건강에 심각한 영향을 미칠 수 있는 고농도 미세먼지의 최고 80% 정도는 중국에서 오고 있다. 아직 정확하게 정량적으로 밝혀진 바는 없지만 중국발 스모그는 한반도 농업 생산량에도 직접적인 영향을 미친다고 볼 수 있다. 뿐만 아니라 중국 농업생산량, 식량수급에 문제가 생긴다면 이것은 중국의 식량 문제뿐 아니라 전 세계 식량 수급에도 막대한 영향을 초래할 가능성이 있다.

이견은 있지만 학자들은 1백 메가톤 정도의 핵폭발을 핵겨울을 일으키는 임계값으로 보고 있다. 1메가톤은 일본 나가사키 원폭의 50배 정도로 냉전시기 핵미사일 1기의 위력이다. 냉전시기 핵미사일 100기가 동시에 터지면 핵겨울이 시작될 가능성도 있다는 뜻이다. 미국과 러시아는 수천 기의 핵무기를 가지고 있고 중국과 프랑스, 영국 등도 수백 기의 핵무기를 가지고 있는 것으로 알려져 있다. 각각의 핵무기 위력은 다르겠지만 어떤 경우든 핵무기 100기가 한꺼번에 터진다는 것은 현실적으로 상상하기 쉽지 않다. 핵겨울이라는 것은 그만큼 현실적으로 가능성이 크지 않다는 뜻이다.

스모그 겨울Smog winter은 어떨까? 어느 정도로 강한 스모그가 얼마 동안 지속돼야 핵겨울과 비슷한 스모그 겨울이 시작될 것인지는 알 수 없다. 또 앞으로 석탄에 주로 의존하는 중국의 에너지 구조가 바뀌고 스모그를 예방하는 기술 개발이 뒤따를 경우 스모그 상황이 최악으로만 치닫지 않을 가능성도 충분히 있다.

하지만 분명한 것은 스모그 겨울의 시작은 핵겨울의 시작과는 다르다. 핵겨울은 1백 메가톤의 핵무기가 한꺼번에 폭발해야만 비로소 시작될 수 있다고 하지만 스모그 겨울의 씨앗은 이미 뿌려졌을 가능성도 배제할 수 없다. 스모그 영향은 일정 순간에 갑자기 시작되는 것이 아니라 아주 서서히 그리고 조금씩 쌓이면서 진행될 가능성이 크기 때문이다.

중국 스모그는 현재 중국뿐 아니라 한국을 비롯한 아시아지역의 생태계와 기후, 나아가 세계의 생태계와 기후에 영향을 미치고 있을 가능성이 크다. 특히 지금과 같은 스모그를 방치한다면 마치 서서히 뜨거워지는 물속에 있는 개구리처럼 인류도 모르는 사이에 핵겨울Nuclear winter과 비슷한 상황, 스모그 겨울Smog winter이 초래될지도 모른다. 중국농업대학교 허둥시엔 교수의 주장이 결코 과장으로 들리지 않는다.

사하라 황사, 아마존 열대우림에
필수 영양소 공급한다

흔히 봄철의 불청객으로 불리는 황사, 내몽골과 고비사막, 중국 북부 등에서 발원하는 황사는 봄철에 평균 5.4일 한반도에 찾아온다. 하지만 황사가 꼭 봄철에만 찾아오는 것은 아니다. 봄철에 주로 발생하지만 가을과 겨울에 한반도를 찾아오는 경우도 종종 나타나고 있다.

실제로 겨울철인 지난 2015년 2월 20~21일 고비 사막과 중국 북부에서 발원한 황사가 22~23일 이틀에 걸쳐 전국을 강타했다. 황사가 전국을 강타하면서 서울의 1시간 평균 미세먼지PM10 농도는 23일 새벽 4시 1044$\mu g/m^3$까지 올라갔다. 2019년 기준 우리나라 연평균 미세먼지PM10 농도가 41$\mu g/m^3$인 점을 고려하면 평상시보다 먼지가 25배나 많은 것이다. 지난 2002년 서울에서 미세먼지 계기 관측을 시작한 이후 농도가 가장 높은 것이다.

황사도 미세먼지처럼 건강을 위협하기는 마찬가지다. 공기 중 미세먼지가 늘어나면서 눈이나 호흡기 질환을 악화시키거나 유발할 수 있고 혈액을 끈끈하게 만들어 심혈관 질환이나 뇌혈관 질환을 일으킬 가능성도 있다. 먼지가 농작물의 기공을 막아 생육에 지장을 초래하고 정밀기계의 정확도를 떨어뜨릴 가능성도 있다. 황사는 분명 피할 수 있으면 최대한 피하고 대비해야 할 기상현상임에 틀림없다.

하지만 황사가 나쁜 점만 있을까? 꼭 그런 것만은 아니다. 황사는 공장이나

자동차에서 배출되는 오염물질과는 달리 땅에서 발원하는 흙먼지다. 황사가
중국공업지대를 통과하면서 각종 오염물질이나 중금속까지 섞여 날아올 가능
성도 있지만 주로 오염물질로 구성된 스모그와 달리 황사의 주성분은 흙이다.

흙을 구성하는 주요 원소는 산소^O, 규소^{Si}, 알루미늄^{Al}, 철^{Fe}, 칼슘^{Ca}, 나트륨^{Na},
칼륨^K, 마그네슘^{Mg}이다. 물론 인^{P}을 비롯한 기타 미네랄도 포함돼 있다.

흙을 구성하는 성분에서 알 수 있듯이 황사에는 다량의 알칼리 원소가 포
함돼 있다. 땅이나 호수에 알칼리 성분을 공급해 산성화를 막는 작용을 할 가
능성이 있다. 또 호수나 바다에 각종 미네랄을 공급해 식물의 생산력을 높이
는 역할을 할 가능성도 있다. 황사가 마치 땅의 힘이 떨어져 농작물의 수확량
이 떨어질 경우 농경지의 힘을 증진시키기 위해 다른 곳에서 좋은 흙을 퍼다
섞어주는 객토^{客土}와 비슷한 역할을 할 가능성이 있는 것이다.

실제로 황사가 지구 생태계를 유지하는데 결정적인 역할을 한다는 연구결과
가 나왔다. 지구상에서 발생하는 대표적인 황사는 동아시아 지역에서 발생하

는 황사Asian Dust와 사하라 사막에서 발생하는 황사Saharan Dust, African Dust인데 동풍을 타고 대서양을 건너 남미 아마존지역까지 날아가는 사하라 황사가 아마존 지역의 열대우림에 필수 영양소를 공급하고 있는 것으로 밝혀졌다(Yu et al, 2015).

미국 항공우주국NASA과 메릴랜드대학교, 마이애미대학교 등으로 구성된 연구팀은 지난 2007년부터 2013년까지의 위성과 라이다Lidar 관측 자료를 이용해 사하라 사막에서 얼마만큼의 황사가 아마존지역으로 날아오는 지 계산했다. 특히 아마존지역으로 날아오는 황사의 성분을 분석해 황사 가운데 식물의 필수 영양소인 인P이 얼마나 들어있는 지 산출했다.

산출결과 아마존지역에 연평균 2,770만 톤의 사하라 황사가 떨어지는 것으로 나타났다. 특히 이 황사의 0.08%인 2만 2천 톤은 인P인 것으로 나타났다. 사하라 황사가 아마존 열대우림지역에 매년 2만 2천 톤의 인을 공급하고 있는 것이다. 사하라 사막에서 아마존 지역으로 매년 날아오는 인의 양을 구체적으로 산출한 것은 이 연구가 처음이다.

아마존 열대우림지역에서는 매년 2만 톤이 넘는 인이 빗물이나 홍수에 씻겨 나가고 있는데 사하라 사막에서 날아온 황사가 이를 다시 채워주는 것이다. 사하라 황사가 아마존 열대우림지역에 매년 필요한 양 만큼의 인산 비료를 뿌려주고 있는 것이다. 인이 부족하면 핵산RNA 합성이 줄어들어 단백질을 제대로 만들지 못하고 결과적으로 식물의 생육이나 종자, 과실 형성에 문제가 생길 수 있는데 절묘하게도 황사가 이를 보충해 주는 것이다. 사하라 황사가 지구의 허파인 아마존 생태계, 나아가 지구 환경을 유지하는데 결정적인 역할을 하는 것이다.

한반도에서는 봄철 평균 5.4일, 연평균 6일 정도 황사가 관측된다. 최근 들어서는 봄철뿐 아니라 겨울과 가을철 황사가 늘어나는 경향이 있다. 국내에서 황사에 대한 가장 오래된 기록은 삼국사기에서 찾을 수 있다. 삼국사기에는 신라 아달라왕 21년 즉, 서기 174년에 우토雨土(황사 의미)가 나타났다는 기록이 있다. 흙이 비처럼 내렸다는 기록이다(자료: 기상청).

기록상으로 볼 경우 적어도 1,800년 이상 매년 황사가 한반도를 찾아오고 있다. 기록은 없지만 한반도에는 이보다 훨씬 먼저 황사가 나타났을 가능성이 매우 높다. 길게 본다면 대륙이 지금과 같은 형태로 만들어진 신생대 제3기 플라이스토세부터 적어도 수 만 년에서 수백 만 년 동안 황사가 한반도를 찾아왔을 가능성도 있고 기후가 현재와 비슷해진 시점을 생각한다면 마지막 빙하기가 끝난 신생대 제4기 홀로세부터 만년 정도 황사가 한반도를 찾아왔을 가능성이 있다.

황사는 분명 건강을 위협할 수 있는 기상현상이다. 하지만 황사를 단순히 건강측면에서만 바라볼 것이 아니라 황사가 한반도 토양이나 호수, 주변 바다 나아가 전 지구 생태계나 기후에 어떤 영향을 미쳤고 또 앞으로 어떤 영향을 주고받을 것인지 구체적이고 폭넓은 연구가 필요해 보인다.

조기사망률 세계 최고인 북한의 대기오염…
우리나라 영향은?

2018년 3월 하순 우리나라는 기록적인 고농도 미세먼지를 겪었다. 고농도 미세먼지는 23일부터 27일까지 닷새 동안이나 이어졌다. 초미세먼지 농도가 연평균보다 5배 정도나 높은 최고 $100\mu g/m^3$을 오르내리는 고농도 미세먼지가 이어지면서 전국 곳곳에 초미세먼지 주의보가 발령됐고 고농도 미세먼지 비상저감조치도 시행됐다.

초미세먼지 농도가 큰 폭으로 올라간 것은 우선 일본 남쪽에서부터 한반도와 중국 남부지역에 이르기까지 고기압이 폭넓게 자리를 잡으면서 대기 흐름이 정체 됐기 때문이다. 특히 대기가 정체된 가운데 고기압 북쪽 가장자리를 따라 중국발 미세먼지를 비롯한 국외 미세먼지가 들어왔기 때문이다. 당시 서울시는 적은 날은 32~51%, 많은 날은 58~69%의 먼지가 중국을 비롯한 국외에서 들어왔다고 분석했다. 전형적인 고농도 미세먼지 사례다.

국외 미세먼지 가운데 가장 큰 영향을 미치는 것은 모두가 알고 있듯이 중국발 미세먼지다. 중국발 미세먼지가 들어오지 않는 상황에서도 고농도 미세먼지가 나타나는 경우도 있지만 고농도 미세먼지의 많은 경우는 중국발 미세먼지가 원인인 경우가 많다. 중국발 미세먼지 다음으로 우리나라 미세먼지 농도에 큰 영향을 미치는 국외 미세먼지는 바로 북한발 미세먼지다.

저명 의학 저널인 '랜싯The Lancet'이 2017년 발표한 보고서에 따르면 2015년 한

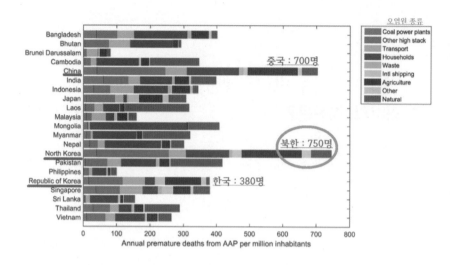

〈인구 100만 명당 대기오염으로 인한 조기사망자 수(자료: Watts et al., 2017)〉

해 동안 전 세계에서 인구 100만 명당 초미세먼지로 인한 조기사망자가 가장 많이 발생한 나라는 중국도 인도도 아닌 바로 북한이다(Watts et al., 2017). 2015년 기준으로 북한에서는 인구 100만 명당 750명 정도가 초미세먼지 같은 대기오염으로 인해 조기에 사망했다. 인구 100만 명당 조기 사망자가 700명 정도인 중국보다 많고 한국(380명)의 두 배 수준이다(그림 참고). 북한의 대기 오염이 매우 심각하다는 뜻이다.

북한의 심각한 대기오염은 우선 우리나라보다도 중국에 더 가까이 위치해 있어 기록적인 중국발 미세먼지의 직격탄을 맞기 때문이다. 또한 북한에서 에너지원으로 많이 사용하고 있는 석탄과 땔감으로 사용하고 있는 나무를 비롯한 바이오 연료는 북한의 대기오염을 최악으로 만들고 있다. 중국발 미세먼지에 자체에서 배출하는 미세먼지까지 더해져 심각한 상황이 만들어지고 있는 것이다.

북한의 이 같은 심각한 대기오염은 북한에만 영향을 미칠까? 아니면 우리나라에까지 영향을 미칠까? 당연히 우리나라에도 영향을 미치게 마련이다. 그렇다면 북한의 심각한 대기오염이 우리나라에는 어느 정도나 영향을 미칠까?

아주대학교 김순태 교수 연구팀이 3차원 광화학모델^{CMAQ}과 기상 자료, 북한의 배출량 추정 자료 등을 이용해 2016년 한 해 동안 북한 배출량이 우리나라, 특히 수도권의 연평균과 월평균 초미세먼지 농도와 초미세먼지 구성 성분에 미치는 영향을 분석했다.

분석결과 북한 배출량이 수도권 지역의 연평균 초미세먼지 농도에 미치는 영향은 $3.89\mu g/m^3$ 정도인 것으로 나타났다. 수도권의 연평균 초미세먼지 농도가 $26\mu g/m^3$ 정도인 점을 고려할 때 평균적으로 수도권 초미세먼지의 14.7%는 북한의 영향으로 볼 수 있다고 연구팀은 설명하고 있다. 초미세먼지 성분별로는 북한에서 배출된 질소산화물^{NOx}과 유기탄소$^{Organic Carbon}$가 수도권에 미치는 영향이 큰 것으로 나타났다. 북한에서 배출된 질소산화물의 연평균 기여도는 0.88 $\mu g/m^3$로 수도권 연평균 질소산화물의 11.7%를 차지했고 유기탄소의 연평균 기여도는 $0.68\mu g/m^3$로 수도권 연평균 유기탄소의 27.4%를 차지하는 것으로 나타났다.

북한 배출량의 영향은 계절에 따라서도 크게 달라졌는데 초미세먼지의 경우 1월 영향이 $8.9\mu g/m^3$로 가장 큰 것으로 나타났다. 1월 수도권 지역 초미세먼지의 20% 정도가 북한에서 넘어온다는 뜻이다. 유기탄소의 경우도 1월과 12월에 영향이 크게 나타났는데 수도권 지역 유기탄소의 40% 이상이 북한에서 넘어오는 것으로 추정됐다. 아래 그림은 북한지역에서 배출되는 초미세먼지와 각 성분의 공간분포, 그리고 영향 범위를 나타낸 것이다(출처: 배민아 등, 2018).

연구 결과에서 보듯이 중국발 미세먼지에 비하면 북한발 미세먼지의 영향은 상대적으로 적은 것이 사실이다. 하지만 전체적인 미세먼지에 대한 대책을 세우기 위해서는 북한의 영향 또한 구체적이고도 정량적으로 산출하는 것이 필요하다.

물론 우리나라에서 배출한 오염물질이 북한에 영향을 주는 경우도 있다. 남풍이 불면 우리나라에서 발생한 미세먼지가 얼마든지 북한으로 올라갈 수도 있다. 하지만 대기오염이 상대적으로 크게 문제가 되는 시기인 가을부터 봄까지는 주로 북서풍이 불기 때문에 북한 배출량이 우리나라에 미치는 영향이 더 큰 것으로 연구팀은 분석했다.

동종인 서울시립대 교수는 한국과 북한, 중국 등 동북아 지역을 '호흡 공동체'라고 부른다. 대기오염 측면에서 볼 때 동일 영향권으로 볼 수 있다는 것이다. 한국과 북한, 중국은 모두 원하든 원하지 않든 같은 공기를 마신다는 뜻이다. 따라서 각 국가의 미세먼지 감축 노력은 그 국가 특정 지역의 미세먼지만 줄이는 것이 아니라 동북아 지역 전체의 미세먼지를 줄이는데 기여할 수 있어야 진정으로 큰 의미가 있다. 단순히 베이징에 있던 오염 배출 업체를 주변 지역으로 옮기는 것만으로는 문제를 해결할 수 없다.

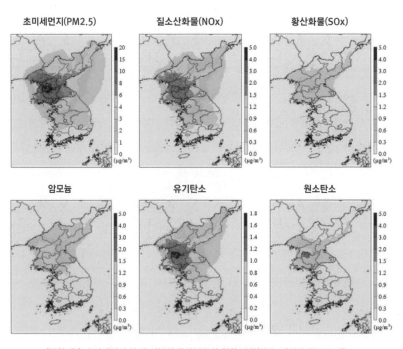

〈북한 배출 초미세먼지 및 각 성분의 공간분포와 영향 범위(자료: 배민아 등, 2018)〉

우리 국민과 후손의 건강을 위해서, 세계 최악의 대기오염 피해를 보고 있는 북한 인민의 건강을 위해서, 또 중국 인민의 건강을 위해서 각국의 적극적인 감축 노력과 함께 국가 간의 실질적이고도 구체적인 협력이 절실하다. 좋든 싫든 동북아 지역은 호흡 공동체이기 때문이다.

전기차 보급과 걷고 자전거 타기,
미세먼지 해결에 어느 것이 도움될까?

정부가 2017년 9월 26일 발표한 새정부「미세먼지 관리 종합대책」에 따르면 정부는 임기 내 미세먼지 국내배출량 30% 감축목표 달성을 위해 수송 부분에서는 2022년까지 전기차 35만대를 비롯해 수소차와 LPG차 등 친환경차를 200만대까지 확대 보급한다고 되어 있다.

전기차가 친환경 차인지 아닌지는 전적으로 어떻게 생산한 전기를 사용하느냐에 달려 있지만 단순히 운행 과정만 봤을 경우 배기가스를 배출하지 않는 만큼 배기가스만 고려할 경우 미세먼지 배출은 없다고 볼 수 있다. 그렇다면 가솔린이나 디젤 자동차를 점진적으로 친환경차로 바꿔나갈 경우 적어도 수송 부문에서는 목표하는 대로 온실 가스나 미세먼지를 충분히 줄일 수 있을까? 전기차 보급 확대 뿐 아니라 개개인의 국민들이 가까운 거리는 차 대신 걷거나 자전거를 타고 가는 방법으로 자동차 사용 자체를 줄인다면 온실 가스나 미세먼지를 얼마나 더 줄일 수 있을까?

점진적인 전기차 보급 확대와 가까운 거리는 걷고 자동차 대신 친환경 대중교통을 이용하는 것과 같은 급격한 생활습관 변화 가운데 어느 것이 미세먼지를 줄이고 온실가스를 줄이는데 더 효과적일까? 수용자인 일반 국민은 현재와 같은 생활을 그대로 유지하더라도 친환경차 보급 확대와 중국과의 협력, 기술혁신 등 공급자만 제대로 하면 목표한 만큼의 온실가스 배출을 줄이고 미세먼지도 줄일 수 있을까?

이 같은 궁금증을 풀어줄 만한 연구가 최근 영국에서 나왔다. 영국 연구팀이 스코틀랜드를 대상으로 실험한 결과를 발표했다(Brand et al., 2018). 최근 들어 세계 각국은 2050년쯤 탄소중립net zero 달성을 목표로 하고 있지만 당초 스코틀랜드는 탄소배출량을 지속적으로 줄여서 2050년에는 1990년에 배출했던 탄소배출량의 20% 정도만 배출하는 것을 목표로 했었다. 약 30년 동안 탄소 배출량을 1990년 대비 80%나 줄이는 것이 목표였다.

연구팀은 앞으로 약 30년 동안 수송 부문에서 어떤 변화를 이끌어 내야 이 같은 목표를 달성할 수 있을 지 조사했다. 공급자 측면에서 보면 가솔린이나 디젤을 사용하는 자동차를 전기차로 바꾸는 것도 한 방법이고 일반 국민 입장에서는 최대한 화석연료를 사용하는 자동차 이용 자체를 줄이는 것이 한 방법이 될 수 있다.

연구팀은 4가지 시나리오를 만들어 실험했다. 연구팀은 (1) 첫 번째 시나리오는 현재의 에너지 정책과 수송 수단에 아무런 변화 없이 현 상태를 그대로 유지하는 시나리오, (2) 두 번째는 가솔린이나 디젤 자동차를 점진적으로 전기차로 대체하는 시나리오다. 공급자 측면을 강조한 것으로 2020년까지 전기차 비율을 전체 자동차의 9%까지 끌어올리고 2030년에는 전기차 비율을 전체의 60%까지 끌어올리는 등 시간에 따라 전기차 비율을 점점 크게 확대하는 방안이다. (3) 세 번째는 가까운 거리는 자동차 대신 걷거나 자전거를 타고 가는 등 생활습관을 급격하게 바꾸는 시나리오다. (4) 네 번째는 화석연료 자동차를 전기차로 바꾸는 시나리오와 생활습관을 급격하게 바꾸는 시나리오를 동시에 시행하는 방안이다.

조사결과 현상 유지 정책으로는 당연히 목표를 달성할 수 없었다. 전기차 보급 확대 시나리오나 급격한 생활습관 변화 시나리오 역시 목표 달성이 어려운 것으로 나타났다. 어느 한 가지 방안만으로는 목표를 달성할 수 없었다는 것이다.

연구팀은 탄소배출량 감축 목표를 달성하기 위해서는 화석연료 자동차를 친환경차로 대체함과 동시에 일상생활에서는 에너지 사용을 줄이는 방향으로 생활 습관을 급격하게 바꿔야만 감축 목표를 달성할 수 있음을 실험으로 보여주고 있다. 연구팀은 그러나 두 가지 시나리오를 동시에 시행하는 방법이 보기에는 그럴듯해 보이지만 실제 실행에 옮기는 데는 적잖은 어려움이 뒤따를 것으로 예상하고 있다.

전기차 보급 확대도 계획대로 이루어지지 않을 수 있지만 생활습관을 급격하게 바꾸는 것이 말처럼 쉽지 않기 때문이다. 연구팀이 작성한 생활습관을 급격하게 바꾸는 시나리오에는 멀지 않은 거리는 자동차를 타는 대신 걷거나 자전거를 이용하는 횟수와 이용 시간을 늘리고 평소 자동차 이용 횟수와 운행 거리는 줄이면서 친환경 대중교통 이용은 늘리고, 여행 횟수와 여행 거리는 줄이는 방법 등이 포함돼 있다. 물론 기술혁신을 통해 자동차의 에너지 효율 또한 크게 향상시켜야 한다.

생활습관을 바꾸는 시나리오의 한 예를 보면 2012년 현재 스코틀랜드 사람들은 이동하는 거리의 74%는 자동차로 이동을 하고 있는데 2030년에는 자동차 이용을 줄여 이동 거리에서 자동차가 담당하는 비율을 61%로 낮추고 2050년에는 41%까지 낮춰야 한다. 대신 이동할 때 자전거를 이용해 이동하는 거리 비율은 현재 3%에서 2050년 17%까지 높여야 한다. 버스나 철도 등 친환경 대중교통을 이용해 이동하는 거리의 비율도 현재 14%에서 2050년에는 28%까지 배로 높여야 한다.

한마디로 요약하면 정부나 산업체의 혁신과 함께 일반 국민 개개인이 불편함을 기꺼이 감당하는 수고가 뒤따라야 한다는 것이다. 국민들이 생활습관을 급격하게 바꾸는 수고를 감당해야 탄소배출량 감축 목표를 달성할 수 있을 뿐 아니라 오염물질인 질소산화물이나 초미세먼지 또한 원하는 만큼 크게 줄일 수 있다고 밝히고 있다. 특히 폭스바겐의 배기가스 조작으로 대표되는 디젤게이트처럼 기술혁신을 해야 할 공급자들이 사기를 치는 경우도 있어 목표 달성을 위해서는 생활습관 변화가 더 중요하다고 연구팀은 강조하고 있다.

우리나라와 스코틀랜드는 감축 목표나 계획 등 분명 다른 점이 있다. 하지만 미세먼지나 대기오염이 심하거나 지구온난화 문제가 나올 때면 개개인의 생활습관을 생각하기 전에 중국이나 대형 산업체, 정부부터 탓하는 경향이 있음을 부인하기 어렵다. 중국이나 대형 산업체, 정부의 정책이 대기오염이나 온실가스 배출에 결정적인 영향을 미치기 때문에 중국이나 대형 산업체, 정부부터 생각하는 것은 어찌 보면 당연하다. 하지만 이번 연구는 공급자뿐 아니라 수용자인 국민 개개인도 생활습관을 급격하게 바꾸는 수고를 기꺼이 감당하지 않으면 지구온난화 문제, 미세먼지 같은 대기오염 문제 해결이 간단치 않을 수도 있음을 보여주고 있다.

미세먼지,
전 세계 '핫 스폿hot spot'은 어디?

세계 여러 나라에서 전기를 가장 많이 생산하는 발전 형태 가운데 하나는 다름 아닌 화력발전소다. 하지만 석탄화력발전소는 미세먼지와 황산화물SOx, 질소산화물NOx, 수은Hg 등 각종 오염물질과 온실가스를 가장 많이 배출하는 발생원 가운데 하나인 것 또한 사실이다. 전기를 저렴하게 생산해 생활을 편리하게 하는 데 크게 기여하고 있는 반면 각종 오염물질을 배출해 인류의 건강을 위협하고 지구온난화를 초래해 지구 생태계를 위협하고 있는 것이다.

지구촌 석탄화력발전소는 주로 어디에 있고 인류의 건강과 지구온난화에 얼마나 막대한 영향을 미치고 있는 것일까? 온실가스와 오염물질이 집중적으로 배출되는 지역인 '핫 스폿hot spot'은 어디일까? 옆 나라인 중국에는 얼마나 많은 석탄화력발전소가 있고 지구촌, 특히 우리나라에 얼마나 큰 영향을 미치고 있을까?

스위스 연구팀이 2012년 기준으로 전 세계에 분포한 7,861기의 석탄화력발전소가 인류의 건강과 지구온난화에 얼마나 큰 영향을 미치고 있는지 집중적으로 분석했다. 연구팀은 단순히 석탄화력발전소에서 배출하는 온실가스와 각종 오염물질만을 분석한 것이 아니라 탄광에서 석탄을 채굴하는 과정에서 발생하는 온실가스와 오염물질, 그리고 탄광부터 발전소까지 선박이나 철도 등을 이용해 석탄을 수송하는 과정에서 배출되는 온실가스와 오염물질까지

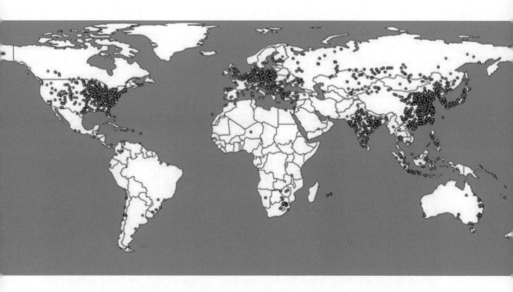

〈전 세계 석탄화력발전소 분포(자료 : Oberschelp et al., 2019)〉

종합적으로 분석했다. 연구팀은 특히 석탄화력발전소가 배출하는 온실가스와 오염물질을 정확하게 산출하기 위해 각 발전소가 사용하는 석탄의 종류(무연탄, 역청탄, 아역청탄, 갈탄)와 발전소 시설의 기술 수준, 노후 정도까지도 고려했다. 석탄 종류나 시설의 수준 등에 따라 배출량이 달라지기 때문이다.

우선 위 그림은 2012년 기준으로 전 세계에 분포한 7,861기의 석탄화력발전소의 위치를 표시한 것이다. 미국 동부와 중부 유럽, 인도, 그리고 중국 동부지역에 석탄화력발전소가 집중적으로 위치한 것을 볼 수 있다. 지구촌에서 각종 오염물질과 막대한 온실가스를 내뿜는 이른바 '핫 스폿'인 것이다.

전 세계 석탄화력발전소 분포(자료: Oberschelp et al., 2019) 탄광은 주로 사람이 적게 거주하는 지역에 위치한 반면 화력발전소는 대도시나 산업시설 주변에 있다 보니 수송은 불가피한 일이 된다. 석탄이 부족한 나라는 외국에서 수입을 할 수밖에 없다. 그러다 보니 석탄 수송 과정에서도 많은 양의 온실가스와 오염물질이 발생하게 마련이다. 아래 그림은 전 세계 석탄 수송 수단과 경로, 수송량을 보여준 것이다(그림 참고).

자료: Oberschelp et al., 2019

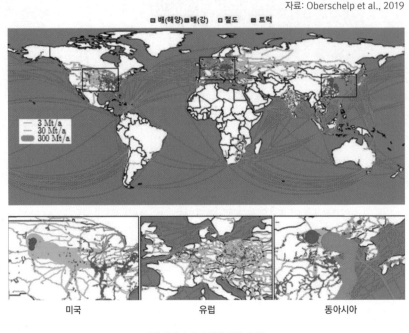

〈전 세계 수송 수단별 석탄 수송〉

미국이나 유럽지역에서는 철도를 이용한 수송이 많지만 중국 등 동아시아 지역은 배를 이용한 해상 수송이 절대적인 상황이다. 연구팀은 전 세계 해상과 육상 물동량의 1/5 정도인 19%가 석탄인 것으로 분석하고 있다. 특히 석탄의 66%는 해상을 통해 수송되는데 배를 통해 석탄을 가장 많이 수입하는 나라가 바로 중국이다. 중국은 인도네시아와 호주뿐 이니라 멀리 떨어져 있는 남아프리카공화국과 북미지역에서도 석탄을 수입하는 것으로 연구팀은 분석했다. 전 세계 석탄을 끌어다 쓰고 있는 것이다.

문제는 먼 곳에서 실어오는 양이 많다 보니 수송 과정부터 엄청난 양의 온

실가스와 오염물질을 내뿜는다는 것이다. 그림에서 볼 수 있듯이 석탄을 실어
나르는 수없이 많은 배가 서해상과 동중국해에서 내뿜는 각종 오염물질은 서
풍을 타고 우리나라로 들어올 수밖에 없는 상황이다. 중국은 발전소에서 본격
적으로 오염물질을 내뿜기 전부터 우리나라에 큰 영향을 미치고 있다고 볼 수
있는 대목이다. 중국 대륙에서 아무리 미세먼지를 측정한다 하더라도 이처럼
서해상에서 수많은 배가 내뿜고 있는 각종 오염물질은 관측에도 잡히지 않은
채 우리나라로 넘어올 가능성이 크다.

전 세계에서 석탄을 가장 많이 사용하는 나라는 당연히 중국이다. 연구팀
은 전 세계 석탄의 39%를 중국이 사용하는 것으로 분석하고 있다. 두 번째로
석탄을 많이 사용하는 나라는 미국으로 전 세계 석탄의 19%를 사용하고 있
다. 중국과 다른 점은 중국은 많은 양을 수입하면서 해상 수송에 크게 의존하
지만 미국은 내부에서 철도를 이용한 수송이 절대적인 부분을 차지하고 있다
는 것이다. 세계에서 세 번째로 석탄을 많이 사용하는 나라는 인도다.

다음 그림은 각 국가의 석탄화력발전소가 1 kWh의 전력을 생산하는데 배
출하는 온실가스 양㎏을 나타난 것이다. 세계는 평균적으로 1 kWh의 전력을
생산하는데 1.13kg의 이산화탄소를 배출하지만 러시아와 폴란드, 독일은 미

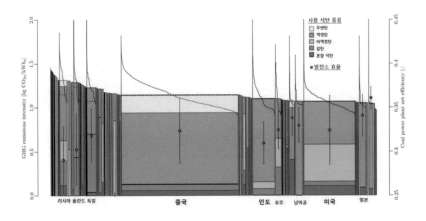

〈국가별 석탄화력발전소의 온실가스 배출(자료: Oberschelp et al., 2019)〉

국이나 일본의 발전소보다 상대적으로 많은 양의 온실가스를 배출하는 것으로 나타나고 있다. 석탄을 채굴할 때와 운송할 때 배출하는 온실가스까지 포함한 것이다. 특히 전체 발전량과 석탄 사용량을 고려할 때 중국에서 배출하는 온실가스가 전 세계에서 가장 많다(그림에서 좌우 폭이 가장 넓다). 이어 미국과 인도 순으로 나타나고 있다.

연구팀이 인도를 주의 깊게 살펴본 이유는 인구밀도가 높은 지역에 발전소가 많이 있지만 러시아나 폴란드 등과 함께 석탄화력발전소의 효율이 떨어지기 때문이다(위 그림에서 붉은 점). 인도나 러시아 폴란드 발전소의 효율은 중국보다도 낮은 상태다. 노후 발전소가 많거나 발생하는 가스 처리 능력 등이 떨어진다는 것이다. 효율이 떨어지는 만큼 같은 양의 전기를 생산하더라도 상대적으로 많은 양의 온실가스와 오염물질을 배출하고 있는 것이다.

석탄화력발전소에서 배출하는 온실가스를 제외한 오염물질은 미세먼지와 황산화물SOx, 질소산화물NOx, 수은Hg 등 다양하다. 특히 이 같은 오염물질은 온난화로 지구촌 전체에 영향을 미치는 온실가스와는 달리 발전소 주변 수백 km에서 멀어도 수천 km 이내 지역에 집중적으로 영향을 미치는 것이 특징이다. 당연히 '핫 스폿'은 석탄화력발전소가 집중돼 있는 미국 동부와 중부 유럽, 인도, 그리고 중국 동부지역이다(그림 참고).

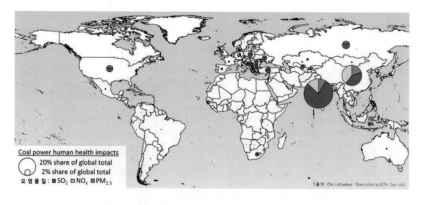

Coal power human health impacts
20% share of global total
2% share of global total
오염물질: ■SO₂ □NOₓ □PM₂.₅
【출처 : Christopher Oberschelp/ETH Zurich】

〈국가별 화력발전소의 오염물질 배출(자료: Christopher Oberschelp/ETH Zurich)〉

무엇보다도 중요한 것은 우리나라가 중국 동부지역의 '핫 스폿'에서 배출되는 각종 오염물질의 직접 영향권에 들어 있다는 사실이다. 엄청난 양의 각종 오염물질에 그대로 노출돼 있는 것이다. 인도에서 오염물질이 많이 배출되는 것은 석탄화력발전소가 많이 있는 것도 문제지만 발전소의 효율이 크게 떨어지는 것도 문제라고 연구팀은 설명하고 있다.

석탄화력발전소가 지구촌 경제발전에 기여하는 바가 크다고 하더라도 인류의 건강과 지구촌 생태계를 위협하고 있다면 줄여나가는 것은 당연하다. 물론 한꺼번에 모든 석탄화력발전소의 문을 닫을 수도 없다. 우선 시설이 낡거나 효율이 떨어지고 각종 오염물질과 온실가스를 많이 배출하는 발전소부터 적극적으로 문을 닫아야 할 것이다. 전 세계가 신규 석탄화력발전소 건설 또한 하지 말아야 한다.

저렴하게 전기를 생산할 수 있고 또 지구 상에 앞으로 적어도 100년 이상 쓸 수 있는 석탄이 매장돼 있다고 해서 계속해서 석탄화력발전소를 가동하고 건설하는 것은 지구촌에 재앙을 불러오는 꼴이 될 가능성이 크다. 석탄화력발전소를 온실가스와 오염물질을 적게 배출하는 발전으로 대체하고 궁극적으로는 신재생에너지로 전환해야 한다. 우리나라도 우리나라지만 지구촌의 '핫 스폿'인 중국의 전환이 시급하다. 우리나라나 중국을 위해서 뿐 아니라 전 세계 인류를 위한 중국의 결단이 절실하다.

중국발 미세먼지와 국내 발생 미세먼지,
어느 것이 더 해로울까?

"중국발 미세먼지와 국내에서 발생하는 미세먼지 가운데 어느 것이 건강에 더 해로운 가요?"

가끔 받는 질문이다. 중국발 미세먼지가 국내에서 발생하는 미세먼지 보다 더 해롭다는 답을 듣고 싶은 경우도 있겠지만 한마디로 어느 쪽이 더 해롭다고 얘기하기는 현재로서는 쉽지 않다. 두 종류의 미세먼지 가운데 어느 것이 건강에 더 해로운 가를 판단하기 위해서는 적어도 미세먼지 입자의 크기 분포와 주요 성분의 독성 정도, 그리고 노출되는 양 등 3가지는 살펴봐야 한다.

흔히 미세먼지라 불리는 PM10은 지름이 10마이크로미터㎛ 미만인 모든 입자를 말한다. 먼지뿐 아니라 꽃가루나 곰팡이도 미세먼지에 해당 된다. 사람 머리카락의 지름이 50~70마이크로미터인 점을 고려하면 머리카락 굵기의 1/5~1/7인 미만인 모든 작은 입자가 여기에 속한다. 이에 비해 PM2.5라 불리는 초미세먼지는 미세먼지PM10 가운데 지름이 2.5마이크로미터 미만인 아주 작은 입자를 말한다. 여기서 중요한 것은 입자 크기가 상대적으로 큰 PM10의 경우는 코나 기관지 등에서 걸러지는 경우가 초미세먼지에 비해 상대적으로 많다는 것이다.

반면에 입자 크기가 작은 PM2.5는 코나 기관지에서 걸러지지 않고 폐 깊숙이 침투해 혈관을 타고 온몸으로 퍼져 각종 염증과 질환을 악화시키거나 일으

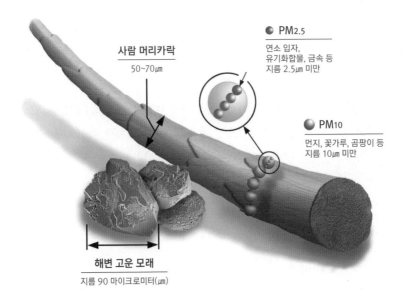

사람 머리카락
50~70μm

● PM2.5
연소 입자,
유기화합물, 금속 등
지름 2.5μm 미만

● PM10
먼지, 꽃가루, 곰팡이 등
지름 10μm 미만

해변 고운 모래
지름 90 마이크로미터(μm)

〈미세먼지 크기 비교(자료: 미국 환경보호청(US EPA))〉

킨다는 것이다. 특히 폐암을 비롯한 각종 암까지도 일으킬 수 있다는 사실이
이미 확인된 상태다. 이 때문에 세계보건기구 산하 국제암연구소IARC는 미세먼
지를 1군 발암물질로 규정하고 있다. 결국 다른 조건이 동일하다면 중국발 미
세먼지와 국내 발생 미세먼지 가운데 어느 쪽에 작은 입자가 더 많으냐에 따라
건강에 미치는 영향이 달라질 수 있다(미세먼지 크기 비교 참고, 자료: 미국 환경보호청).

두 번째는 같은 양의 미세먼지라도 성분에 따라 건강에 미치는 영향은 크게
달라질 수 있다는 점이다. 최근 광주과기원GIST 지구환경공학부 박기홍 교수 연
구팀은 배출원에 따라 초미세먼지PM2.5의 독성이 어떻게 차이가 나는지 정량적
으로 규명한 연구결과를 발표했다(Park et al., 2018). 연구팀은 볏짚이나 소나무
같은 바이오매스가 탈 때 나오는 초미세먼지, 디젤 차량이나 가솔린 차량에서
배출되는 초미세먼지, 도로 주변이나 터널 속 그리고 사막 등에서 포집한 초미

세먼지가 세포의 생존력과 DNA 손상, 유전자 독성, 산화 스트레스, 염증 반
응 등에 어떤 영향을 미치는지 실험했다.

　실험결과 초미세먼지가 어디서 배출됐느냐에 따라 독성이 큰 차이가 나는
것으로 나타났다. 디젤 엔진에서 배출되는 초미세먼지의 독성이 가장 강한 것
으로 나타났고 이어 가솔린 엔진에서 배출된 초미세먼지와 바이오매스가 탈
때 내뿜는 먼지, 석탄 연소 입자, 도로 먼지, 사막 먼지 순으로 독성이 강한 것
으로 나타났다. 특히 세포 독성과 유전자 독성 등 초미세먼지가 세포에 미치
는 생물학적·화학적 영향을 종합적으로 고려할 경우 디젤 엔진에서 배출되는
초미세먼지의 독성은 가솔린 엔진이나 바이오매스가 탈 때 배출되는 초미세먼
지의 독성보다 2배 이상 강한 것으로 나타났다.

　디젤 엔진에서 배출되는 초미세먼지의 독성을 10이라고 가정할 때 가솔린
엔진에서 배출되는 초미세먼지의 독성은 4.16, 바이오매스가 탈 때 나오는 먼
지의 독성은 4.27 정도인 것으로 나타났다. 이어 석탄 연소 입자의 독성은
1.12로 디젤 엔진이 배출하는 초미세먼지 독성의 1/10 수준이었고 도로 먼지
의 독성은 0.17, 사막 먼지의 독성은 0.00075, 황산암모늄의 독성은 0.00025,
질산암모늄의 독성은 이보다 더 작았다(그림 참고).

자료: Park et al., 2018

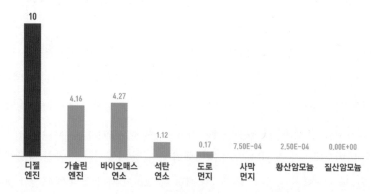

〈배출원별 초미세먼지 독성 상대 비교〉

같은 디젤 엔진의 경우라도 배기량이 큰 엔진에서 배출되는 초미세먼지의 독성이 배기량이 작은 엔진에서 배출되는 초미세먼지의 독성보다 강했다. 또 석탄의 경우 고온(1100℃)에서 연소할 때보다 저온(550℃)에서 연소할 때 배출되는 초미세먼지의 독성이 강한 것으로 나타났다. 산업체보다 일반 가정에서 석탄을 이용할 때 배출되는 초미세먼지의 독성이 더 강할 수 있다는 뜻이다. 결국 다른 조건이 일정하더라도 배출원이 무엇이냐, 또 엔진의 크기나 연소 온도 등 배출원의 특성에 따라 독성에 큰 차이가 나는 것이다.

GIST의 연구결과는 초미세먼지의 독성을 고려할 경우 자동차, 그 중에서도 디젤 자동차, 특히 배기량이 큰 디젤 자동차의 배출량에 대한 규제가 우선돼야 한다는 점을 말해주고 있다. 또한 주로 토양 성분인 사막 초미세먼지의 독성이 자동차가 뿜어내는 초미세먼지의 독성에 비해 매우 작다는 것은 초미세먼지만 고려할 경우 순수한 황사가 건강, 특히 세포에 미치는 영향은 자동차가 배출하는 초미세먼지에 비하면 극히 미미하다고 해석할 수 있는 부분이다.

세 번째는 당연한 얘기지만 다른 조건이 같다면 농도가 높을수록 건강에 더해롭다는 것이다. 특히 농도가 높을수록 조기 사망자가 기하급수적으로 늘어날 가능성이 있다. 초미세먼지 농도와 조기 사망률과의 관계는 지난 2015년 발표된 미국과 캐나다 공동연구팀의 연구 결과를 보면 한눈에 알 수 있다(Apte et al., 2015). 연구팀은 모든 사람이 같은 농도의 초미세먼지에 노출된다고 가정하고 2010년 전 세계 질병 부담 자료와 기존의 역학 조사 연구결과 등을 토대로 초미세먼지 농도에 따른 5개 주요 질환별 조기 사망률(단위: 왼쪽 축)을 산출하고 질환별 조기 사망률을 합산해 초미세먼지로 인한 총 조기 사망률(단위: 오른쪽 축)을 산출했다(그림 참고).

산출 결과를 보면 예상대로 초미세먼지 농도가 높아질수록 조기사망률이 크게 높아진다. 특이한 점은 폐암이나 호흡기 염증, 만성폐쇄성폐질환COPD 같은 호흡기 질환으로 인한 조기 사망률보다 협심증이나 심근경색 같은 허혈성

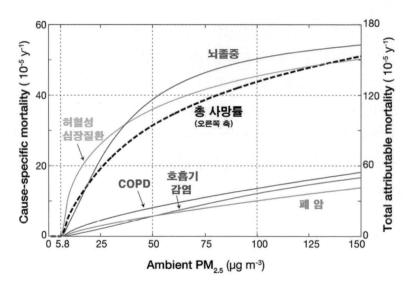

〈초미세먼지 노출에 따른 질환별 조기 사망률(자료: Apte et al., 2015)〉

심장질환과 뇌졸중으로 인한 조기 사망률이 훨씬 높다는 것이다. 초미세먼지가 폐를 통과해 혈관으로 들어가 심장혈관이나 뇌혈관에 치명적인 영향을 미치는 것으로 추정할 수 있는 부분이다. 연구팀은 허혈성 심장질환과 뇌졸중으로 인한 조기 사망자가 초미세먼지로 인한 전체 조기 사망자의 70%에 육박하는 것으로 분석했다.

특히 호흡기 질환으로 인한 조기 사망률은 초미세먼지 농도가 높아짐에 따라 서서히 선형적으로 증가하는 반면에 허혈성 심장질환과 뇌졸중으로 인한 조기 사망률은 초미세먼지 농도가 상대적으로 낮은 구간에서 기하급수적으로 늘어나는 것을 보여주고 있다. 우리나라 초미세먼지 예보에서는 농도가 16~35 μg/㎥인 구간을 '보통'으로 분류하고 있는데 이 구간에서도 허혈성 심장질환과 뇌졸중으로 인한 조기 사망자가 급격하게 늘어날 수 있음을 말해주는 대목이다. 초미세먼지 농도가 '보통'이라고 하면 건강에 크게 해롭지 않다고 보는 경우가 있는데 이는 큰 오산일 수 있다는 뜻이다.

현재 환경부는 미세먼지 정보를 성분별로 나눠 제공하지 않고 단순히 일정 부피 속에 어느 정도의 (초)미세먼지가 들어 있는지 질량(무게)에 대한 정보(μg/㎥)를 제공하고 있다. 초미세먼지PM2.5와 미세먼지PM10의 입자 분포에 대한 구체적인 정보는 없다.

지금까지의 다양한 연구결과를 볼 때 (초)미세먼지의 무게뿐 아니라 성분에 따라 또한 입자의 크기 분포에 따라 건강에 미치는 영향은 크게 달라질 수 있다. 미세먼지가 건강에 미치는 영향을 평가하기 위해서는 지금보다 훨씬 더 다양한 정보가 필요하다. 아니 미세먼지로부터 국민의 건강을 지키기 위해서는 지금보다 훨씬 더 다양한 정보를 제공해야 한다는 뜻이다.

또한 단순한 미세먼지 농도 제공을 넘어서 다양한 미세먼지 정보를 종합해 건강에 미치는 영향이 어느 정도인지 나타내는 '미세먼지 건강지수'를 개발할 필요성도 제기된다. 사례에 따라 또 어느 면을 보느냐에 따라 얼마든지 달라질 수 있지만 중국발 미세먼지가 건강에 더 해로운지 아니면 국내에서 발생하는 미세먼지가 건강에 더 해로운지는 미세먼지 입자의 성분과 크기 분포, 성분별 독성, 노출되는 양 등 지금보다 다양한 정보가 충분히 축적된 다음에나 판단이 가능할 것으로 보인다.

LPG차량,
미세먼지 배출은 적은데…

2019년 3월 26일부터 일반인도 LPG 차량을 사고 팔 수 있게 됐다. 휘발유 차량이나 경유 차량을 LPG 차량으로 개조하는 것도 가능해졌다. 지금까지는 택시나 렌터카, 장애인 등에만 허용됐던 LPG 차량을 일반인도 자유롭게 사고 팔 수 있게 된 것이다. 물론 새 차든 중고차든 상관이 없다. 관측 사상 최악의 고농도 미세먼지가 기승을 부리고 미세먼지가 사회재난에 포함되면서 휘발유 차량이나 경유 차량보다 미세먼지 배출이 적다는 LPG 차량이 일반인에게까지 허용된 것이다. LPG 차량이 배출하는 미세먼지는 어느 정도일까? 또 온실가스는 얼마나 배출할까? LPG 차량과 휘발유 차량, 경유 차량의 미세먼지 배출량과 온실가스 배출량이 구체적으로 어느 정도나 차이가 나는지 국립환경과학원 자료를 바탕으로 차량과 유종별 배출량을 비교해 본다.

우선 차량 배기구를 통해 배출되는 미세먼지PM10의 양을 보면 휘발유 차량이 이동거리 1km당 0.7 마이크로그램㎍을 배출해 가장 많고 이어 경유차가 0.6 μg, LPG 차는 0.2μg을 배출하는 것으로 나타나고 있다. 큰 차이가 없다고 볼 수도 있지만 수치상으로 LPG 차는 휘발유차가 배출하는 미세먼지의 29% 정도, 경유차가 배출하는 미세먼지의 33% 정도만 배출하는 것이다.

국립환경과학원이 2015~16년까지 실내시험을 통해 산출한 차종 유종별 배출량을 평균한 값이다. 물론 경유차의 경우는 매연저감장치DPF, Diesel Particulate Filter

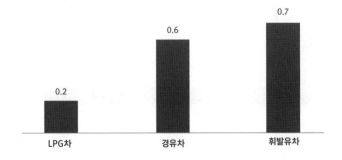

〈차량 유종별 미세먼지 배출량(㎍/km, 자료: 국립환경과학원)〉

를 부착한 차량을 대상으로 시험한 것이다(그림 참고).

미세먼지와 관련해서는 차량 배기구에서 직접 배출되는 미세먼지뿐 아니라 한 가지 더 살펴봐야 하는 것이 있다. 바로 질소산화물NOx이다. 질소산화물은 배출될 때는 가스 상태로 배출되지만 공기 중에서 배출량의 8% 정도가 초미세먼지PM2.5로 전환되는 것으로 국립환경과학원은 보고 있다. 특히 경유 차량의 경우 질소산화물 배출량이 실내에서 측정하는 것과 실외에서 실제로 주행할 때 배출되는 양이 크게 달라지기 때문에 실외에서 측정하는 값도 반드시 살펴봐야 한다. 실외도로시험 자료는 환경과학원이 2012~2016년까지 실시해 얻은 값을 평균한 것이다.

먼저 실내시험 결과를 보면 1km 주행을 가정할 경우 LPG 차량이 배출하는 질소산화물 양은 5㎍으로 경유차의 36㎍, 휘발유차의 11㎍과 비교하면 크게 적다. 실외도로시험 결과를 봐도 LPG 차량이 배출하는 질소산화물의 양은 6㎍으로 경유차가 배출하는 560㎍의 1% 수준에 불과하다. 휘발유차가 배출하는 20㎍과 비교해도 30%에 불과하다(그림 참고).

주유소와 비교할 때 LPG 충전소가 부족하고 다른 유종의 차량에 비해 상대적으로 힘이 부족하다는 단점이 있다고 하지만 LPG 차량은 미세먼지 측면에서 보면 강점이 있는 것은 분명하다. 휘발유차나 경유차에 비해 연료비가 적게 드는 것도 소비자에게는 매력적인 요소다. 예상하는 것만큼 충분히 확대·

휘발유차 11
20

경유차 36
560

LPG차 5
6

실내시험
실외도로시험

〈차량 유종별 질소산화물 배출량(μg/km, 자료: 국립환경과학원)〉

보급이 이뤄진다면 LPG 차량이 미세먼지 문제 해결에 나름대로 역할을 할 가능성이 있는 것이다. 정부가 일반인에게도 LPG 차량 매매를 허용한 이유다.

하지만 차량이 배출하는 것은 단지 미세먼지만이 아니다. 미세먼지와 함께 지구환경에 문제를 일으키는 것은 지구온난화를 일으키는 온실가스인 이산화탄소CO_2다. 국립환경과학원이 2017년 기준 차량 유종별 온실가스 배출량을 보면 LPG 차량의 온실가스 배출량이 결코 적지 않다. 같은 배기량일 경우 경유차의 이산화탄소 배출량이 가장 적고, 이어 LPG 차, 그리고 휘발유차가 가장 많이 배출하는 것으로 되어 있다. 예를 들어 배기량 2,000cc 이상의 경우 1km당 배출하는 이산화탄소는 휘발유차가 215g으로 가장 많고 이어 LPG 차 177g, 경유차 171g 순이다(그림 참고). 만약 LPG 차가 미세먼지를 많이 배출하는 경유차를 대체한다면 온실가스는 LPG 차 확대·보급 이전보다 오히려 더 늘어날 가능성이 있다. 결국 LPG 차량이 여러 장점이 있는 것은 사실이지만 지구환경 전체를 고려할 때 결코 궁극적인 대안이 될 수는 없다는 뜻이다.

전체적으로 볼 때 LPG 차량은 미세먼지라는 강을 건너가기 위한 임시 다리 역할에 머물 가능성이 크다. 특히 LPG 차량의 확대·보급 정책이 생각하는 것만큼 충분한 효과를 거둬서 실제로 눈에 띄게 미세먼지가 줄어들 것인지도 좀 지켜봐야 할 것으로 보인다. 짧은 기간에 LPG 차량이 미세먼지를 많이 배출

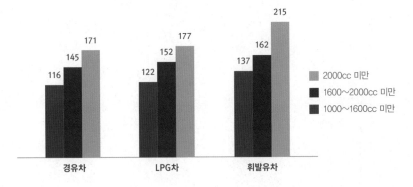

〈2017년 기준 유종별·배기량별 온실가스 배출량(g/km, 자료: 국립환경과학원)〉

하는 경유차를 대체하는 효과를 기대할지 모르겠지만 아직은 LPG 차량 모델의 다양성이 휘발유차나 경유차의 다양성에 비해 크게 떨어지고, 부족한 충전소, 그리고 상대적으로 약한 힘 등이 LPG 차량 확대·보급에 큰 걸림돌이 될 가능성이 있기 때문이다. LPG 차량이 온실가스를 많이 배출한다는 점도 소비자에게는 마음의 부담이 될 수 있다. LPG 차량이 기대 이상으로 소비자를 충분히 끌어들이지 못할 경우 당연히 미세먼지 개선 효과는 기대하기 어렵다. LPG 차량 확대·보급을 위해서는 정부의 제도적 지원 등 후속 조치가 필요하다는 목소리가 나오는 이유다.

하지만 여기서 중요한 것은 한 가지에 '올인'할 수 없다는 것이다. 미세먼지뿐 아니라 지구온난화도 고려해야 한다. LPG 차를 확대·보급하더라도 전기차나 수소차 같은 친환경차 개발과 보급이 결코 늦어져서는 안 된다는 것이다. 미세먼지 문제로 LPG 차 확대·보급이라는 임시 중간 다리를 만드느라 전 세계적으로 급속하게 진행되고 있는 친환경차로의 패러다임 전환에 뒤쳐져서는 안되기 때문이다. 특히 친환경차를 진정한 친환경차로 만들기 위해서는 사용하는 전기나 수소를 어떻게 친환경적으로 생산할 것인지에 대한 고민도 절실한 상황이다.

지구온난화로 극지방이 급격하게 따뜻해지면서 빙하가 빠르게 녹아내리고
대서양의 해류 흐름이 멈춰 선다. 해류가 멈춰 서면서 세계 곳곳에서는 기상이변이 속출한다.
뉴욕은 순식간에 도시 전체가 빙하로 뒤덮이고 대혼란에 빠진다.
영화 투모로우(The Day After Tomorrow, 2004)의 내용이다.

환경파괴 지구위험한계선을 넘었다

2100년, 해수면 상승 상한치 1.8m?

지하수가 뜨거워진다

환경파괴 지구위험한계선을 넘었다

남극 빙하, 이제 돌아올 수 없는 강을 건넜다

녹아내리는 남극 빙하… 지구 중력이 달라진다

2100년, 에베레스트 빙하 95% 녹을 수도

동일본 대지진이 지구온난화와 오존층 파괴를 가속화시켰다

지구온난화, 1.5℃ 상승과 2℃ 상승의 차이는?

인류를 기후변화 재앙에서 구할 수 있는 데드라인은 언제?

온실가스, 브레이크 없는 상승… 해마다 최고치 경신 또 경신

L 990

2100년,
해수면 상승 상한치 1.8m?

인구가 약 1만 명, 전 국토 면적이 서울 영등포구와 비슷한 26km²인 '투발루 Tuvalu', 남태평양에 위치한 세계에서 4번째로 작은 섬나라지만 많은 사람들이 투발루를 알고 있다. 투발루하면 많은 사람들이 해수면 상승, 기후변화, 사라지는 섬, 기후난민이라는 말을 떠올릴 정도로 기후변화가 몰고 올 재앙을 상징하는 국가이다.

미국 국립해양대기청NOAA 자료에 따르면 현재 투발루의 수도 푸나푸티Funafuti의 해수면 상승 속도는 1977~2011년 자료를 기준으로 할 때 연평균 3.74(+/- 2.95)mm다. 조건이 일정하다면 지난 50년 동안 18.7cm가 상승했고 지난 100년 동안 37.4cm가 상승한 것이다.

단순히 연평균 해수면 상승 속도만 볼 경우 우리나라 제주도의 해수면 상승 속도가 투발루의 해수면 상승 속도보다 빠르다. 미국 국립해양대기청 자료에 따르면 제주의 해수면 상승 속도는 1964~2009년 자료를 기준으로 할 때 연평균 5.35(+/- 0.49)mm다. 같은 추세라면 지난 50년 동안 26.76cm, 지난 100년 동안에 53.5cm, 약 0.5m나 높아진 것이다.

지난 1901년부터 2010년까지 110년 동안 상승한 해수면 높이가 전 지구 평균 19cm인 것과 비교하면 제주도와 투발루의 해수면 상승 속도는 매우 빠른 것이다(IPCC, 2014). 그러나 세계 사람들이 해수면 상승 속도가 더 빠른 제주도를 놔두고 투발루를 걱정하는 것은 투발루에서 가장 높은 곳의 해발고도가 5m도 채 안될 정도로 고도가 매우 낮기 때문이다. 해발고도가 워낙 낮다보니 물결이 조금만 높아져도 섬 곳곳은 물난리를 겪을 수밖에 없는 상황이다. 특히 앞으로 지구온난화로 해수면이 지속적으로 상승할 경우, 또 일부에서 주장하듯이 섬이 조금씩 가라앉을 경우 투발루가 이번 세기 안에 물 아래로 사라질 가능성도 배제할 수 없다. 해수면 상승에 국가의 운명이 전적으로 달려있는 것이다.

그렇다면 이번 세기 말인 2100년에는 지금보다 해수면이 어느 정도나 더 상승할까?

앞으로 해수면 상승 정도는 지구온난화가 어떻게 진행되느냐에 따라 달라진다. 기후변화에 관한 UN 정부간협의회IPCC가 최근 승인한 정책결정자를 위한 요약문에 따르면 당장 온실가스 감축을 적극적으로 시행할 경우(RCP2.6) 2081~2100년에 전 지구 해수면 높이는 1986~2005년 대비 평균 0.26~0.55m 상승할 것으로 전망됐다. 특히 현재의 추세대로 온실가스를 지속적으로 배출할 경우(RCP8.5) 21세기 말 전 지구 해수면은 1986~2005년 대비 평균 0.45~0.82m 상승할 것으로 전망됐다(IPCC, 2014). 물론 IPCC가 전망한 것은 평균적인 상승 정도를 말하는 것으로 나타날 수 있는 최고치인 이른바 상한치 Upper Limit를 의미하지는 않는다.

그러면 전 지구 평균값이 아니라 2100년에는 최악의 경우 해수면이 어느 정도나 높아질 수 있을까? 상한치는 어느 정도나 될 것인가?

최근 영국과 덴마크, 중국, 핀란드 공동 연구팀은 온실가스 감축에 대한 노력을 하지 않고 현재 추세대로 계속해서 온실가스를 배출할 경우(RCP8.5) 2100년에는 최악의 경우 해수면이 2000년 대비 1.8m나 더 높아질 것으로 전망했다(Jevrejva et al, 2014). 2100년에 나타날 수 있는 해수면 상승 상한치가 1.8m라는 뜻이다. IPCC가 산출한 2100년 전 지구 평균 해수면 상승 값인 0.45~0.82m

에 비하면 상한치가 2~4배나 더 큰 것이다.

연구팀은 해수면 상승에 영향을 미치는 5가지 주요 요소 즉, ①수온 상승에 따른 바닷물의 열팽창, ②높은 산악지대에 있는 대륙 빙하 해빙解氷, ③그린란

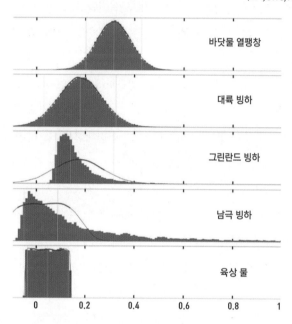

자료: Jevrejva et al, 2014

〈2100년까지 각 요소가 해수면 상승에 기여하는 정도〉

드 빙하 해빙, ④남극 빙하 해빙, ⑤식수나 농업용수로 사용되는 지하수를 비롯한 육상의 물이 각각 기여하는 정도를 산출해 종합적으로 해수면 상승 상한치를 추정했다(그림 참고).

해수면 상승의 평균값뿐 아니라 상한치가 중요한 것은 기후변화에 대응해 정책을 결정하고 기후변화에 적응하기 위해서는 최악의 경우를 알아야 하기 때문이다.

현재 세계적으로 6억 명이 넘는 인구가 해발고도 10m이내에 살고 있고 1억

5천만 명은 고도 1m이내에 살고 있다. 해수면 상승의 직격탄을 맞을 수 있는 사람들이다. 때문에 각국의 정부나 기관에서는 만일의 사태에 대비해 2100년 해수면 상승 상한치를 고려해 정책을 결정하게 되는데 영국의 기후변화 프로그램은 1.9m를 상한치로 보고 있고, 미 육군은 1.5m, 네덜란드는 1.1m를 상한치로 생각하고 정책을 결정하고 있다(Jevrejva et al. 2014).

그러나 이번 논문은 발표되자마자 여기저기서 비판의 화살을 받아야만 했다. 일단 지금까지 계산하지 못한 상한치를 나름대로 계산한 것은 큰 의미가 있지만 그린란드 빙하와 남극 빙하가 해수면 상승에 미치는 영향이 생각보다 적게 반영됐다는 것이다. 실제로 위 그림에서 볼 수 있듯이 2100년까지 그린란드 빙하가 기여하는 정도가 최고 0.2m 정도에 불과하다. 또 그린란드와 남극의 빙하에 대해서는 아직도 모르는 점이 많은데 이 부분에 대한 오차가 클 수 있다는 것이다.

그린란드 빙하와 남극 빙하가 해수면 상승에 미치는 영향이 지금까지의 생각보다 크다는 것은 IPCC가 최근 승인한 정책결정자를 위한 요약문에도 충분히 반영되지 않은 상태다. 결국 지금까지의 생각보다 빠르게 녹아내리고 부서지고 있는 그린란드와 남극 빙하의 영향이 추가로 반영될 경우 2100년까지의 해수면 상승 상한치는 이번 연구팀이 추정한 1.8m보다 높아질 가능성이 크다.

특히 중요한 것은 해수면 상승이 2100년에 끝나는 것이 아니라는 것이다. 수천 년 동안은 계속될 것으로 예상된다는 점이다. 비록 21세기 안에 이산화탄소 배출량은 정점에 이른 뒤 줄어들 것으로 예상되지만 바닷물이 뜨거워지면서 나타나는 열팽창은 적에도 수백 년에서 천년은 지속된다는 것이다. 바닷물 열팽창으로 인한 해수면 상승이 수백 년에서 천년은 더 이어진다는 얘기다. 특히 녹아내리는 빙하가 기후변화와 평형을 이뤄 멈추기까지는 수천 년이 걸릴 것으로 IPCC는 예상하고 있다. 빙하가 녹는 수천 년 동안은 해수면 상승이 계속 될 것이라는 뜻이다.

지하수가
뜨거워진다

지구온난화라고하면 흔히 온실가스 배출량이 늘어나면서 지구 표면의 평균기온이 상승하는 것을 말한다. 넓은 의미에서는 온난화 영향으로 인한 생태계의 변화나 해수면 상승까지도 포함시킬 수 있다.

지구온난화는 어디까지 영향을 미칠 수 있을까? '수문과 지구과학Hydrology and Earth System Science'이라는 저널에 발표된 재미있는 연구결과가 하나 있다(Menberg et al, 2014).

독일과 스위스, 캐나다 공동연구팀은 독일의 두 도시(Cologne, karlsruhe) 근처에 있는 10~40m 깊이의 지하수 층에 뚫어놓은 4개의 관정에서 퍼 올리는 지하수의 온도와 기온의 변화를 비교 분석했다.

관정을 파서 지하수의 온도를 측정하는 연구를 수 십 년간 진행한다는 것은 결코 쉬운 일이 아닌데 연구팀이 40년이 넘는 지하수 온도 자료를 얻은 것은 말 그대로 행운이었다. 두 도시에 물을 공급하는 사람들은 지난 1960년대 후반부터 현재까지 지하수의 품질을 점검하기 위해 관정을 파서 지하수의 온도를 측정해 왔는데 연구팀이 세계 어느 연구팀도 쉽게 얻은 수 없는 뜻밖의 귀중한 자료를 얻은 것이다. 이 대목에서 연구팀은 'godsend(신의 선물, 뜻밖의 선물)'라는 단어를 선택했다.

분석결과 지난 40년 동안 지하수의 온도 변화 경향은 기온 변화 경향과 매우 유사한 것으로 나타났다. 특히 기온 변화 경향을 보면 80년대 후반과 90년대 후반 등 두 차례에 걸쳐 점프regime shift를 하게 되는데 지하수 온도 역시 90년을 전후해서 그리고 2000년대 초반 등 두 차례에 걸쳐 점프를 하고 있다.

물론 공기와 땅, 그리고 물의 특성이 다른 만큼 기온의 변화 폭에 비해 지하수 온도 변화의 폭이 상대적으로 작다. 또 기온의 변화와 지하수 온도의 변화가 동시에 나타나지는 않는다. 기온의 변화가 1~4년 앞서가고 지하수 온도는 기온에 비해 1~4년 늦게 따라가는 경향이 있다. 중요한 것은 지구온난화로 인한 기온의 변화가 1~4년이라는 비교적 짧은 기간 안에 지하수에 그대로 반영된다는 것이다.

연구팀은 지하수의 온도가 올라가는 것은 지구온난화로 뜨거워진 공기와 맞닿아 있는 지표면을 통해 열이 땅속으로 전달돼 지하수 온도 역시 올라가는 것으로 분석했다.

그렇다면 지하수 온도가 올라가면 어떤 영향이 나타날까?

우선 지하수의 품질이 크게 떨어질 가능성이 있다. 온도가 올라갈 경우 지하수에 사는 각종 박테리아나 병원균이 늘어날 가능성이 높아지기 때문이다. 지하수 품질이 떨어질 경우 식수를 비롯한 각종 용수 공급에 문제가 생길 수 있다. 지하수의 품질을 관리하는데 수온을 중요하게 여기는 이유다. 특히 지하수의 온도가 올라갈 경우 지하 생태계에 직접적인 영향을 줄 뿐 만 아니라 주변 강물의 온도까지 올라가게 될 경우 주변 생태계에도 큰 변화를 초래할 가능성이 있다. 물론 모두 나쁜 영향만 있는 것은 아니다. 온천이나 지열 발전처럼 지하의 열을 이용하는 경우에는 긍정적인 영향이 나타날 가능성도 있다.

지표면을 뚫고 들어가 지하수의 온도까지도 끌어 올리고 있는 지구온난화, 어디까지 영향을 미칠지 아직은 가늠하기 조차 힘든 상태다.

환경파괴
지구위험한계선을 넘었다

인간의 화석연료 사용이 급증하면서 온실가스가 끝없이 배출되고 지구가 점점 뜨거워지고 있다. 곡물 수확량을 늘리기 위해 과다하게 사용하는 화학비료는 생태계의 균형을 깨뜨리고 있다. 산림이 파괴되면서 지표 환경에 큰 변화가 나타나고 멸종하는 생물 또한 늘어나고 있다.

인류가 지구상에서 지속적으로 안전하게 살 수 있는 것은 지구 환경이 일정 한계를 벗어나지 않고 유지되고 있기 때문이다. 그런데 최근 들어 인류가 안전하게 살아나갈 수 있는 환경을 만들어주는 지구 시스템에 커다란 변화가 나타나고 있다. 특히 일부 영역에서 진행되고 있는 변화와 파괴는 현재의 지구가 버틸 수 있는 한계를 넘어서고 있다.

스웨덴과 덴마크, 캐나다, 미국 등 세계 18개국 공동 연구팀은 인류가 지속적으로 살 수 있도록 지구 전체 시스템을 안전하게 유지하는데 결정적인 역할을 하는 9개의 영역 가운데 절반에 가까운 4개 영역이 인간 활동의 영향으로 '지구위험한계선Planetary boundaries'을 넘어섰다고 학회에 보고했다. 연구논문은 과학저널 사이언스Science 인터넷 판 최근호에 실렸다(Steffen et al, 2015).

지구위험한계선은 인류가 지구상에서 안전하게 지속적으로 살 수 있는 환경 영역을 말하는 것으로 환경파괴가 진행돼 인류의 안전이 보장되는 영역을 벗어나게 되면 즉, 지구위험한계선을 넘어서게 되면 위험이 점점 증가하는 영역으로 들어서게 된다. 환경파괴가 더 진행돼 완전히 고위험 영역으로 들어서게 되면 지구 시스템이 원상태로 돌아오기 어려울 뿐 아니라 갑작스런 환경변화가 초래될 가능성이 높아진다. 어느 시점부터라고 명확하게 밝혀진 것은 없지만 고위험영역에서는 지구환경이 현재와는 전혀 다른 상태로 갑작스럽게 바뀔 가능성이 있음을 의미한다.

연구팀이 분류한 9개의 영역은 다음과 같다.

(1) 기후변화

(2) 생물다양성 파괴

(3) 성층권 오존층 파괴

(4) 해양 산성화

(5) 생물권과 해양에 질소N와 인P의 과잉 공급

(6) 산림 파괴를 비롯한 지표 환경 변화

(7) 담수 이용 문제

(8) 기후나 생물에 영향을 미치는 대기 중 에어로졸 증가

(9) 신물질 등장(예: 방사성 물질, 나노 물질, 유기 오염물질 등)

연구팀은 이 가운데 (1) 기후변화, (2) 생물다양성 파괴, (5) 생물권과 해양에 질소와 인의 과잉 공급, (6) 산림 파괴를 비롯한 지표 환경 변화 등 4개 영역이 지구위험한계선을 넘어선 것으로 보고 있다. 이 4개 영역은 이미 인류의 지속적이고 안전한 삶을 위협하고 있다는 뜻이다.

우선 기후변화의 경우 현재 400ppm에 육박하는 대기 중 이산화탄소 농도는 안전한 영역(350ppm 이하)을 넘어 즉, 지구위험한계선을 넘어서 위험이 증가하는 영역(350~450ppm)에 들어선 것으로 보고 있다. 연구팀은 대기 중 이산화

탄소 농도가 450ppm을 넘어서는 경우를 고위험 영역으로 분류했다.

생물다양성 파괴는 지구위험한계선을 넘고 위험이 증가하는 영역을 지나 이미 고위험 영역에 들어서 있다. 연구팀은 현재 1년 동안 100만종의 생물가운데 100~1,000종의 생물이 멸종하는 것으로 보고 있다. 생물다양성에서 안전영역은 100만종의 생물 가운데 1년에 멸종하는 종이 10종 이하인 경우를 말한다. 생물다양성의 지구위험한계선을 10종으로 본 것이다.

　생물권과 해양에 질소와 인이 과잉 공급되는 문제는 곡물 수확량을 늘리기 위한 화학비료의 과다 사용에서 출발한다. 토양에 흡수된 비료 성분(질소, 인)은 호수나 바다로 흘러들어 식물성플랑크톤의 과다 번식을 유발할 수 있다. 적조나 녹조 현상이 발생하는 것이다. 질소와 인은 식물성플랑크톤의 동화에 꼭 필요한 무기물이지만 과다하게 공급될 경우 생태계의 균형을 깨뜨릴 뿐 아니라 먹는 물을 비롯한 담수 이용에도 커다란 위험을 초래할 가능성이 크다. 연

구팀은 질소와 인의 과잉 공급 문제는 이미 고위험 상태에 빠진 것으로 보고 있다.

지표 환경 변화는 무분별한 산림파괴로 인한 지표 시스템의 변화를 의미한다. 세계자연기금WWF에 따르면 매년 파괴되는 산림forest지역만 해도 남한면적보다 넓은 11만~15만 제곱킬로미터나 된다. 매분마다 축구장 36개 정도의 산림이 파괴되고 있는 것이다. 무분별한 산림파괴는 에너지와 수증기, 태양열 흡수에 변화를 초래해 기후변화를 야기할 뿐 아니라 생물다양성에도 큰 영향을 미치게 된다. 지금까지 40%에 가까운 사림이 파괴되고 현재 산림의 62%가 남아 있는 지표 환경은 지구위험한계선을 넘어 위험이 증가하는 영역에 들어 있는 것으로 연구팀은 보고 있다.

연구팀은 (3) 성층권 오존층 파괴 문제와 (4) 해양 산성화 문제는 현재까지는 안전한 영역에 있는 것으로 분류했고 신물질 등장이나 대기 중 에어로졸 증가, 살아남은 생물의 풍부성에 대한 부분은 아직까지 연구가 충분하지 않아 인류에 어떻게 위협이 될지 평가하기 어려운 것으로 분류했다. 종합하면 다음 그림과 같다.

자료: Steffen et al, 2015

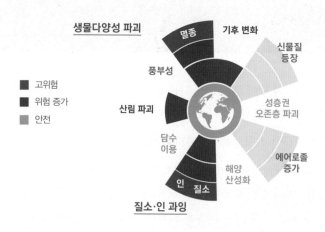

〈지구위험한계선 평가〉

인류의 지속적인 삶을 위협하는 변화나 파괴는 인간 활동의 결과로 인해 발생하고 있다. 특히 인류가 지속적으로 살아갈 수 있도록 지구 시스템을 안전하게 유지하는데 결정적인 역할을 하는 이들 9개의 영역은 서로가 완전히 독립된 영역이 아니다. 하나의 영역이 지구위험한계선을 넘어서면 다른 영역도 한계선을 넘어설 가능성이 크다. 급격한 온실가스 증가는 핵심 영역인 기후변화와 생물다양성 영역뿐 아니라 해양 산성화와 지표 환경 변화, 대기 중 에어로졸 증가에도 영향을 미칠 수 있다. 인류의 지속적인 삶을 위협하는 활동이 아니라 후손들이 안정적으로 살아갈 수 있는 지구를 물려주기 위한 행동이 필요한 시점이다.

남극 빙하,
이제 돌아올 수 없는 강을 건넜다

토텐 빙하Totten Glacier, 호주에서 가까운 동남극에서 가장 큰 빙하로 길이가 65km 폭은 30km나 된다. 평균 두께가 수 km나 되는 토텐 빙하가 모두 녹을 경우 전 세계 해수면 높이는 적어도 3.5m 상승할 것으로 학계는 보고 있다. 학계가 토텐 빙하를 관심 갖고 지켜보는 이유다.

최근 들어 토텐 빙하가 빠르게 얇아지고 있다. 전 세계 거대한 빙하 가운데 가장 빠르게 얇아지고 있다. 동일한 지구온난화 상황에서 유난히 토텐 빙하가 빠르게 얇아지는 이유는 무엇일까?

호주 연구팀은 2015년 1월 토텐 빙하 가까이 접근해 바다에 떠 있는 빙하빙붕, ice-shelf 아래 바닷물의 온도를 측정한 결과 차가운 바다 표면과 달리 어는점보다 3℃나 더 높은 따뜻한 물이 있다는 것을 발견했다(자료: 호주 환경부). 서남극과 마찬가지로 동남극 빙붕 아래에도 따뜻한 물이 흐르고 있다는 것이다. 빙붕 아래에 있는 따뜻한 물 때문에 빙하가 녹고 있다는 것이다. 하지만 빙붕 아래에 따뜻한 물이 있다는 것만으로는 해안과 내륙을 덮고 있는 빙하빙상, ice-sheet까지 빠르게 얇아지는 이유를 모두 설명할 수는 없었다.

미국과 호주, 영국, 프랑스 공동연구팀은 최근 토텐 빙하 아래에 폭이 5km나 되는 거대한 계곡(구멍)이 있는 것을 확인했다고 학회에 보고했다(Greenbaum et al, 2015). 따뜻한 물이 토텐 빙하 내륙 깊숙이 흘러들어가는 통로를 발견한 것이며 최근 토텐 빙하가 빠르게 얇아지고 있는 큰 이유를 찾은 것이다.

연구팀은 토텐 빙하가 빠르게 얇아지는 이유를 찾기 위해 레이더 자료 등을 이용해 빙붕 아래 바닷물과 맞닿은 면의 형태와 바다 지형 등을 알아보는 연구를 했다. 연구결과 빙붕 아래 400~500m 깊이의 바닷물과 접해 있는 쪽에 폭이 최대 5km 정도나 되는 거대한 계곡이 있다는 것을 알아냈다. 특히 이 계곡이 빙붕을 지나 내륙지역 빙상에까지 연결되어 있다는 것을 확인했다. 따뜻한 바닷물이 이 통로를 따라 내륙 깊숙이 들어 갈 수 있다는 것이다.

토텐 빙하가 녹은 물은 남극 주변에만 머무는 것은 아니다. 전 세계 바다로 골고루 퍼져 나간다. 토텐 빙하가 모두 녹을 경우 전 세계 해수면 높이는 적어도 3.5m는 상승할 것으로 보고 있다. 남극 한쪽에서 빙하가 녹고 있지만 영향은 전 세계에 걸쳐 나타나는 것이다.

연구팀이 특히 우려하는 것은 현재 토텐 빙하가 돌이킬 수 없을 정도로 빠르게 녹아내리고 있다는 점이다. 연구팀은 남극에 눈이 내려 쌓일 수 있도록 남극 주변의 해양과 대기 상황이 조만간 바뀌지 않는 한 빠르게 얇아지고 있는 토텐 빙하를 다시 두껍게 만들 수 있는 방법은 없는 것으로 보고 있다. 현재로서는 토텐 빙하가 빠르게 얇아지는 것을 막을 수 있는 방법이 사실상 없다는 뜻이다.

미국 항공우주국NASA과 캘리포니아대학교 공동연구팀은 서남극 아문센 해역Amundsen Sea의 주요 빙하를 조사한 결과 1992~2011년까지 20년 동안 14~35km나 후퇴한 것으로 나타났다고 발표했다(Rignot et al, 2014). 연구팀은 특히 현재 빙하가 녹는 속도나 빙하로 덮여 있는 지형 등 여러 가지를 고려해 봐도 앞으로 빙하가 녹아 흘러내리는 것을 막을 수 있는 어떤 것도 찾을 수가 없다고 밝힌 바 있다. 아문센 해역의 빙하가 녹아내리는 것을 돌이킬 수 있는 시점이 이미 지났고 빙하가 모두 녹는 것을 보고 있을 수밖에 없는 상황이라는 뜻이다. 서남극 아문센 해역의 빙하만 모두 녹아도 전 세계 해수면 높이가

1.2m는 상승할 것으로 학계는 보고 있다.

　이번 연구 결과는 지난해 서남극 아문센 해역에 이어 동남극에서도 기온 상
승과 함께 빙하 주변의 따뜻한 바닷물 때문에 빙하가 급격하게 녹아내리고 있
다는 것을 확인한 것이다. 특히 전 세계 해수면 상승에 큰 영향을 미치는 남

극 빙하가 당초 예상보다 빠르게 녹아내리고 있는데 이를 막을 수 있는 방법
도 없고 돌이킬 수도 없는 상황이라는 것을 다시 한 번 확인한 것이다.

　학계는 지금과 같은 추세대로 남극 빙하가 녹을 경우 100년에서 200년쯤
뒤에는 남극 빙하의 1/3이 사라질 것으로 전망하고 있다.

녹아내리는 남극 빙하…
지구 중력이 달라진다

지구상에서 가장 큰 얼음 덩어리는 바로 남극을 덮고 있는 빙하다. 남극 빙하
는 남극 전체 면적의 98%를 덮고 있는데 면적이 한반도보다 60배 이상 큰
1,400만 제곱 킬로미터나 된다. 남극 빙하의 부피는 2,650만 세제곱 킬로미터
로 지구상에 있는 담수의 61%가 남극에 얼음으로 존재한다(자료: Wikipedia).

　다른 지역과 달리 2000년대 중반까지만 해도 별 변화가 없었던 남극 남부에
있는 반도Southern Antarctic Peninsula 지역의 빙하가 급격하게 녹아 내리고 있는 것으
로 확인됐다. 영국과 독일, 프랑스, 네덜란드 공동 연구팀은 남극 남부 반도 지
역에 있는 빙하가 최근 들어 급격하게 녹아 내리고 있는 것으로 확인됐다고 밝
혔다. 연구결과를 담은 논문은 사이언스Science에 실렸다(Wouters et al, 2015).

　논문에 따르면 그 동안 큰 변화가 없었던 남극 남부 반도 지역의 빙하가
2008년부터 점차 녹아 내리기 시작하더니 2009년부터는 매우 급격하게 녹고
있는 것으로 나타났다. 계산 결과 이 지역에서 빙하가 녹아 바다로 흘러 들어
가는 물의 양은 연평균 55조 리터나 됐다. 특히 2009년부터 2014년까지 5년
동안 빙하가 녹아 바다로 흘러 들어간 물의 양이 300 세제곱 킬로미터나 되는
것으로 나타났다. 미국의 엠파이어스테이트 빌딩 35만개 정도에 해당하는 물
이 바다로 흘러 들어간 것이다. 연구팀은 이 지역이 현재 남극에서 해수면 상
승에 두 번째로 가장 크게 기여하는 지역이라고 밝히고 있다.

빙하가 빠르게 녹아 내리면서 빙하의 고도 또한 급격하게 낮아지고 있다. 연구팀은 남극 남부 반도지역 빙하의 고도가 매년 4m씩이나 낮아지고 있는 것을 확인했다.

연구팀이 남극 남부 반도 지역의 빙하가 빠르게 녹아 내리는 것을 확인하는 데 이용한 것은 다름 아닌 위성자료다. 연구팀은 유럽 우주기관ESA이 2010년 발사한 Cryosat-2 위성 자료와 미국 항공우주국NASA과 독일이 공동 개발한 GRACEGravity Recovery and Climate Experiment 쌍둥이 위성 자료를 이용했다.

Cryosat-2 위성은 레이더를 이용해 지상 물체의 고도변화 즉, 빙하의 높이 변화를 측정할 수 있는 위성이다. 하지만 GRACE 위성은 녹아 내리는 빙하를 직접 관측하는 위성이 아니라 지구 중력의 변화를 관측하는 쌍둥이 위성이다. 중력의 변화를 관측해 빙하가 녹아 내리는 것을 찾아냈다는 뜻이다.

그렇다면 빙하가 녹아 내리는 것이 지구 중력과 관련이 있다는 것인가? 빙하가 녹아 내리면 지구 중력도 달라진다는 뜻인가?

일반적으로 지구가 다른 물체를 끌어당기는 힘인 중력은 지표나 그 지하에 있는 물질의 종류나 양에 따라 달라진다. 산맥이나 깊은 계곡, 해구처럼 지형의 높고 낮음, 지하에 무거운 물질이 있는지 아니면 가벼운 물질이 있는지, 또 적도지방인지 아니면 극지방인지처럼 위도에 따라서도 값이 변한다. 따라서 남극을 덮고 있던 거대한 빙하가 녹아 사라지게 되면 남극 표면의 고도가 변하는 것은 물론이고 질량에도 변화가 생기면서 중력이 달라진다.

지구 궤도를 돌고 있는 위성은 통과하는 지점의 중력에 따라 속도에 미세한 변화가 나타난다. 중력이 큰 지역에서는 상대적으로 속도가 느려지고 중력이 작은 지역을 통과할 때는 속도가 빨라진다.

GRACE 위성은 약 220km 정도 떨어진 궤도를 돌고 있는 쌍둥이 위성인데 두 위성이 각각 통과하는 지역의 중력에 따라 두 위성의 속도가 달라질 수 있고 결과적으로는 두 위성 사이의 거리에도 미세한 변화가 나타나게 된다. 즉

두 위성 사이의 거리에 변화가 생기면 중력이 달라졌다는 것을 뜻하는데 쌍둥이 위성의 속도와 두 위성 사이의 거리를 계산해 특정 지점의 중력을 산출할 수 있다.

나아가 특정 지점의 중력의 변화를 알게 되면 그 지점이나 그 지하에서의 질량 즉, 물질의 양이 어떻게 변하는지 계산할 수 있는데 남극 상공을 통과하는 GRACE 위성에서 관측한 중력의 변화를 이용해 빙하가 어느 정도 녹아 내리고 있는지 산출하는 것이다. 결국 거대한 빙하가 빠르게 녹아내리면서 그 지역의 질량 즉, 물질의 양에 큰 변화가 나타나고 결과적으로 중력까지도 변화가 나타나는 것이다.

실제로 최근 들어 빙하 고도가 매년 4m 정도씩 낮아지고 있는 남극 남부 반도 지역의 경우 중력 또한 작아지고 있는 것으로 확인됐다. 짧은 기간 내에 거대한 빙하가 빠르게 녹아 내리면서 고도가 낮아지고 특히 그 지역의 질량이 감소하면서 중력이 작아진 것이다.

2014년 독일과 미국, 네덜란드 공동연구팀은 지난 2009년~2012년까지 3년 동안 GRACE 위성과 유럽 우주기관ESA의 GOCEGravity field and steady-state Ocean Circulation Explorer 위성에서 관측한 중력의 변화를 이용해 아문센 해역이 있는 서남극West Antarctic 지역에서 녹아 내리고 있는 빙하의 양을 밝혀낸 바 있다(Bouman et al, 2014).

물론 빙하가 녹아 내리면서 중력이 달라진다고 해서 당장 큰 문제가 생기는 것은 아니다. 중력이 상대적으로 작은 적도에 살던 사람이 중력이 큰 극지방에 가더라도 중력의 변화를 느끼지 못하는 것처럼 남극의 빙하가 녹아 내리면서 변하는 중력의 크기 또한 크지 않기 때문에 사람들이 일상생활에서 느낄 수 있는 정도는 아니다. 정밀 관측기기가 감지 할 수 있는 수준이다. 하지만 분명한 것은 이제 지구온난화가 단순히 기후 변화 차원을 넘어 지구의 중력까지도 변화시키고 있다는 사실이다.

2100년,
에베레스트 빙하 95% 녹을 수도

신의 정원이라고까지 불리우는 히말라야 에베레스트 산, 세상의 꼭대기를 덮고 있는 에베레스트 산의 빙하가 심상치 않다. 지구온난화가 지속되면서 급격하게 녹아내리고 있기 때문이다. 특히 온실가스를 지금처럼 계속해서 배출할 경우 2100년에는 에베레스트 산을 덮고 있는 빙하의 95%가 녹아내릴 수도 있다는 경고가 나왔다.

네팔과 네덜란드, 프랑스 공동연구팀은 빙하 모형을 이용해 온실가스 저감 정책이 상당히 실현되는 경우(RCP4.5)와 저감 없이 현재의 추세대로 계속해서 온실가스를 배출할 경우(RCP8.5)에 대해 에베레스트 산의 빙하가 어떻게 변할 것인지 시뮬레이션 했다. 연구결과를 담은 논문은 국제학술지 빙권The Cryosphere에 실렸다(Shea et al. 2015).

논문에 따르면 온실가스 저감 정책을 상당히 실현(RCP4.5)하더라도 에베레스트 산을 덮고 있는 빙하의 부피가 2050년에는 현재보다 39.3%나 감소하고 2100년에는 83.7%나 줄어들 것으로 전망됐다. 특히 저감 없이 온실가스를 지금처럼 계속해서 배출할 경우(RCP8.5) 에베레스트 산의 빙하 부피가 2050년에는 현재보다 52.4%가 줄어들고 2100년에는 94.7%나 감소할 것으로 전망됐다.

에베레스트 산의 빙하가 온실가스 배출로 상승하는 기온에 매우 민감하게 반응한다는 뜻이다. 특히 온난화가 진행될수록 대기 중의 수증기가 늘어나면

서 강수량이 늘어나 에베레스트 산에도 지금보다 눈이 더 많이 내려 쌓일 가능성은 있지만 눈이 내려 쌓이는 속도가 녹아내리는 빙하의 속도를 결코 따라잡지 못한다는 뜻이다.

특히 지구온난화로 기온이 올라가면서 눈이 비로 바뀌어 내리는 고도가 점점 높아지는 것도 문제다. 눈이 비로 바뀌어 내리는 고도가 올라가면 올라갈수록 빙하가 녹아내리는 속도를 더욱 부채질할 수 있기 때문이다.

실험결과 지구온난화가 계속될 경우 월평균 기온이 0℃가 되는 높이인 어는점의 고도가 2100년에는 현재보다 계절에 따라 800~1,200m나 더 높아지는 것으로 나타났다. 현재 어는점의 고도는 기온이 가장 낮은 1월에는 3,200m, 기온이 가장 높은 8월에는 5,500m까지 올라간다. 1월에는 약 3,200m, 8월에는 약 5,500m 이상의 고도에서 눈이 내리고 그보다 낮은 지역에서는 비가내린다는 뜻이다.

에베레스트 산 최정상의 고도는 8,848m다. 2100년 가장 더운 8월에 지구

온난화로 어는점의 고도가 현재(5,500m)보다 1,200m나 더 올라갈 경우 어는 점의 고도는 6,700m까지 올라가게 된다. 2100년 8월에는 고도가 6,700m보다 낮은 곳에서는 눈이 아닌 비가 내리고 이 지역의 빙하는 모두 영상의 기온에 그대로 노출된다는 뜻이다. 최악의 경우 고도가 약 7,000m 이상인 에베레스트 산 정상 부근을 제외하고 그 밖의 지역에 있는 빙하는 모두 녹아내릴 수밖에 없는 상황에 처할 가능성도 있다는 뜻이다.

에베레스트 산에서 녹아내리는 빙하는 주변 지역의 수자원에 커다란 영향을 미친다. 물의 양이 늘어나는 만큼 농업이나 수력 발전에 큰 영향을 미치게 마련이다. 특히 수량이 늘어나면서 낮은 지역에 있는 댐이 파괴되고 홍수가 날 가능성도 있다.

지구온난화를 그대로 방치할 경우 단순히 댐이 하나 파괴되고 홍수가 나는 데서 그치는 것이 아니라 인류가 신의 정원으로까지 생각하는 지역을 잃을 가능성도 없지 않다.

동일본 대지진이 지구온난화와
오존층 파괴를 가속화시켰다

2011년 3월 11일 일본 동북**東北** 지방에서는 리히터 규모 9.0이라는 일본 관측 사상 가장 강력한 지진이 발생했다. 강력한 지진이 발생하면서 센다이시를 비롯한 동북 지방에는 초대형 지진해일이 발생했고, 초대형 지진해일로 후쿠시마 원전의 가동이 중단되고 방사능까지 누출되는 사고가 발생했다.

동일본 대지진이 기후변화나 성층권 오존층에 미친 영향은 없을까? 대지진과 초대형 지진해일로 수많은 인명과 재산피해가 발생했고 원자력발전소에서 방사능까지 누출됐는데 앞으로 어떻게 진행될지 확실하지도 않은 기후변화나 성층권 오존층이 뭐 그리 중요할까 되묻는 사람도 분명 있을 것이다.

일본과 노르웨이, 중국 공동연구팀이 대지진 발생 이후 1년 동안(2011년 3월 ~2012년 2월) 일본 상공의 대기 중에 포함된 할로겐화탄소**halocarbon**와 육불화황 **SF6** 농도가 어떻게 달라졌는지 직접 관측하고 대지진 전후와 비교하는 실험을 했다. 연구결과를 담은 논문은 미국지구물리학회지 최근호에 실렸다(Saito et al. 2015).

할로겐화탄소는 메탄**CH4**의 수소원자를 염소**Cl**나 불소**F** 같은 할로겐 원자로 치환한 물질을 말한다. 대표적인 것이 프레온가스로 널리 알려진 염화불화탄소**CFCs**다. 일반적으로 할로겐화탄소와 육불화황은 냉장고나 에어컨의 냉매, 반도체 생산 공정이나 변압기, 건축물 등의 절연제로 사용되는데 연구팀은 모두

5종류의 할로겐화탄소(CFC-11, HCFC-22, HCFC-141b, HFC-134a, HFC-32)와 육불화황 등 모두 6종류의 대기 중 농도를 측정했다.

조사결과 5종류의 할로겐화탄소와 육불화황의 대기 중 농도가 대지진 발생 이전보다 종류에 따라 적게는 21%에서 많게는 91%나 급증한 것으로 나타났다. 대지진 발생 시 배출된 육불화황$SF6$을 프레온가스로 환산할 경우 1,300톤에 해당하는 양으로 냉장고 290만대를 만들 수 있는 냉매의 양이다. 전체적으로 동일본 대지진으로 배출된 할로겐화탄소와 육불화황의 양은 2011년 지구 전체에서 배출된 양의 4%나 됐다.

대지진이 발생하면서 대기 중 할로겐화탄소와 육불화황이 급격하게 늘어난 것은 우선 대지진과 지진해일로 냉장고와 에어컨이 파괴되면서 냉매로 사용되던 물질이 배출된 것이다. 또 전자제품이나 건축물이 파괴되면서 전자제품이나 건축물의 절연제로 사용된 물질이 한꺼번에 빠져 나왔기 때문이다.

대기 중 할로겐화탄소와 육불화황의 증가가 문제가 되는 것은 바로 이 물질들이 강력한 온실가스이자 성층권 오존층을 파괴하는 물질이기 때문이다. 대표적인 예로 육불화황$SF6$이 지구 밖으로 나가는 열을 잡아 지구 온도를 올리는 정도(지구온난화지수, Global Warming Potential)는 이산화탄소보다 2만 배 이상 크다. 또한 이들 물질이 한번 배출됐을 경우 대기 중에 머무는 기간도 짧게는 수 십 년에서 길게는 수 천 년이 넘는다. 적은 양이 배출되더라도 할로겐화탄소와 육불화황이 지구온난화나 오존층 파괴에 미치는 영향은 그만큼 클 수밖에 없다는 뜻이다.

실제로 동일본 대지진 때문에 배출된 할로겐화탄소와 육불화황의 영향으로 2011년 3월부터 2012년 2월까지 1년 동안 일본이 오존층 파괴에 기여한 부분이 대지진 발생 전과 비교해 38%나 증가했다. 일본이 지구온난화에 기여한 부분도 대지진 발생 전과 비교해 36%나 늘어난 것으로 연구팀은 평가했다. 동일본 대지진으로 배출된 할로겐화탄소와 육불화황이 지구온난화를 가속화 시키고 오존층을 더 많이 파괴하는 역할을 했다는 것이다.

　재해는 지진과 지진해일만 있는 것은 아니다. 앞으로 지구온난화가 진행될수록 홍수나 슈퍼태풍 같은 재해는 더욱 늘어날 가능성이 높다. 특히 지구촌 곳곳에서 할로겐화탄소나 육불화황이 배출되는 재해가 잇따라 발생할 경우 누적효과는 더욱더 커질 가능성이 높다. 전자제품 하나를 만드는 것부터 작은 건물 하나를 짓는 것까지 어느 것 하나 지구온난화와 오존층 파괴를 충분히 고려하지 않을 경우 각종 재해로 인한 온난화와 오존층 파괴는 더욱더 가속화될 가능성이 크다.

지구온난화,
1.5℃ 상승과 2℃ 상승의 차이는?

2015년 12월 프랑스 파리에서는 전 세계 약 200개국이 참석한 가운데 21차 유엔 기후변화협약 당사국총회COP21가 열렸다. 회의에 참석한 당사국은 2100년까지 지구 평균기온 상승폭을 기존 목표였던 2℃보다 상당히 낮은 수준으로 유지할 수 있도록 온실가스 배출을 단계적으로 줄여나간다는데 합의했다. 특히 지구 평균기온 상승폭을 산업화 이전 대비 1.5℃ 이내로 제한한다는 것을 궁극적인 목표로 정했다. '파리 기후변화협정'이다.

지구 평균기온 1.5℃ 상승과 2℃ 상승, 둘 사이에는 어떤 차이가 있을까? 평균 기온 0.5℃ 차이는 어떻게 나타날까? 왜 하필이면 1.5℃를 궁극적인 목표로 정했을까? 지구 평균기온 상승폭을 2℃에서 1.5℃로 낮출 경우 생태계 다양성은 어떻게 달라질까?

2100년까지 지구 평균기온 상승 폭을 1.5℃ 이내로 제한할 경우 2℃ 상승할 때 동물과 식물이 맞닥뜨릴 수 있는 기후변화 위험을 절반으로 줄일 수 있고 특히 곤충의 경우 기후변화로 인한 위험이 66%나 줄어들 것이라는 연구결과가 나왔다(Warren et al., 2018). 연구결과는 과학저널 '사이언스Science' 최근에 발표됐다.

영국과 호주 공동 연구팀은 육상 생물 11만 5천 종을 대상으로 기후변화가 이들 생물의 행동권 크기range size에 미치는 영향을 종합 평가했다. 행동권은 특정 개체가 먹이를 찾거나 새끼를 기르기 위해 활동하는 영역으로 기온이 올라가면 서식 환경이 달라져 결국 행동권의 크기도 달라질 수 있다. 이번 연구에는 3만 4천 종의 곤충과 다른 무척추동물까지 고려한 것이 특징이다.

연구결과 2030년 이후 온실가스를 지속적으로 배출해 2100년 지구 평균기온이 산업화 이전보다 3℃ 정도 상승하게 되면 곤충의 경우 행동권 크기가 절반 이상 줄어드는 경우가 49%나 되는 것으로 나타났다. 기온 상승이 위험으로 작용해 곤충의 49%는 활동 영역이 절반 이하로 축소된다는 뜻이다. 식물의 경우는 44%, 척추동물의 경우도 26%가 서식 영역이 절반 이하로 줄어드는 것으로 나타났다.

하지만 만약 2100년 지구 평균기온 상승폭을 산업화 이전 대비 2℃ 이내로 제한하면 곤충의 경우 행동권이 절반 이하로 줄어드는 경우가 18%로 떨어지고 식물은 16%, 척추동물은 8%까지 떨어지는 것으로 나타났다. 온실가스를 지속적으로 배출해 3℃ 상승할 때와 비교하면 기온 상승폭이 2℃로 작아지기만 해도 3℃ 상승할 때 위험에 처할 것으로 예상됐던 동식물의 2/3가 위험에서 벗어나는 것이다. 기온 상승폭을 2℃ 이내로 제한할 경우 그 만큼 생물의 다양성이 보존될 수 있다는 뜻이다.

특히 2100년 지구 평균기온 상승폭을 산업화 이전 대비 1.5℃ 이내로 제한할 경우 기온 상승으로 인해 행동권이 절반 이하로 줄어드는 경우는 곤충의 경우 6%에 불과하고, 식물은 8%, 척추동물은 4%에 불과한 것으로 나타났다. 파리 기후변화 협정의 궁극적인 목표치인 1.5℃를 달성할 경우 2℃ 상승할 때와 비교해 기온 상승으로 인해 행동권 크기가 절반 이하로 줄어드는 경우가 동물과 식물은 절반으로 줄어들고, 특히 곤충은 무려 66%나 감소하는 것이다. 종합적으로 아래 그림은 기온 상승폭이 작아질수록 행동권이 절반 이하로 줄어드는 경우가 급격하게 감소하는 것을 보여준다(그림 참고).

이번 연구 결과는 2100년 지구 평균기온 상승폭을 1.5℃ 이내로 제한할 경

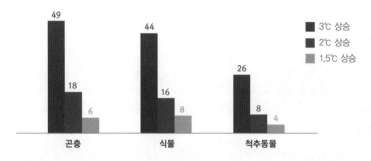

〈기온 상승에 따른 행동권 절반 이하 축소 비율(단위 %, 자료: Warren et al, 2018)〉

우 2℃ 상승할 때와 비교하면 지구 생태계의 다양성이 현재와 큰 차이가 없을 가능성이 크다는 것을 보여준다. 2100년 지구 평균기온 상승폭을 산업화 이전 대비 2℃로 제한하는 것이 아니라 1.5℃로 제한하는 것에 대한 효과를 구체적이고도 정량적으로 보여준 것이다.

연구팀은 특히 기온 상승폭을 1.5℃로 제한할 경우 식물과 곤충이 거의 현재 그대로 살아남을 수 있다는 점을 강조한다. 식물은 지구생태계를 든든하게 떠받치고 있는 1차 생산자이고 곤충은 지구 생태계를 유지하는데 절대적으로 필요한 동물이기 때문이다. 곤충이 있어야 꽃가루 수분을 통해 열매를 맺게 되고 또한 다른 동물의 먹이가 돼 지구 생태계가 먹이사슬로 연결된다. 또 각종 곤충이 폐기물을 분해해 지구 생태계가 균형을 유지할 수 있도록 해준다. 만약 지구 평균 기온이 3℃ 이상 올라가 곤충의 절반 정도가 사라진다면 단순히 곤충만 사라지는 것이 아니라 지구 생태계의 균형이 깨질 가능성이 크다는 것이 연구팀의 주장이다.

2018년 인천에서 열린 '기후변화에 관한 정부 간 협의체IPCC'의 48차 총회에서 유엔기후변화협약이 IPCC에 이례적으로 요청한 '1.5℃ 특별보고서'가 승인되었다. 2015년 파리협정에 이어 전 세계 기후변화 협약 당사국이 1.5℃에 이렇게 집착하는 것은 평균기온 상승폭 1.5℃가 바로 지구 생태계를 현재와 유

사하게 지킬 수 있는 바로 그 온도이기 때문이다.

지난 1880년부터 2012년까지 133년 동안 전 지구 평균 기온은 0.85℃나 상승했다. 1.5℃까지는 이제 0.65℃밖에 남아 있지 않다. 하지만 대기 중 온실가스는 지금 이 시간도 급격하게 증가하고 있다. 대표적인 온실 가스 관측소인 미국 하와이 마우나로아 관측소의 월평균 이산화탄소 농도는 2018년 4월, 관측사상 처음으로 410ppm을 넘어섰다.

인류를 기후변화 재앙에서
구할 수 있는 데드라인은 언제?

2100년까지 지구 평균 기온 상승폭을 산업화 이전 대비 2℃ 이상 올라가지 않게 하고자 하는 것은 지구온난화로 지구 평균 기온이 2℃ 이상 올라갈 경우 지구촌 곳곳에서 기록적인 폭염과 폭우, 한파, 슈퍼 태풍 등 각종 재앙이 크게 늘어나 지구생태계를 위협할 것으로 예상되기 때문이다.

그렇다면 인류가 현재 배출하고 있는 온실가스를 아무리 늦어도 몇 년도부터는 급격하고 확실하게 줄여야 파리기후변화협약에서 합의한 2℃ 또는 1.5℃ 목표를 지킬 수 있을까? 혹시 이미 목표를 지킬 수 없을 정도로 온실가스를 너무 많이 배출한 것은 아닐까? 인류가 온실가스를 배출하는 정도와 각종 기후변화 시나리오를 고려할 때 인류가 온갖 수단을 다 동원해 아무리 노력해도 파리기후변화협약의 목표를 지킬 수 없는 시점, 이미 너무 늦어 돌이킬 수 없는 시점the point of no return, 데드라인deadline은 언제쯤이 될까?

영국과 네덜란드 연구팀이 인류가 아무리 늦어도 몇 년도까지 온실가스를 확실하게 줄이는 행동을 취해야 파리기후변화협약에서 합의한 2℃ 또는 1.5℃ 목표를 지킬 수 있을지 분석했다(Aengenheyster et al., 2018). 인류가 온갖 수단을 다 동원해도 파리기후변화협약의 목표를 지킬 수 없게 되는 시점 즉 데드라인을 산출한 것이다. 연구팀은 IPCC(기후변화에 관한 정부 간 협의체)의 접합대순환모델CMIP5의 시나리오별 기후 예측자료와 전체 에너지에서 신재생 에너지가 차지하는 비율의 변화, 온실가스 포집 시나리오 등 다양한 조건을 고려했다.

분석결과 전체 에너지에서 신재생 에너지가 차지하는 비율을 매년 2%씩 늘리는 정도로 온실가스 배출량을 완만하게 줄일 경우 2100년까지 지구 기온 상승폭을 2℃ 이내로 묶어둘 수 있는 데드라인은 2035년이 되는 것으로 나타났다. 2035년 이전에 각국 정부가 온실가스 배출을 획기적으로 줄이는 특단의 대책을 별도로 내놓고 행동으로 옮기지 않을 경우 지구 기온 상승폭을 2℃ 이내로 묶어두는 것은 불가능하다는 뜻이다. 온실가스 배출량을 상대적으로 소극적으로 줄일 경우 2035년이 넘어서면 인류가 그 어떤 방안을 강구하더라도 지구온난화와의 싸움에서 질 수밖에 없다는 것이다.

연구팀은 특히 신재생 에너지 정책을 소극적으로 펼 경우 인류가 지금 당장 온실가스 배출을 획기적으로 감축하는 행동을 취하지 않는다면 2100년까지 지구 평균기온 상승폭을 1.5℃ 이내로 묶어 놓을 수 없다는 점을 강조하고 있다. 신재생 에너지가 차지하는 비율을 매년 2% 정도씩 늘리는 수준으로는 몇 년 뒤가 아니라 지금 당장 온실가스 배출을 급격하게 줄이는 특단의 대책을 내놓고 행동으로 옮겨야 지구 평균 기온 상승폭을 1.5℃ 이내로 묶어 놓을 수 있다는 뜻이다. 완만한 신재생 에너지 정책을 시행할 경우 1.5℃ 목표는 이미 데드라인을 통과하고 있다는 뜻이다.

물론 보다 강력한 신재생 에너지 정책을 써서 신재생 에너지가 차지하는 비율을 매년 5%씩 늘릴 경우 온실가스 배출량이 보다 빠르게 줄어들면서 데드라인은 좀 더 늦춰질 것으로 분석됐다. 적극적인 신재생 에너지 정책을 펼 경우 인류가 지구 평균 기온 상승폭을 2℃ 이내로 묶어 놓을 수 있는 데드라인은 2035년에서 2042년까지 연기되고 1.5℃ 이내로 묶을 수 있는 데드라인도 지금 당장에서 2026년까지 늦춰질 것으로 연구팀은 예상했다. 또 배출된 대기 중 온실가스를 적극적으로 포집할 경우 데드라인을 6~10년 정도 뒤로 미룰 수 있는 것으로 나타났다.

중요한 것은 데드라인이 2026년이든 2035년이든 아니면 2042년이든 2100년까지 지구온난화로 인한 기온 상승폭을 1.5℃ 또는 2℃ 이내로 묶어 각종 기후변화 재앙을 최소화하고 인류와 지구 생태계를 기후변화 재앙에서 구할 수 있는 시간deadline이 얼마 남아 있지 않다는 것이다. 연구팀은 정치인이나 정책 결정자에게 기후변화 재앙을 막기 위해 온실가스 배출량을 줄이는 것이 지금 얼마나 시급한 일인지를 강조하기 위해 기후변화 데드라인을 산출했다는 점을 분명히 하고 있다.

온실가스, 브레이크 없는 상승…
해마다 최고치 경신 또 경신

지구온난화와 기후변화의 주범인 대기 중 온실가스 농도가 좀처럼 줄어들 기미를 보이지 않고 있다. 전 세계적으로 기후변화를 해결하기 위한 다양한 운동이 펼쳐지고 있고 세계 각국은 파리기후변화 협약을 맺고 온실가스 배출량을 단계적으로 줄이겠다고 약속을 했건만 대기 중 온실가스 농도는 감소하기는커녕 해마다 최고치를 경신하고 있다.

최근 세계기상기구WMO, World Meteorological Organization가 발표한 2019년 전 지구 대기 중 연평균 이산화탄소 농도는 410.5ppm으로 2018년 연평균 농도 407.9ppm보다 2.6ppm이나 증가했다. 다시 한 번 연평균 이산화탄소 농도 최고치를 갈아치운 것이다(그림 참고). 산업혁명 이전(1750년)과 비교하면 148%나 급증한 것이다. 이산화탄소 농도의 연평균 증가 속도 또한 결코 느려지지 않고 있다. 2018년부터 2019년까지 1년 동안 증가한 이산화탄소 농도 2.6ppm은 지난 10년 동안의 연평균 증가 속도 2.37ppm을 웃돌고 있다.

온실가스가 증가하면서 지구는 점점 더 뜨거워지는 상황이다. 실제로 미국 해양대기청NOAA에 따르면 1990년부터 2018년까지 온실가스로 인한 복사강제력Radiative forcing은 43%나 증가했다.

복사강제력은 우주에서 지구로 들어오는 열량과 지구가 우주로 방출하는 열량의 차이를 말하는 것으로 복사강제력이 증가했다는 것은 지구에서 밖으로

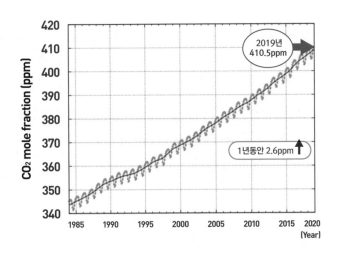

420
410
400
390
380
370
360
350
340

CO_2 mole fraction (ppm)

2019년
410.5ppm

1년동안 2.6ppm

1985 1990 1995 2000 2005 2010 2015 2020
(Year)

〈전 지구 대기 중 연평균 이산화탄소 농도(자료: WMO)〉

방출되는 열보다 들어오는 열이 더 많아 지구에 계속해서 열이 쌓이고 기온이 상승하는 것을 의미한다. 결국 1990년 이후 복사강제력이 43% 증가했다는 것은 온실가스가 지구를 뜨겁게 하는 정도가 43%나 증가했다는 뜻이다.

미국 해양대기청은 이처럼 증가한 복사강제력의 약 80%는 이산화탄소가 증가하면서 발생했다고 밝히고 있다. 현재 지구가 뜨거워지는 이유의 약 80%는 증가한 이산화탄소 때문이라는 것으로 이산화탄소가 지구온난화의 주범이라는 뜻이다.

세계기상기구는 특히 이산화탄소에 포함된 탄소의 동위원소 분석을 통해 급증하고 있는 이산화탄소가 어디에서 배출된 것인지 그 기원을 확인한 결과 자연에서 배출된 것이 아니라 화석연료 연소와 같은 인간 활동에 의해 배출된 것임을 확인했다고 강조하고 있다.

한반도 지역은 전 세계 평균보다 대기 중 이산화탄소 농도가 더욱 급격하게 증가하는 것으로 나타났다. 기상청이 안면도에서 측정한 2019년 연평균 이산화탄소 농도는 417.9ppm으로 나타났다. 2019년 전 지구 연평균 농도가

410.5ppm인 것과 비교하면 7.4ppm이나 높은 것으로 한반도 역시 역대 최고치를 다시 한 번 경신한 것이다. 이산화탄소 농도의 증가 속도도 빨라 안면도에서는 지난 1년 동안 2.7ppm이나 증가했다. 1년 동안 2.6ppm이 증가한 전 지구 평균보다 빠른 것이다. 최근 10년 동안의 연평균 농도 증가 속도도 안면도가 2.4ppm으로 전 지구 평균 2.37ppm보다 큰 것으로 나타났다(아래 표 참고).

자료: 기상청

	한반도(안면도)	전 지구
2019년 연평균 농도	417.9ppm	410.5ppm
2018-2019년 사이 증가량	2.7ppm	2.6ppm
최근 10년 연평균 농도 증가량	2.4ppm/yr	2.37ppm/yr

〈한반도와 전 지구 연평균 이산화탄소 농도 비교〉

한반도 지역의 대기 중 이산화탄소 농도가 전 지구 평균보다 높다는 것은 그만큼 지구온난화가 빠르게 진행되고 있다는 것을 의미한다. 실제로 지난 1880년부터 2012년까지 133년 동안 전 지구 평균 기온은 0.85℃ 상승한 반면 한반도 평균 기온은 지난 1911년부터 2010년까지 100년 동안 1.88℃나 상승했다.

지구에서 방출되는 열을 나가지 못하게 붙잡아 지구를 뜨겁게 만드는 온실가스에는 이산화탄소뿐 아니라 메탄CH_4과 아산화질소N_2O, 프레온가스$CFC-11$, 육불화황SF_6 등 다양하다. 이 가운데 이산화탄소에 이어 지구온난화에 두 번째로 영향력이 큰 온실가스가 바로 메탄이다. 메탄은 복사강제력에 17% 정도를 기여하고 있는 것으로 알려져 있다. 메탄의 40% 정도는 습지 같은 자연에서 배출되지만 나머지 60% 정도는 가축 사육이나 농사, 화석연료 채굴 과정, 생물체 연소 과정 등 인간 활동으로 인해 배출된다.

2019년 전 지구 연평균 메탄 농도는 1,877ppb^part per billion를 기록했다. 산업혁명 이전(1750년)과 비교하면 260%나 급증한 것으로 2018년 연평균보다는 8ppb 증가했다. 메탄이 지난 10년 동안 연평균 7.3ppb씩 증가한 것과 비교하면 2019년에는 지난 10년 평균보다 빠른 속도로 메탄이 증가했다는 것을 의미한다(그림 참고).

자료: WMO

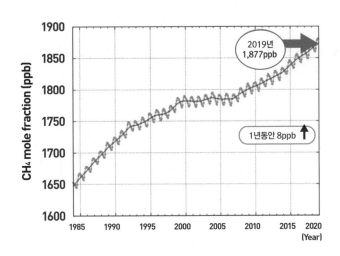

〈전 지구 대기 중 연평균 메탄 농도〉

메탄이 급증하는 것이 우려되는 것은 메탄이 대기 중에 머무는 시간은 이산화탄소에 비하면 상대적으로 짧지만 메탄이 지구온난화를 일으키는 정도(지구온난화지수. GWP)는 이산화탄소보다 수십 배나 클 정도로 강력한 온실가스이기 때문이다.

매우 강력한 온실가스일 뿐 아니라 성층권의 오존층까지 위협하는 아산화질소 농도 역시 해마다 신기록을 경신하고 있다. 아산화질소는 자연에서 60% 정도 배출되고 40% 정도는 인간 활동으로 인해 배출되는 것으로 알려져 있는데 흔히 생물체가 탈 때나 비료 사용, 그리고 각종 산업 활동 중에 배출되는 것으로 알려져 있다.

2019년 전 지구 연평균 아산화질소 농도는 332.0ppb로 나타났다. 산업혁명 이전(1750년)과 비교하면 123% 증가한 것으로 2018년 전 지구 연평균보다도 0.9ppb 증가한 수치다. 또한 지난 10년 동안 아산화질소가 연평균 0.96ppb씩 증가한 것과 비교하면 2019년에도 지난 10년과 비슷한 속도로 아산화질소가 증가했다는 것을 뜻한다(그림 참고). 아산화질소가 지구온난화를 일으키는 정도 (GWP)는 이산화탄소보다 300배 정도나 강력한 것으로 알려져 있다.

자료: WMO

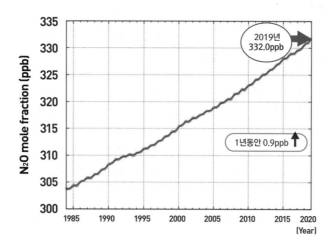

〈전 지구 대기 중 연평균 아산화질소 농도〉

이산화탄소와 메탄, 아산화질소 이외에 주의 깊게 봐야 할 것은 냉매나 반도체 제작 공정 등에 사용되는 할로겐화탄소CFCs, HFCs나 육불화황SF6 같은 물질이다. 배출되는 양은 이산화탄소나 메탄에 비하면 상대적으로 적지만 지구온난화를 일으키는 정도GWP는 이산화탄소보다 수천 배 이상 강력하기 때문이다. 세계기상기구는 특히 이 같은 기체가 전반적으로 감소하고 있지만 육불화황과 일부 할로겐화탄소(예: HCFC-141b, HFC-134a) 등은 해마다 최고치를 경신하고 있다고 지적하고 있다.

석탄이나 석유 같은 화석연료를 사용하고 산업체를 가동하면서 인류가 2019년 한 해 동안 배출한 이산화탄소는 36.44기가톤^{GtCO2}이나 되는 것으로 학계는 추정하고 있다. 가장 많이 배출하는 나라는 중국으로 지구촌 전체 배출량의 27.9%를 중국이 배출하고 있다(자료: Global Carbon Project). 2020년에는 코로나19가 전 세계를 강타하면서 이산화탄소 배출량이 2019년보다 6.7% 감소한 34.1기가톤^{GtCO2} 정도가 될 것으로 추정하고 있지만 말 그대로 코로나19로 인한 일시적인 현상일 가능성이 크다. 배출된 이산화탄소는 해양이나 토양이 흡수하기도 하지만 많은 부분은 대기 중에 계속해서 쌓이게 된다. 결국 화석연료를 지금처럼 계속해서 사용하고 온실가스를 배출하는 한 대기 중 온실가스는 계속해서 증가할 수밖에 없다는 뜻이다.

대기 중 온실가스 농도가 해마다 최고치를 갈아치우고 있는 것은 앞으로 우리와 우리 후손이 기록적인 폭염과 한파, 집중 호우, 슈퍼 태풍, 가뭄, 해수면 상승과 같은 각종 재해와 함께 지구 생태계 파괴라는 최악의 상황에 맞닥뜨려야 한다는 것을 의미한다. 하지만 현재와 같은 기후 정책이 유지될 경우 지구촌 온실가스는 2030년 이후에도 계속해서 증가할 가능성이 큰 것으로 학계는 보고 있다.

세계기상기구는 현재와 같은 대기 중 온실가스 농도는 300만 년~500만 년 전에 마지막으로 지구상에 나타났던 것으로 보고 있다. 당시 기온은 2~3℃나 올라갔고 해수면 높이는 10~20m나 상승했다. 곧 다가올지도 모르는 지구촌의 모습이다. 온실가스 배출을 줄이겠다는 말 뿐인 약속이 아니라 지금 바로 행동으로 옮겨야 한다고 세계기상기구는 강조하고 있다.

2000년 한 해 동안 지표면 오존으로 인해 대두는
생산량이 8.5%~14%나 감소했고 밀은 3.9~15%,
옥수수는 2.2~5.5% 생산량이 줄었다.
감소한 곡물의 양은 7천9백만~1억 2천1백만 톤이나 될 것으로 추정했다.
문제는 앞으로 오존 오염이 더 심해질 것이라는 점이다.

열대우림 파괴…
기후변화의 재앙 초래

농지나 목장을 만들기 위해 나무를 베고, 목재나 땔감을 얻기 위해 나무를 베고, 광산을 개발하고 도로나 댐을 건설하고, 그리고 산불에 기후변화까지…열대우림이 하루도 쉬지 않고 파괴되고 있다.

국제자연보호협회The Nature Conservancy 자료에 따르면 아마존 유역과 동남아시아 지역, 중앙아프리카 지역 등 지구 곳곳에 존재하는 우림지역rain forest은 지구 전체 표면의 2% 채 되지 않지만 지구상에 있는 동식물 종의 50% 정도가 이곳에 살고 있다.

지구생태계의 고향이자 지구의 허파라 할 수 있는 우림지역이 급속도로 파괴되고 있다. 특히 1천 5백만 제곱킬로미터(6백만 제곱마일, 한반도 면적 67배)를 넘어

섰던 열대우림 지역은 현재 절반도 안 되는 약 6백만 제곱킬로미터(2백 4십만 제곱마일)만이 남아 있다(자료: 국제자연보호협회). 하루에 파괴되는 열대우림만 해도 약 324제곱킬로미터, 서울 여의도 면적(8.4제곱킬로미터)의 38배에 해당되는 열대우림이 매일 사라지고 있다(Scientific American, 2009). 학계는 10년내에 평균 5~10% 정도의 열대우림이 파괴될 것으로 보고 있다. 이런 추세라면 금세기 안에 열대우림이 완전히 사라질 가능성도 배제할 수 없는 것이다.

열대우림에서는 수많은 나무나 풀이 광합성을 하는 만큼 온실가스인 이산화탄소를 흡수하고 산소를 배출한다. 그 뿐만이 아니다. 중요한 것은 열대우림이 지구의 땀샘sweat glands 역할을 한다는 것이다. 기온이 올라가면 땀샘에서 땀을 배출해 체온을 조절하는 것처럼 열대우림에서 증산작용으로 수증기를 공기 중으로 배출해 지구의 기온을 떨어뜨리는 역할을 한다.

그렇다면 열대우림 파괴가 지속적으로 진행돼 열대우림이 모두 사라지면 어떤 일이 벌어질까? 미국 버지니아대학 연구팀이 지금까지의 연구 결과를 토대로 열대우림의 파괴가 기후에 어떤 영향을 미칠 것인지 분석했다. 연구 논문은 네이처 기후변화지Nature Climate Change에 실렸다(Lawrence and Vandecar, 2015).

연구결과에 따르면 지구온난화가 진행되는 가운데 열대우림이 완전히 사라질 경우 지구평균기온이 온실가스로 인한 상승 외에도 0.7℃나 추가로 더 상

승할 것으로 전망됐다. 1850년 이후 화석연료 사용으로 지구평균기온이 상승한 것과 맞먹는 규모다. 지구온난화가 진행되는 가운데 열대우림이 사라질 경우 지구가 뜨거워지는 속도가 지금보다 2배나 빨라질 가능성이 있다는 뜻이다. 지구의 땀샘이 사라지니 기온조절을 제대로 하지 못하는 것이다.

열대우림 파괴는 기온뿐 아니라 강수량에도 큰 변화를 초래한다. 연구결과, 열대 우림이 30% 미만으로 파괴될 때는 열대우림 지역의 강수량이 늘어나는 경향이 있지만 열대우림이 30%정도 파괴될 때를 정점으로 해서 그 이후부터는 열대우림 지역의 강수량이 줄어들기 시작해 열대우림이 50%이상 파괴되면 열대우림 지역의 강수량이 급격하게 줄어들 것으로 전망됐다. 물론 열대지역뿐 아니라 중위도 지역 강수량에도 큰 변화가 나타날 것으로 전망됐다.

열대우림 파괴가 단순히 열대우림이 사라지는 것에 그치지 않고 바다에서 강력한 지진이 발생하면 쓰나미가 전 세계 해안으로 퍼져 나가는 것처럼 열대우림 파괴로 발생한 열대지역 공기와 수증기 흐름의 변화가 열대지역뿐 아니라 전 세계 기후에 큰 변화를 초래한다는 것이다. 열대우림 파괴가 화석연료 사용으로 인한 이산화탄소 배출 증가로 나타나는 기후변화 못지않게 또 다른 형태의 강력한 기후변화를 몰고 올 수 있다는 것이다.

물론 열대우림이 지구상에서 100% 사라진다는 것을 가정하기는 쉽지 않다. 하지만 분명한 것은 열대우림에 상업적인 가치가 있는 한, 열대우림이 돈으로 보이는 한, 그리고 이 지역에 경제적으로 어려운 사람들이 많이 살고 있으면 있을수록 열대우림은 계속해서 파괴될 수밖에 없을 것이다. 현재 추세대로라면 인간이 화석연료 사용으로 인한 기후변화 재앙뿐 아니라 열대우림 파괴라는 또 다른 형태로 기후변화 재앙을 자초할 가능성이 커 보인다.

소고기 소비를 줄이고,
소 사육두수를 줄여라

"소고기 소비를 줄이고, 소 사육두수를 줄여라."

소를 키우고 소고기를 먹는 것이 무슨 문제를 일으키기에 이런 주장이 나오는 것일까?

미국과 독일, 호주, 오스트리아, 영국 등 국제공동연구팀이 네이처 기후변화 학회지Nature Climate Change에 연구 결과를 하나 실었다(Ripple et al, 2014). 소나 양, 염소 같은 반추동물과 기후변화에 대한 얘기다.

소나 양, 염소, 기린, 사슴, 낙타 등은 되새김을 하는 반추동물이다. 이 동물들은 위가 보통 4개의 방으로 이루어져 있다. 풀을 먹게 되면 우선 첫 번째 위에 저장된다. 첫 번째 위에는 많은 세균이 살고 있다. 이 세균들이 풀의 섬유소를 소화시키는 과정에서 메탄이 발생한다. 메탄은 소가 트림을 하거나 방귀를 뀔 때 대기 중으로 배출된다. 문제는 이것이 이산화탄소보다 20~80배나 강력한 온실가스라는 점이다.

2008년 기준으로 인간 활동으로 인해 배출되는 온실가스 가운데 지구온난화에 가장 큰 영향을 미치는 것은 이산화탄소로 지구온난화의 63% 정도는 이산화탄소 때문에 발생한다. 나머지 1/3은 이산화탄소가 아닌 다른 온실가스에 의해 지구가 뜨거워지는데 가장 영향이 큰 것이 바로 메탄이다. 지구온난화의 18% 정도가 메탄때문에 발생한다. 이산화탄소가 지구온난화의 주범인 것은 사실이지만 메탄 배출량을 줄이지 않고 이산화탄소만 감축해서는 지구 온난화를 누그러뜨리는데 한계가 있을 수밖에 없는 이유다.

특히 대기 중 수명이 수백 년이나 되는 이산화탄소와는 달리 메탄의 대기 중 수명은 9년 이내로 짧기 때문에 메탄 배출량을 줄이면 온난화를 누그러뜨리는 효과를 보다 빠르게 볼 수 있다는 것도 장점이다.

그러면 인간의 어떤 활동을 통해 메탄이 배출되고 또 어떻게 메탄 배출량을 줄일 수 있을까?

지구상에서 인간 활동과 관련해 메탄을 가장 많이 배출하는 것은 산업체나 석탄, 자동차가 아니고 반추동물이다. 반추동물이 1년에 배출하는 메탄의 양은 이산화탄소로 환산할 경우 무려 2.3기가톤Gt이나 된다. 기후변화를 누그러뜨리고자 하는 사람들이 반추동물에 관심을 갖는 이유가 바로 여기에 있다. 이어 천연가스와 석유산업, 쓰레기 처리과정, 석탄, 벼 재배과정 등에서 메탄이 배출된다.

반추동물 가운데 메탄을 많이 배출하는 것은 단연 소와 양이다. 소고기나 양고기를 생산하는 데 배출되는 온실가스의 양은 다른 동물의 고기를 생산하

단위: Gt CO2-eq/yr, 자료: Ripple et al(2014), Montzka et al(2011)

〈인간 활동에 의한 메탄 배출량〉

는데 배출되는 온실가스보다 수십 배나 많다(Nijdam et al, 2012). 고기 1kg을 생산하는데 배출되는 온실가스 총량을 비교해보면 소고기나 양고기 1kg을 생산할 때 배출되는 온실가스(이산화탄소로 환산할 경우)의 총량은 돼지고기 1kg을 생산하는데 배출되는 온실가스 총량보다 많게는 30배 이상 많이 배출된다. 특히 소고기 1kg을 생산하는데 배출되는 온실가스 총량은 육류를 대체할 수 있는 단백질이 들어있는 콩을 생산할 때보다는 최고 100배 이상 많다(도표 참고).

단위: kg CO2-eq/kg, 자료: Nijdam et al, 2012

반추동물		다른 동물·식물	
소고기(방목)	12~129	생선(양식)	3~15
양고기	10~150	돼지고기	4~11
소고기(목장 시스템)	23~52	달걀	2~6
소고기(축사 대량사육)	9~42	콩(육류 대체용)	1~2

〈1kg 생산 시 배출되는 온실가스 총량〉

2011년 기준 전 세계에 살고 있는 반추동물은 30억 마리를 크게 넘는 것으로 추정된다. 이 가운데 소가 14억 마리로 가장 많고, 양이 11억 마리, 염소 9억 마리, 들소 2억 마리 순이다. 특히 지난 50년 동안 연평균 2천 5백만 마리씩 반추동물이 증가하고 있다. 육류에 대한 수요가 늘어나면서 반추동물은 앞으로도 급증할 전망이다. 반추동물이 지구온난화에 미치는 영향이 점점 더 커질 수밖에 없다는 뜻이다.

급증하는 반추동물은 토지 사용도 왜곡시킬 수 있다. 반추동물을 기르기 위해 사용되는 땅이 지표면의 26%나 된다. 지표면의 1/4 정도가 소나 양을 기르는데 사용된다는 뜻이다. 반추동물의 먹이인 사료를 재배하는 것에도 문제가 있을 수 있다. 현재 경작이 가능한 지역의 1/3은 사람이 먹을 식량을 재배하는 것이 아니라 가축 사료 생산을 위해 사용되고 있다.

가축이 최종적으로 식량자원이기는 하지만 급격하게 늘어나는 목초지는 식량 안보를 위협할 가능성까지 제기되고 있다. 세계적으로 8명에 한명이 굶주림에 허덕이고 있는 상황에서 곡식을 생산하지 않고 생산성이 매우 낮은 고기를 생산하기 위해 계속해서 목초지를 늘린다면 도덕적인 문제가 제기될 가능성도 있다. 급증하는 반추동물은 산림자원에도 문제를 일으킬 가능성이 있다. 목초지 확장과 사료 생산을 늘리기 위한 산림벌채는 대기 중에 있는 이산화탄소를 흡수하는 숲을 제거할 뿐 아니라 식량 생산에도 위협이 될 수 있다.

결국 반추동물 고기의 소비나 사육하는 반추동물의 수를 줄이는 것은 다양한 면에서 긍정적인 효과가 나타날 수 있다. 우선 온실가스 배출량이 줄어들고 산림을 보호할 수 있는 만큼 환경적인 측면에서 효과가 있고 한편으로는 경작 가능한 토지를 목초지 대신 식량 생산에 보다 더 많이 사용할 수 있어 식량 안보에 도움이 될 수 있다. 또한 육류를 과다하게 소비해서 발생할 수 있는 성인병 예방에도 도움이 될 수 있다. 세계적으로 반추동물의 수를 줄이는 것은 이산화탄소를 줄이는 것에 비해 상대적으로 비용이 많이 들지 않고 빠르게 진행할 수 있는 것도 장점이다.

반추동물 고기의 소비나 사육두수를 줄이지 않고 메탄 배출을 해결할 수 있는 다른 방법은 없을까? 물론 소한테 트림을 하지 말고 방귀를 뀌지 말라고 해도 아무런 소용이 없다. 유전자를 변형시켜 트림이나 방귀를 뀌지 않는 소를 만드는 것은 어떨까? 역시 윤리적인 문제가 발생할 수 있다. 백신이나 화합물 개발도 시도되고 있다. 메탄을 배출하지 못하게 하는 백신을 개발하거나 장내 세균을 사멸시켜 메탄을 배출하지 못하게 하는 화합물을 만들어 사료에 섞여 먹이는 방법이다. 하지만 아직까지 널리 퍼진 상황은 아니다. 소비자가 유전자 변형 소고기, 백신이나 화합물을 먹은 소고기를 거리낌 없이 받아들일지도 의문이다.

현재로서는 만약 가능하다면 소고기 소비와 사육두수를 줄이는 것이 한 방법일 수 있다. 하지만 소고기나 양고기의 소비를 줄이는 문제 또한 선진국인지 개발도상국인지, 생활수준이 어느 정도인지, 관련 산업이 어떤 상황인지, 건강을 위해 소고기가 필요한 상황인지 아닌지, 또 고유의 음식문화가 어떤지, 또 지구온난화 문제를 얼마나 시급한 문제로 보느냐에 따라 상황이 크게 달라질 수 있다.

지구온난화 문제를 해결하고 식량안보에 도움이 되고 건강에 도움이 될 수 있다고 해서 각각의 상황을 충분히 고려하지 않고 특정 국가나 지역, 사람에게 소비를 줄이라고 요구할 수는 없다. 그러다간 오히려 더 큰 문제가 생길 가능성도 있다.

사육하는 반추동물의 수를 줄이는 것 또한 사회적으로나 정치적으로, 또 윤리적으로 매우 어렵고 복잡한 문제다. 반추동물의 수를 줄이면 생각지 못한 또 다른 문제가 발생할 수도 있다. 지금까지 발표된 논문의 주장에 동의하지 않는 사람이 많을 수도 있다. 그러나 분명한 것은 지구온난화를 효과적으로 누그러뜨리기 위해서는 화석연료에서 배출되는 이산화탄소뿐만 아니라 메탄을 줄이려는 노력이 절실하다는 것이다.

세계 최대의 소고기 소비 국가는 미국이다. 미국에서 지구온난화를 누그러뜨리기 위해 소고기 소비를 줄이고 소 사육두수를 줄이라는 말을 하고 다니는 정치인이 있다면 그 정치인은 과연 다음 선거에서 당선될 수 있을까? 소비자들은 소고기 소비를 줄이고 농민들은 소 사육두수를 줄이는데 동의할까?

지금 이 순간에도 세계 곳곳에서 소가 트림을 하고 방귀를 뀌고 있다.

티베트의 땔감 야크^{Yak} 똥,
온난화와 환경오염의 주범 되나

세계의 지붕인 티베트 고원. 청정지역으로 알려진 티베트 고원에는 다른 지역과 다른 독특한 땔감이 있다. 야크^{Yak}의 똥이다. 초식동물인 야크의 배설물을 커다란 빵처럼 납작하게 만들어 말려두었다가 땔감으로 사용하는 것이다.

티베트 고원에는 소나 염소, 양 등 다양한 가축이 있지만, 야크가 전체 가축의 40%를 차지할 정도로 많다. 땔감으로 이용할 만한 나무가 잘 자라지 않는 고산 지역인 티베트에서 주민들이 돈을 들이지 않고 쉽게 구할 수 있는 야크 배설물을 땔감으로 사용하는 것은 어찌 보면 자연스러운 일일 것이다.

가축을 끌고 장소를 옮겨가며 살고 있는 유목민에게 야크 배설물은 더 없이 편리하고 구하기 쉬운 연료일 것이다. 학계는 야크 배설물의 80%가 땔감으로 이용되는 것으로 보고 있다(Xu et al.,2013).

중국이나 인도와는 비교할 수 없을 정도로 공기가 깨끗하고 오염이라는 말을 꺼낼 수조차 없을 것만 같은 티베트 지역에 최근 걱정거리가 생겼다. 땔감으로 사용하는 야크 배설물이 탈 때 배출하는 물질 때문이다. 가장 편리하게 사용하는 땔감이지만 생각지도 못했던 엄청난 대가를 지불해야 하는 상황이 다가오고 있다.

야크는 고산지대 여기저기 듬성듬성 나 있는 풀잎을 주로 먹고 자라는 초식동물인 만큼 배설물을 땔감으로 사용하게 되면 나무나 석탄을 땔 때와 마찬가지로 토양에 머물러 있어야 할 탄소가 대기 중으로 배출되게 마련이다. 지구 온난화를 가속화시키는 검댕Black Carbon(그을음) 같은 물질도 배출된다.

중국 연구팀이 티베트 고원의 한 지역(Damxung County)에 있는 초원지대를 대상으로 온실가스인 이산화탄소 흡수와 배출 정도를 계산한 결과 야크 배설물을 땔감으로 사용하지 않고 자연에 그대로 둘 경우 초원 1제곱미터 당 1년에 27.77g의 탄소를 잡아두는 역할을 하는 것으로 나타났다.

목초가 자라는 동안 광합성을 통해 공기 중에 있는 이산화탄소를 흡수하게 되는 데 이 목초를 야크가 먹고 똥으로 배설을 하더라도 이산화탄소가 다시 공기 중으로 배출되지 않고 땅에 그대로 남아 있는 것이다. 하지만 야크 배설물을 땔감으로 사용할 경우 배설물이 타면서 그 안에 들어 있던 탄소가 이산화탄소 형태로 공기 중으로 다시 나가게 되는데, 초원 1제곱미터 당 1년에 15.18g의 탄소를 배출하는 것으로 나타났다.

지금까지는 땔감으로 사용할 수 있어 더없이 고맙고 착한 배설물로만 생각해 왔던 야크 똥이 이제는 지구 온난화, 기후변화를 가속화시키는 원인 물질로 다가오고 있는 것이다.

야크 배설물을 땔감으로 사용해 발생하는 문제는 여기서 끝나지 않는다. 배설물을 땔감으로 사용할 때 배출되는 것은 이산화탄소만이 아니기 때문이다. 배설물이 탈 때는 각종 에어로졸도 배출된다. 주로 배설물이 불완전 연소되면서 배출되는 검댕Black Carbon(그을음)이나 유기탄소Organic Carbon 같은 에어로졸은 주변 공기를 오염시키고 수자원을 오염시킬 수 있다. 검댕은 기후변화에도 막대한 영향을 미치는 물질이다.

특히 티베트 지역의 빙하가 빠르게 녹아내리는 것은 지구온난화가 빠르게 진행되는 점도 있지만 이 지역에서 야크 배설물을 연료로 사용할 때 발생하는 검댕이 더 큰 원인이라는 연구 결과도 있다. 야크 배설물이 석탄보다도 오히려 더 더러운 연료라는 말까지 나오는 이유다.

중국과 핀란드 공동 연구팀이 티베트 남코Nam Co 지역의 대기와 빗물, 눈의 성분을 분석했다(Chen et al.,2015). 분석결과 야크 배설물을 땔감으로 사용할 때 주변 공기의 초미세먼지PM2.5 농도가 세제곱미터 당 평균 152 마이크로그램, 최고 265 마이크로그램까지 올라가는 것으로 나타났다.

세계보건기구WHO의 초미세먼지 권고 기준이 25인 점을 고려하면 야크 배설물을 연료로 사용할 경우 주변 공기의 초미세먼지 농도가 세계보건기구 권고 기준의 평균 6배, 최고 10배 이상 늘어나는 것이다. 우리나라 기준으로 보면 초미세먼지 경보나 초미세먼지 주의보가 내려지는 수준이다. 건강에 당연히 좋을 리가 없다.

당연한 얘기지만 공기와 물도 오염된다. 실제로 티베트 대기 중 에어로졸 성분을 분석한 결과 야크 배설물이 연소될 때 배출되는 에어로졸과 비슷한 것으로 나타났다. 물 속에 녹아 들어가 있는 에어로졸 또한 야크 배설물이 탈 때 배출되는 에어로졸과 비슷했다. 야크 배설물이 탈 때 배출되는 오염물질이 티베트의 실내외 공기를 오염시키고, 수자원인 강이나 호수, 영구동토, 빙하 등도 오염시키고 있는 것이다.

티베트 고원의 공기를 오염시킨 검댕 같은 에어로졸의 이동 궤적을 분석한 결과에서는 오염물질이 티베트 주변지역에서 이동해온 것도 있었지만, 티베트 고원 자체에서 발생한 것도 제법 있는 것으로 나타났다.

인도 북부지역에서 티베트 고원으로 이동해 오는 오염물질이 전체의 50~60% 정도로 가장 많았지만 티베트 고원 자체에서 발생하는 오염물질도 20% 정도나 됐다. 지금까지 티베트 고원은 인구 밀도가 낮아 오염물질은 주로 주변지역에서 올 것으로 예상되었지만, 이번 연구결과 티베트 고원에서 야크 배설물이 연소할 때 배출되는 오염물질이 결코 무시할 수 없을 정도로 많다는 것이 밝혀진 것이다.

티베트 고원은 아시아의 '급수탑water tower'에 해당된다. 티베트는 중국과 인도의 젖줄인 양쯔 강과 갠지스 강, 얄룽창포 강Yarlung Tsangpo River의 발원지다. 이 세 강이 흐르는 티베트와 히말라야 주변에는 전 세계 인구의 40%인 30억 명 가까이가 살고 있다.

티베트 고원에 있는 수자원이 오염된다는 것은 많게는 세계 인구의 30~40%인 20~30억 명이 영향을 받을 수 있다는 뜻이 된다. 특히 지구온난화가 진행되면 진행될수록 티베트 주변 빙하나 영구동토가 빠른 속도로 녹아내려 호수나 강으로 흘러들어갈 수 있기 때문에 수자원 오염 문제는 점점 심각해질 가능성이 높다.

티베트 고원에 사는 사람들에게 현재 당신들이 땔감으로 사용하는 야크 배설물 때문에 기후변화가 가속화되고 주변의 대기와 수자원이 오염되고 있으니 지금 당장 야크 배설물을 땔감으로 사용하지 말라고 할 수는 없을 것이다. 별다른 땔감이 없는 그들에게 야크 배설물을 대체할 수 있는 다른 에너지원이 반드시 필요하기 때문이다.

쉽게 태양열이나 풍력, 수력 같은 에너지로 야크 배설물을 대체하는 것이 좋겠다는 말을 할 수는 있을 것이다. 하지만 이 또한 말처럼 간단한 일은 아니다. 티베트 사람들의 경제적인 여건이나 기술적인 상황 등 여러 가지를 함께 고려할 경우 결코 쉬운 일이 아니기 때문이다.

별걱정을 다 한다고 할지도 모르겠다. 한반도와 멀리 떨어진 티베트 지역에서 온실가스가 배출되고 공기와 물이 오염되는 것이 우리와 무슨 상관이 있냐고 생각할 수도 있을 것이다. 땔감이 부족하고 대체에너지를 생산할 능력도 없는 상황에서 티베트 사람들에게 야크 배설물을 땔감으로 사용하는 것에 대한 대가를 지불하라고 한다면 너무 가혹한 것이 아니냐는 주장도 나올 수 있다.

하지만 분명한 것은 야크 배설물을 땔감으로 사용하면 사용할수록 지구온난화로 인한 기후변화는 가속화되고 세계 인구의 30~40%가 이용하는 수자원은 계속해서 오염이 심해질 가능성이 크다.

티베트 주민들이 야크 배설물을 땔감으로 사용하는 문제관련 다양한 연구 결과가 최근 중국을 비롯한 세계 각국에서 계속해서 나오고 있다. 청정지역으로 여겨지던 티베트의 오염과 이로 인한 지구온난화, 그리고 기후변화에 대한 각국의 관심은 점점 커지고 있다.

식량 안보 위협하는
오존

햇볕이 따갑게 내리쬐는 여름철, 서울을 비롯한 전국 곳곳에는 종종 오존주의보가 발령된다. 날이 갈수록 오존주의보 발령 횟수가 늘어나고, 발령되는 지역도 증가 추세를 보이고 있다.

10~50km 상공의 성층권에 존재하는 오존(성층권 오존)은 인간을 비롯한 생명체에 없어서는 안 될 존재다. 태양으로부터 오는 해로운 자외선을 95%이상 흡수해 지구상의 생명체를 보호하는 역할을 하기 때문이다. 하지만 같은 오존이라도 지상 10km이하의 대류권, 특히 지표 부근에서 존재하는 오존(지표면 오존)은 호흡기와 눈 질환을 일으키는 대표적인 대기오염물질이다.

산업화 이전의 지표면 오존 농도는 10ppb 정도에 불과했다. 하지만 2000년대 전 세계 여름철 낮 동안 오존 농도는 평균 50ppb 정도까지 치솟았다. 특히 2050년까지는 2014년 현재보다 20~50%나 증가한 최고 75ppb 정도까지 농도가 높아지고 2100년까지는 지금보다 40~60%나 농도가 높아질 것으로 학계는 보고 있다(Feng and Kobayashi, 2009).

지표면 오존은 주로 자동차나 산업체로부터 배출되는 질소산화물NOx이 휘발성유기화합물$VOCs$ 등이 있는 상태에서 광화학반응이 일어날 때 만들어진다. 급증하는 지표면 오존은 사람뿐 아니라 작물이나 생태계에 막대한 피해를 줄 수 있다.

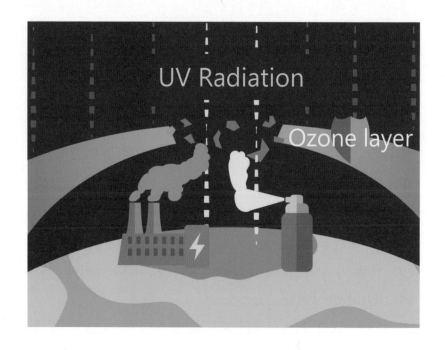

오존은 식물의 기공을 통해 식물체 내로 들어가게 되는데 이 때 다양한 반응이 생길 수 있다. 강력한 산화제인 오존은 식물 세포를 산화시켜 광합성에 지장을 초래하고 노화를 촉진하고 심지어 염색체 변이까지 일으켜 생장과 생산량에 영향을 미치게 된다(Booker et al.,2009). 보통 오존 농도가 높아지면 식물은 마치 병에 걸린 것처럼 잎에 얼룩이 생기고 색깔이 변하게 된다.

실제로 지표면 오존이 작물 생산량에 큰 영향을 미친다는 연구 결과는 많이 있다. 기후변화가 작물 생산량에 미치는 영향과 마찬가지로 오존이 작물 생산량에 미치는 영향 또한 작물의 종류나 재배 지역, 연구 방법, 지구온난화와의 상호작용 등에 따라 매우 다양하다(Tai et al, 2014).

미국 프린스턴 대학 연구 결과 한국과 중국, 일본 지역에서는 1990년대 이미 지표면 오존의 영향으로 밀과 쌀, 옥수수의 생산량이 1~9% 떨어졌고, 대두soybean의 경우는 23~27%나 생산량이 감소했다(Wang and Mauzerall, 2004). 최근 일본에서 나온 연구 결과는 2000~2005년 일본의 쌀 생산량은 지표면 오존의 영향으로 평균 9%나 감소했다고 밝히고 있다(Nawahda, 2014).

오존은 동아시아 지역뿐 아니라 전 세계 식량 안보를 위협하고 있다. Avnery 등(2011a)의 연구 결과에 따르면 2000년 한 해 동안 지표면 오존으로 인해 대두는 생산량이 8.5~14%나 감소했고 밀은 3.9~15%, 옥수수는 2.2~5.5% 생산량이 줄었다. 감소한 곡물의 양은 7천 9백만~1억 2천1백만 톤이나 될 것으로 연구팀은 추정했다.

문제는 앞으로 오존 오염이 더 심해질 것이라는 점이다. 앞으로 지구온난화가 어떻게 진행되느냐에 따라 달라질 수 있는데 Avnery 등(2011b)의 연구 결과에 따르면 앞으로 계속해서 인구가 증가하는 가운데 환경에 관심을 쏟지 않을 경우 지표면 오존 증가로 인해 2030년 밀 생산량은 2000년에 비해 5.4~26%나 더 줄어들고 대두는 15~19%, 옥수수는 4.4~8.7% 생산량이 감소할 것으로 전망됐다. 지구온난화가 서서히 진행되더라도 오존 오염으로 인해서 밀은 4~17%, 콩은 9.5~15%, 옥수수는 2.5~6% 생산량이 떨어질 것으로 전망됐다.

지난 1980년부터 2007년까지 출판된 81개의 논문을 종합 분석meta-analysis한 연구 결과에서도 지표면 오존 농도가 높아지면서 곡물 생산량이 급격하게 떨어졌고 앞으로도 크게 감소할 것임을 경고하고 있다(Feng and Kobayashi, 2009). 연구 결과에 따르면 최근 곡물 생산량은 지금보다 오존 농도가 절반(26ppb) 이하였던 때와 비교해 콩bean은 생산량이 평균 19%나 떨어졌고, 쌀은 17.5%, 밀 9.7%, 보리 8.9%, 대두Soybean는 7.7%, 감자는 5.3% 생산량이 감소했다. 오존 농도가 지금(약 50ppb)보다 50% 정도 더 높아질 것으로 예상되는 21세기 하반기에는 콩의 생산량은 지금보다 평균 41.4%나 더 감소하고 쌀은 약 30%, 대두는 21.6%, 밀은 21.1%, 보리와 감자도 10~20% 정도 생산량이 떨어질 것으로 전망됐다.

평균적으로 볼 때 현재 지표면 오존이 곡물 생산량에 미치는 영향은 기후변화가 곡물 생산량에 미치는 영향에 비해 결코 작지 않다. 특히 지구온난화가 상대적으로 적게 진행된 21세기 전반기에는 기후변화가 작물 생산량에 미치는 영향보다 오히려 지표면 오존의 영향이 더 클 것이라고 주장하는 경우도 많다. 대기오염인 지표면 오존이 전 세계 식량 안보를 위협하는 큰 요인이 되고 있는 것이다. 하지만 국내에서는 기후변화에 쏠려있는 관심에 비해서 지표면 오존이 곡물 생산량에 미치는 영향에 대한 관심은 매우 적다.

국민 건강보호 차원에서 이제 오존 예보를 시작하는 수준이다. 식량 안보를 위해서 정책 결정자나 학계 모두 지표면 오존에 대한 관심이 필요해 보인다.

셰일가스 열풍이
지구온난화를 늦출 수 있을까?

'셰일가스 열풍'

　말 그대로 셰일가스shale gas 열풍이 불고 있다. 지난 2007년만 해도 미국 내 셰일가스 생산량은 1,293억 세제곱피트에 불과했지만 지속적으로 늘어나 2019년에는 생산량이 2조 5,556억 세제곱피트에 달했다. 12년 만에 셰일가스 생산량이 20배 정도나 급증한 것이다(자료: US Energy Information Administration).

　'셰일가스'는 진흙이 쌓이고 굳어져 만들어진 암석인 '셰일'에 스며들어 있는 천연가스를 말한다. 하지만 셰일가스가 땅속 너무 깊은 곳에 있어 뽑아내기가 어렵다 보니 최근까지는 개발이 더디게 진행됐다. 그러나 '수압파쇄법'이 등장한 뒤에는 상황이 크게 달라졌다.

　수압파쇄법은 기존의 유전개발이나 천연가스 개발에 흔히 쓰이던 수직 시추법과 달리 셰일 층에 수평으로 구멍을 낸 뒤 고압의 물과 화학물질을 집어넣어 셰일 층에 균열을 내고 이때 암석 틈에서 빠져나오는 가스를 모아 뽑아 올리는 방법이다. 상대적으로 비용이 적게 드는 시추법의 등장으로 2000년대 후반부터 미국을 중심으로 셰일가스 생산량이 급증하고 있다.

　특히 셰일가스 생산량이 급증하면서 천연가스 가격이 크게 떨어졌고 천연가스와 경쟁 에너지원인 석유 가격까지도 끌어내리고 있다. 셰일가스의 열풍에 OPEC(석유수출국기구) 회원국들은 셰일가스 열풍이 더 거세지기 전에 이를 고사

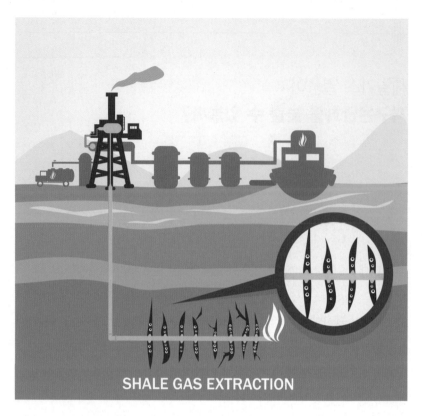

SHALE GAS EXTRACTION

시키기 위해 출혈경쟁까지 마다하지 않고 있다. 현재 미국 내 발전용 셰일가스 가격은 1천 세제곱피트 당 평균 4달러 정도를 기록하고 있다. 지난 2008년 연평균 가격이 9.26달러까지 올라갔던 것과 비교하면 가격이 절반 이하로 떨어진 것이다.

미국이 셰일가스를 적극적으로 개발하면서 세계 에너지 시장 또한 산유국이 아닌 미국 중심으로 재편될 가능성까지 점쳐지고 있다. 미국은 특히 셰일가스 호황과 전반적인 에너지 가격의 하락으로 경기가 다시 살아날 것이라는 기대감으로 가득 차 있다. 값이 저렴해지면서 전 세계적으로 셰일가스를 비롯한 천연가스의 수요 또한 급증하고 있다. 천연가스는 저렴한 가격과 사용의 편리성, 환경 친화적인 에너지원으로 알려지면서 앞으로도 수요가 크게 늘어날 가능성이 높다.

셰일가스의 등장은 특히 지구온난화 때문에 머리를 싸매고 있던 산업계와 정치권에 새로운 희망을 주었다. 셰일가스가 연소될 때 나오는 이산화탄소의 양이 석탄이 탈 때 나오는 이산화탄소 양의 절반 정도에 불과하기 때문이다. 그만큼 셰일가스는 급격하게 진행되고 있는 지구온난화를 늦추는데 크게 기여할 것으로 많은 사람들이 기대하고 또 그렇게 알고 있다. 학계와 산업계는 셰일가스가 이산화탄소를 배출하지 않는 산업시대, 온실가스 제로("0") 산업시대로 넘어가는데 징검다리 역할을 해줄 것으로 기대하고 있다.

하지만 셰일가스 개발은 처음부터 여러 가지 논란을 불러일으켰다. 셰일가스를 뽑아내는 과정에서 사용하는 막대한 양의 물과 화학물질이 지하수와 주변 토양을 오염시키고 셰일 층을 깰 때 주변 지층에 불필요한 진동을 일으킨다는 주장이 끊임없이 제기 됐다. 생산과 유통과정에서도 온실가스인 메탄이 누출돼 역시 온난화를 부추길 수 있다는 주장도 나왔다. 특히 전 세계 곳곳에서 셰일가스를 개발할 경우 엄청난 환경문제를 일으킬 수 있다는 주장까지 나왔다. 셰일가스가 친환경적인 청정에너지가 아니라는 주장이다.

반면 다른 한편에서는 셰일가스 값이 매우 저렴하고 매장량이 막대하기 때문에 세계 경제발전과 안정에 크게 기여할 것이라고 주장한다. 특히 온실가스인 이산화탄소 배출을 크게 줄일 수 있기 때문에 재생에너지를 비롯한 저탄소 에너지원이 전 세계 에너지 수요에 충분히 기여할 수 있을 정도로 발전할 때까지 징검다리 역할도 할 수 있다고 주장한다. 전반적으로 셰일가스 개발은 환경 문제로 잃는 것보다 경제적으로 얻는 효과가 더욱 크기 때문에 적극적인 개발이 필요하다는 주장을 한다. 셰일가스 개발을 문제 삼는 그룹과 적극적인 개발을 주장하는 그룹은 유명 과학저널 네이처를 통해서 격렬한 논쟁을 벌이기도 했다(Howarth et al, 2011 참고).

과연 셰일가스 사용 확대가 사람들이 기대하는 것처럼 온실가스 제로("0") 산업시대로 넘어가는 징검다리 역할을 할 수 있을까? 석탄에 비해 연소할 때 이 산화탄소 배출량이 절반 정도로 줄어든다고 해서 지구온난화를 늦출 수 있다 고 할 수 있는 것일까?

전 세계 미래 에너지 시스템과 경제, 그리고 기후변화와의 관계를 분석한 논 문이 유명 과학저널 네이처에 발표됐다(Haewon Mcjeon et al, 2014; Davis and Shearer, 2014).

결론부터 말하면 장기적으로 봤을 때 기후변화에 대한 특별한 정치적인 결 단 없이 석유나 석탄 같은 화석연료를 셰일가스로 대체하는 것만으로는 기후 변화를 늦출 수 없다는 것이다. 기대와 달리 셰일가스가 결코 온실가스 제로 산업시대로 넘어가는 징검다리 역할을 하지 못한다는 것이다.

미국과 독일, 호주, 오스트리아, 이태리 등 5개국 공동 연구팀은 전통적인 기 존의 천연가스와 새롭게 등장한 셰일가스의 생산과 수요, 미래 전 지구 에너 지시스템, 경제발전 등을 종합적으로 고려해 2050년까지 셰일가스 소비 확대 가 지구온난화를 늦추는 역할을 할 수 있는지, 셰일가스가 온실가스 제로 배 출 시대로 넘어가는 징검다리 역할을 할 수 있는지 5개의 '에너지-경제-기후 변화 접합 모형'을 이용해 종합적으로 분석했다.

분석결과 우선 셰일가스의 등장으로 2050년 인류가 소비하게 될 천연가스의 총량이 셰일가스가 등장하기 전에 예상했던 것보다 2.7배나 급증하는 것으로 나타났다. 값싼 셰일가스가 단순히 석유나 석탄 같은 화석 연료를 대체하는데 그치는 것이 아니라 전반적으로 에너지 소비를 크게 부추길 가능성이 매우 높 다는 뜻이다.

특히 석유나 석탄 대신 셰일가스를 사용하면 온실가스인 이산화탄소 배출 량을 크게 줄일 수 있을 것이라는 기대는 완전히 빗나갈 것으로 전망됐다. 셰 일가스 소비가 급증하면서 2050년 석유와 석탄, 가스 등 화석연료 소비에서 배출되는 이산화탄소 총량은 전통적인 천연가스와 석유, 석탄 등 기존의 화석

연료만을 소비할 때보다 최고 11%까지 증가할 것으로 전망됐다. 경제발전과 에너지시스템 전체를 고려할 경우 셰일가스 소비 확대가 온실가스 배출량을 줄이는 것이 아니라 오히려 온실가스 배출을 증가시키는 결과를 초래할 수 있다는 것이다. 셰일가스의 등장이 앞으로 에너지 소비 형태에 큰 변화를 초래할 수는 있지만 지구온난화를 누그러뜨리는 효과적인 대안은 아니라는 뜻이다.

셰일가스 사용 확대가 지구온난화를 누그러뜨리는데 별 도움이 되지 않는 이유에 대해 연구팀은 다음과 같이 설명을 하고 있다.

우선 값이 저렴한 셰일가스의 공급 확대는 사람들로 하여금 에너지를 보다 더 많이 소비하도록 부추긴다는 것이다. 에너지 값이 비싸면 소비를 줄이거나 절약을 생각 할 텐데 값이 싸다 보니 소비가 크게 늘어나고 절약하려는 마음도 약해진다는 것이다. 비록 셰일가스가 연소할 때 석탄에 비해 이산화탄소를 적게 배출하는 것은 사실이지만 셰일가스 사용량이 급증하면서 전체적으로 배출되는 이산화탄소의 총량은 오히려 늘어난다는 것이다. 특히 값싼 에너지 공급은 전체적으로 경제성장을 촉진시켜 에너지 수요가 더욱 크게 늘어나게 되고 결과적으로 온실가스 배출이 더 늘어날 수밖에 없다는 것이다.

두 번째로는 값이 싼 셰일가스는 에너지 시장에서 단순히 석유나 석탄을 대체하는 데서 끝나는 것이 아니라 태양열과 풍력 같은 재생에너지나 원자력 에너지까지도 대체한다는 것이다. 석유나 석탄을 대체하는 것은 긍정적이지만 재생에너지 개발조차도 더욱 더디게 한다는 것이다. 기존의 천연가스 생산에 드는 비용과 재생에너지 개발에 드는 비용을 고려할 때 2020년쯤에는 재생에너지의 경제성이 기존 천연가스의 경제성을 따라잡을 가능성이 있었는데 값이 싼 셰일가스가 등장하면서 재생에너지에 대한 투자를 포기하게 만든다는 뜻이다. 값싼 에너지가 있는데 굳이 값이 비싸고 효율도 떨어지는 재생에너지를 만들 필요가 없게 된다는 것이다.

세 번째는 셰일가스의 주성분이 메탄CH_4이라는 점이다. 셰일가스를 생산하고 수송하고 분배하는 과정에서 언제든 메탄이 누출될 수 있는데 이게 문제다. 기술이 떨어지는 나라나 기업일수록 누출되는 메탄의 양은 늘어날 수밖에 없다. 특히 메탄의 대기 중 수명과 2100년까지의 지구온난화를 고려할 경우 메탄의 지구온난화 지수Global Warming Potential가 20~80 정도로 큰 것이 문제다. 같은 양이 배출될 경우 메탄이 지구를 뜨겁게 하는 정도가 이산화탄소보다 20~80배나 강력하다는 뜻이다. 결국 셰일가스 소비가 확대되면 확대될수록 지구온난화가 더욱 가속화될 수 있는 이유다. 특히 저렴하게 셰일가스를 뽑아낼 수 있는 기술이 전 세계로 보급되고 너도나도 셰일가스 개발에 나선다면 생산이나 수송, 분배 과정에서 새 나가는 메탄의 양은 더욱 더 무시할 수 없는 양이 될 것으로 연구팀은 보고 있다.

막대한 매장량과 사용의 편리함, 무엇보다도 착한 가격, 셰일가스의 수요는 앞으로 계속해서 급증할 전망이다. 셰일가스는 분명 경제성장과 국지적인 대기오염문제 해결, 에너지 안보에도 큰 도움이 될 전망이다. 하지만 장기적으로 전 지구적인 관점에서 봤을 때 지구온난화에 대한 특별한 정책 없이 셰일가스 개발과 소비를 장려한다면 지구온난화를 누그러뜨리는 것이 아니라 오히려 지구온난화를 가속화시키는 생각지 못한 결과를 초래할 가능성이 높다.

습지 개발이
지구온난화를 재촉한다

물이 흐르다 정체돼 오랫동안 고여 있는 지역으로 다양한 생명체의 생산과 소비가 균형을 이루고 있는 하나의 완벽한 생태계, 바로 습지wetlands다.

'람사르 조약' 제1조에는 "습지는 자연적인 것뿐만 아니라 인공적인 것도 포함하고 영속적인 것이나 일시적인 것, 물이 체류하고 있거나 흐르고 있거나, 담수이건 염수이건 간에 습원이나 소택지, 이탄지, 혹은 하천이나 호수 등의 수역으로 간조 시 수심이 6m를 넘지 않는 해역을 포함한다."라고 매우 광범위하게 습지를 정의하고 있다(자료: 한국습지학회). 이 정의에 따르면 강가나 냇가에 물이 고여 있는 지역뿐 아니라 갯벌이나 인공 저수지, 심지어 염전까지도 습지에 해당된다.

습지는 생물 다양성의 보고일 뿐 아니라 지하수의 수위 조절이나 유지, 생활이나 농업, 공업에 필요한 물 공급, 홍수 조절, 수질 개선, 영양 염류의 축적과 보존, 생태 관광지, 기후 조절까지 역할도 매우 다양하다.

하지만 농지로의 전환이나 도시 개발 같은 인위적인 요인뿐 아니라 가뭄이나 침식, 해수면 상승 같은 자연적인 요인까지 더해져 전 세계 곳곳에서 습지가 빠르게 줄어들고 있다. 1600년대까지만 해도 남한 면적의 9배 정도인 89만km²가 넘었던 미국의 습지는 현재 절반 이하로 줄어든 상태다(자료: US EPA). 우리나라의 습지는 더욱 빠르게 줄어들었다. 지난 1980년대 874.5km²이었던 습지 면적은 2000년대에는 339.0km²로 감소했다. 20년 사이에 습지의 61%가 사라진 것이다(환경부, 2014).

일반적으로 자연 습지는 온실가스인 이산화탄소를 흡수하는 동시에 이산화탄소보다 20배 이상 강력한 온실가스인 메탄을 배출하는 매우 독특한 곳이다. 특히 습지는 자연에서 메탄을 가장 많이 내뿜는 곳이다. 습지 퇴적층처럼 물로 덮여 있어 산소가 부족한 환경에서는 유기물이 분해되면서 메탄이 만들어지기 때문이다.

그렇다면 습지를 농지나 공업용지, 숲 등으로 바꿀 경우 온실가스 배출이나 흡수는 어떻게 달라질까? 습지가 지구온난화에 미치는 영향은 어떻게 달라질까?

자연 습지를 농지나 숲 등으로 바꿀 경우 생태계가 완전히 바뀌는 만큼 그 지역에서 배출되거나 흡수하는 온실가스의 종류와 양은 당연히 달라질 수밖에 없다. 특히 농지나 숲으로 전환했던 습지를 다시 복원할 경우에도 복원된 습지가 온실가스를 흡수하고 배출하는 형태는 그 이전의 자연 습지와는 또 다를 수밖에 없다.

이탈리아와 미국, 핀란드, 독일 등 세계 10여 개국 40명이 넘는 습지 관련 학자들이 인간 활동의 영향으로 줄어들거나 다른 용도로 개발되는 습지가 지구온난화에 어떤 영향을 미치는 지 조사했다. 연구결과를 담은 논문은 미국 국립과학원회보PNAS 국립과학원회보에 실렸다(Petrescu et al, 2015).

연구팀은 습지가 기후변화에 미치는 영향을 살펴보기 위해 북반구 한대지방과 온대지방에 있는 자연 습지와 농지나 숲으로 전환된 습지, 그리고 농지나 숲에서 다시 습지로 복원된 습지 등 모두 29개의 습지에서 흡수하고 배출하는 이산화탄소와 메탄의 양이 어느 정도인지 직접 측정하는 실험을 했다.

실험결과 한대 지방에서 습지를 농지로 전환할 경우 100년 동안 평균적으로 대기는 습지 1제곱미터 당 0.1mJ(밀리줄)씩 열을 더 잡아두는 것으로 나타났다. 습지를 농지로 전환할 경우 평균적으로 메탄 배출량은 줄어들지만 상대적으로 이산화탄소 배출량이 크게 늘어나면서 지구를 더 뜨겁게 한다는 것이다.

온대 지방의 경우도 습지를 농지로 전환할 경우 대기에서는 습지 1제곱미터당 $0.15mJ$씩 열을 더 잡아두는 것으로 나타났다. 특히 습지를 숲으로 바꾸는 경우에도 지구온난화를 가속화 시키는 것으로 나타났다. 평균적으로 봤을 때 습지를 농지나 숲으로 바꿀 경우 지구온난화 측면에서는 좋을 게 전혀 없다는 뜻이다.

습지의 역할은 매우 다양하다. 역할이 다양한 만큼 습지를 어느 측면에서 보고 생각하느냐에 따라 가치는 얼마든지 달라질 수 있다. 개발 여부를 두고 얼마든지 논란이 발생할 수도 있다. 하지만 지구온난화 측면에서 볼 경우 습지를 다른 용도로 바꾸는 것보다는 자연 상태 그대로 두는 것이 지구온난화에 미치는 영향을 최소화 할 수 있는 길이다. 인간이 자연에 끼어들어 이렇게 저렇게 습지를 바꾸는 것이 당장은 득이 되고 좋아 보일 수 있지만 궁극적으로는 지구온난화라는 재앙을 재촉하는 것이다.

석유·가스 폐시추공은
메탄^{CH4}가스의 슈퍼 배출원

최근 100년간 인류 문명과 산업 발전에 가장 크게 기여한 물질은 무엇일까? 여러 가지를 생각할 수 있지만 가장 크게 기여한 물질 가운데 하나는 바로 석유일 것이다. 인류가 석유를 본격적으로 사용한 기간은 100년 정도. 정도의 차이는 있지만 지금은 거의 모든 분야가 석유와 관련이 있다고 해도 과언이 아니다.

그렇다면 인류는 지금까지 석유를 캐내기 위해 얼마나 많은 시추공을 뚫었을까? 세계적으로 시추공이 얼마나 있는 지 정확하게 알 수는 없다. 다만 추정은 가능하다. '해양과 석유 지질학Marine and Petroleum Geology'이라는 학술지에 발표된 논문에 따르면 미국과 캐나다, 브라질, 호주, 폴란드, 네덜란드, 영국, 오스트리아, 바레인 등 9개국 육상에 있는 석유나 가스 시추공은 300만개 정도나 된다(표 참고).

자료: Davies et al., 2014

국가	시추공(개)	국가	시추공(개)
미국	2,581,782	네덜란드	3,231
캐나다	316,439	영국	2,152
브라질	21,301	오스트리아	1,200
호주	9,903	바레인	750
폴란드	7,052		

〈국가별 육상 시추공 수〉

물론 시추공 숫자는 각국에서 공개한 숫자다. 공개되지 않은 것, 100년 전에 시추해서 어디에 시추했는지 기록이 없는 경우, 그리고 사우디아라비아를 비롯한 다른 산유국의 시추공을 모두 포함시킬 경우 세계에 있는 시추공은 이보다 훨씬 많을 것임에 틀림없다. 학계는 현재 석유나 가스를 뽑아 올리지 않는 폐시추공abandoned oil and gas well이 세계적으로 적어도 400만개는 될 것으로 추정하고 있다.

하지만 인류 문명과 산업 발전에 크게 기여했던 시추공이 요즘 큰 걱정거리로 떠오르고 있다. 폐시추공에서 이산화탄소보다 20배 이상 강력한 온실가스인 메탄이 대량으로 배출되고 있기 때문이다. 천연가스의 주성분은 메탄인데 시추가 끝난 뒤에도 남아 있던 천연가스가 시추공을 통해 밖으로 배출되고 있는 것이다. 400만개나 되는 모든 폐시추공을 제대로 관리하기도 쉽지 않았겠지만 지구온난화나 환경에 대한 생각이 부족했던 초창기에는 석유나 가스를 뽑아 올린 뒤 시추공을 제대로 처리하지 않고 방치한 경우도 얼마든지 있을 수 있기 때문이다.

실제로 미국 프린스턴대학 연구팀이 펜실베이니아 지역에 있는 19개의 폐시추공에서 메탄이 어느 정도 배출되는 지 직접 측정했다(Kang et al., 2014).

측정 결과 시추공 입구가 막혀 있든 열려 있든 관계없이 모든 시추공에서 메탄이 배출되고 있는 것으로 나타났다. 또 시추공 입구가 막혀 있어도 열려 있는 경우보다 오히려 메탄이 더 많이 배출되는 경우도 있었다. 특히 19개 시추공 가운데 3개에서는 다른 시추공보다 수천 배나 많은 메탄이 배출되고 있는 것으로 나타났다. 폐시추공 가운데 그동안 미스터리로 남아 있었던 이른바 메탄 슈퍼 배출원이 있는 것이다. 지금까지 대기 중 전체 메탄의 양은 지구상에서 배출하는 메탄의 양보다 많아 인간이 알지 못하는 또 다른 메탄 배출원이 있을 것으로 추정했지만 폐시추공 가운데 슈퍼 배출원이 있다는 사실이 밝혀진 것은 이번 연구가 처음이다.

폐시추공에서 배출되는 메탄의 양은 이 지역 인간 활동으로 인해 배출되는 전체 메탄 양의 4~7%나 되는 것으로 나타났다. 앞으로 지구온난화의 방향에 영향을 미칠 수 있는 결코 무시할 수 없는 양이다. 지금까지는 석유와 셰일가스를 비롯한 천연가스의 생산과 유통, 소비 과정에서 누출되는 메탄을 줄이는 데만 신경을 썼지만 이제는 전 세계에 버려진 폐시추공도 다시 봐야 하는 상황이 된 것이다.

하지만 석유나 가스 생산을 위해 본격적으로 시추공을 뚫기 시작한 지난 19세기 후반부터 지금까지 얼마나 많은 폐시추공이 방치됐는지는 알 수 없다. 기록조차 없는 경우도 많기 때문이다. 연구팀이 메탄 배출량을 측정한 19개 폐시추공 가운데 공식적인 기록이 남아 있던 것은 단 1개에 불과했다. 나머지 시추공은 숲이나 들, 심지어 개인 집 마당에 마치 파이프를 꽂아 놓은 것처럼 방치돼 있었다. 관리는 말할 것도 없고 기록 자체가 없는 것이었다.

100년 이상 인류 문명과 산업 발전에서 중요한 위치를 차지하고 있는 석유와 가스, 생산에서부터 운송과 소비 그리고 폐시추공까지 어느 것 하나라도 제대로 관리하지 못할 경우 온난화 재앙을 재촉할 가능성도 배제할 수 없다.

오존층 파괴, 이제 걱정 안 해도 될까?
새로운 복병이 나타났다

지구 역사상 가장 성공적인 환경 협약을 하나 들라면 주저 없이 몬트리올 의
정서를 드는 경우가 많다. '오존층 파괴 물질에 관한 몬트리올 의정서Montreal
Protocol on Substances that Delete the Ozone Layer'가 채택된 것은 지난 1987년 9월이다.

남극 상공에 생긴 거대한 오존홀ozone hole이 급격하게 커지고 있다는 전 세계
과학계의 문제 제기가 지구촌의 합의를 이끌어 낸 것이다. 1989년 1월 발효된
몬트리올 의정서의 성공적인 수행으로 프레온 가스를 비롯한 오존층 파괴 물
질에 대한 사용 금지와 규제 등으로 파괴되어 가던 오존층은 현재 회복 추세
를 보이고 있다.

자료: NASA

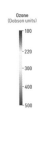

〈2020년 9월 20일 남극 오존홀〉

1년 중 오존홀이 가장 넓어지는 시기인 9월~10월 평균 오존홀 면적을 보면 1979년만 해도 남한 면적과 비슷한 10만 제곱 킬로미터에 불과했던 남극 오존홀은 1984년에서는 1979년의 100배인 1천만 제곱 킬로미터를 넘어섰고, 1992년에는 200배 이상 넓어진 2천만 제곱 킬로미터를 넘어섰다(그림 참고, 자료: NASA). 10년, 20년이라는 길지 않은 시간에 오존이 대대적으로 급격하게 파괴된 결과다. 하지만 1990년대 후반부터는 파괴되는 오존홀 면적 증가 속도가 크게 둔화 됐고 2006년을 정점(2,660만k㎡)으로 감소하는 추세로 돌아섰다. 지구촌이 합의해 큰 성공을 만들어 낸 것이다.

9월 7일~10월 13일 평균, 단위: 백만k㎡, 자료: NASA

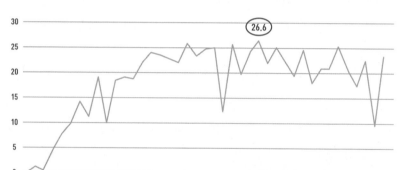

〈연도별 남극 오존홀 면적〉

이제 오존홀에 대해서는 걱정을 안 해도 되는 것일까? 오존홀 면적이 감소 추세로 돌아서면서 사람들의 관심도 오존홀에서 떠나갔다. 이제 정말 오존홀에 대해서는 안심해도 되는 것일까?

우선 오존홀 면적 그림에서 볼 수 있듯이 증가하던 오존홀 면적이 감소 추세로 돌아서기는 했지만, 오존층이 파괴되기 전인 1970년대 수준으로 회복된 것은 결코 아니다. 현재도 오존홀 면적은 남한 면적보다 200배 이상 크다. 2

천만 제곱 킬로미터를 넘고 있다. 1980~90년대 급격하게 증가할 때와는 달리 오존홀이 작아지는 속도는 느리기만 하다. 오존층 파괴 물질 사용을 금지 또는 철저하게 규제하고 있는데 오존층은 왜 이리도 회복이 더디기만 한 것일까?

새로운 복병이 나타났다. 이미 인간이 배출한 오존층 파괴 물질 가운데 대기 중에 수십 년에서 수백 년까지 오래 남아 있는 물질이 있는 것도 문제지만 지금까지 생각하지 못했던 새로운 문제가 등장했다. 지금까지 별 문제가 없을 것으로 생각해 금지나 규제에서 제외했던 물질이다. 대표적인 물질이 디클로로메탄dichloro-methane, 염화메틸렌, CH_2Cl_2이다. 냉매나 물질의 합성을 돕는 용제, 각종 필름을 만들 때, 발포제 등에 널리 사용되지만 대기 중으로 배출돼 성층권으로 올라갈 경우 오존을 파괴할 수 있는 오염물질이다. 하지만 디클로로메탄은 대기 중에 머무는 시간이 6개월 이내로 짧아 성층권까지는 올라가지 못할 것으로 생각하고 규제대상 오존층 파괴물질에 포함시키지 않았었다. 지금까지는 공기 중으로 배출이 되더라도 성층권 오존에는 별다른 영향이 없을 것으로 본 것이다.

그런데 최근 연구결과 전혀 예상하지 못했던 것이 확인됐다. 영국과 독일, 타이완, 말레이시아 공동 연구팀이 동아시아와 동남아시아 지역의 대기 중 디클로로메탄 농도를 측정한 결과 최근 10년 동안 60%나 급증한 것으로 나타났다(Oram et al., 2017). 특히 지표 부근의 농도는 지금까지 보고된 것보다 10배 정도나 농도가 높았고, 성층권 바로 아래인 적도 부근 대류권 상층의 농도도 지금까지 예상했던 것보다 3배나 더 높은 것으로 나타났다.

연구팀은 동아시아 지역에서 지금까지 생각했던 것보다 엄청난 양의 디클로로메탄이 대기 중으로 지속적으로 배출되고 있고, 특히 이 물질이 대륙 고기압 확장 같은 공기 흐름을 따라 매우 빠르게 서태평양 적도 부근 상공으로 이동한다는 사실을 확인했다. 적도 부근 상공은 강한 상승기류로 인해 대류권 오염물질이 성층권으로 올라가는 주요 통로로 알려져 있는 곳이다. 연구팀은 이번 연구 결과가 지금까지 성층권 오존을 전혀 파괴하지 못할 것으로 생각했던 디클로로메탄이 성층권 오존을 파괴하고 있다는 강력한 증거라고 주장한다.

오존층 파괴 물질에 대한 사용 금지와 규제에도 불구하고 오존홀이 당초 기대했던 것만큼 빠른 속도로 회복되고 있지 않는 것은 바로 이 같은 이유 때문이라고 연구팀은 주장한다. 각종 산업 분야에서 별다른 규제 없이 광범위하게 사용되고 있는 디클로로메탄을 규제할 수 있는 지구촌의 새로운 협약이나 이를 대체할 수 있는 물질 개발이 시급하다는 주장이다.

전 세계에서 디클로로메탄을 가장 많이 배출하는 지역은 각종 산업이 빠르게 성장하고 있는 아시아, 특히 중국이다. 중국이 전 세계 배출량의 60%를 차지하고 있는 것으로 연구팀은 보고 있다. 2015년의 경우 중국에서는 71만 5천 톤의 디클로로메탄이 생산됐는데, 이 가운데 64%인 45만 5천 톤은 디클로로메탄이 공기 중으로 거의 그대로 배출될 수 있는 각종 발포제나 페인트 같은 도료 제거용, 각종 용제 등으로 사용한 것으로 연구팀은 추정했다. 중국에 비하면 상대적으로 양은 적지만 우리나라 산업도 디클로로메탄 배출에서 자유롭지 못하다.

지표 근처에 있는 오존은 눈이나 호흡기 질환을 일으키는 오염물질에 불과하다. 하지만 주로 지상 15~30km 고도의 성층권에 모여 있는 오존은 지구 밖에서 들어오는 해로운 자외선을 흡수해 지구 생명체를 안전하게 지키는 보호막 역할을 한다. 인간의 무관심과 근시안적인 생각이나 정책이 지구촌 생명체를 지키는 보호막을 인간 스스로 파괴하고 있는 것은 아닌지 살펴봐야 한다.

기후변화,
수은 섭취량 늘어난다. 이유는?

환경부가 2018년 12월 발표한 '제3기 국민환경보건 기초조사' 결과에 따르면 우리나라 중고생의 혈중 수은 농도는 1.37μg/L, 성인의 혈중 수은 농도는 2.75 μg/L로 나타났다. 성인의 혈중 수은 농도가 청소년에 비해 2배 정도 높은 것 이다(자료: 환경부, 2018).

환경부는 중고생과 성인의 혈중 수은 농도 모두 독일 인체모니터링 위원회 가 독성학적, 역학적 요인을 고려하여 제시한 권고값HBM-1보다 작아 건강에 피 해를 줄 정도는 아니라고 밝혔다. 하지만 우리나라 성인의 혈중 수은 농도는 미국이나 캐나다, 독일의 성인 혈중 수은 농도와 비교하면 2~3배나 높은 상 태다(자료: 질병관리본부, 2018).

지구온난화로 인한 기후변화가 진행될수록 우리 몸에 쌓이는 수은이 늘어 날 수 있다는 연구결과가 나왔다. 미국 하버드대학교를 비롯한 미국과 인도, 캐나다 공동연구팀은 최근 기후변화와 남획overfishing이 인류의 수은 섭취량을 증폭시킬 수 있다는 연구 결과를 발표했다(Schartup et al., 2019).

연구팀은 1970년대부터 2000년대까지 30년이 넘는 동안 미국 동부에 있는 메인만the Gulf of Maine의 생태계 자료와 바닷물과 퇴적물, 각종 어류 등에 축적된 메틸수은 자료를 종합 분석하고 이들 자료를 이용해 생태계 변화와 남획이 생 체 내에 쌓이는 메탈수은 농도에 어떤 영향을 미치는지 평가할 수 있는 모델을 만들었다. 관측 자료와 모델을 이용해 기후변화로 인한 바닷물 온도 상승이나 남획 같은 환경의 변화가 어류의 체내 메틸수은 변화에 어떤 영향을 미치는지 산출한 것이다.

우선 관측 자료를 종합 분석한 결과 바닷물 온도가 올라갈수록 어류의 메틸수은 농도가 크게 높아지는 것으로 나타났다. 2012년부터 2017년 사이 수은 배출은 감소한 반면 메인만에 서식하는 참다랑어bluefin tuna의 메틸수은 농도는 매년 3.5% 이상씩 높아진 것으로 분석됐다. 앞으로도 바닷물이 뜨거워질 경우 어류의 수은 농도가 급격하게 높아질 가능성이 크다는 뜻이다.

실제로 메인만 해역은 지구온난화로 인한 기후변화가 진행되면서 세계에서 수온이 가장 빠르게 올라가고 있는 해역 가운데 하나다. 특히 바닷물의 온도가 2000년도에 비해 1℃ 올라갈 경우 15kg 크기 대구Cod의 메틸수은 농도는 32%나 높아지고 5kg 크기 돔발상어Spiny Dogfish의 메틸수은 농도는 70%나 높아지는 것으로 나타났다.

연구팀은 지구온난화로 인한 기후변화로 바닷물이 뜨거워지면 뜨거워질수록 물고기는 헤엄을 치는데 보다 많은 에너지를 필요로 하게 되고 필요한 에너지 섭취를 위해 보다 많은 먹이를 먹게 돼 결국 체내에 수은이 더 많이 축적되는 것으로 분석했다. 당연히 느리게 헤엄치고 크기가 작은 어류보다 빠르게 헤엄치고 크기가 큰 어류 일수록 에너지를 더 많이 필요로 하는 만큼 먹이도 더 많이 먹게 되고 결과적으로 체내에 수은은 더 많이 쌓이게 된다.

남획으로 인한 먹이의 변화도 어류의 메틸수은 농도에 큰 영향을 미치는 것으로 나타났다. 조사결과에 따르면 1970년대 대구의 메틸수은 농도는 2000년대 대구의 메틸수은 농도보다 6~20%나 낮았다. 반면에 돔발상어의 메틸수은 농도는 1970년대가 2000년대보다 33~66%나 높은 것으로 나타났다.

연구팀은 30년 동안 두 어류의 수은 농도에 큰 변화가 나타난 원인을 먹이가 변한 데서 찾았다. 실제로 1970년에는 남획으로 청어herring가 급격하게 감소했는데 대구는 먹이인 청어가 사라지자 먹이사슬에서 청어 아래에 있는 작은 물고기를 먹이로 삼은 반면 돔발상어는 메틸수은 농도가 높은 오징어 같은 두족류를 먹었다는 것이다. 같은 청어를 먹이로 하던 대구와 돔발상어의 먹이가 바뀌면서 돔발상어의 수은 농도는 높아지고 대구의 수은 농도는 낮아졌다는 것이다.

하지만 2000년대 들어 남획이 사라지면서 청어가 다시 늘어나자 작은 물고기를 먹던 대구는 먹이 사슬에서 위에 있는 청어를 다시 먹게 되면서 수은 농도가 다시 높아졌고 반면에 돔발상어는 오징어 대신 수은 농도가 낮은 청어를 먹으면서 체내에 쌓이는 메틸수은 농도가 낮아졌다는 것이다. 결국 남획 여부에 따라 먹이 사슬이 변하면서 어류의 메틸수은 농도가 크게 변했다는 것이다.

자료: Harvard University

(1) 수온 1℃ 상승 + 수온 배출 20% 감소

대구　　　　　　　돔발상어

메틸수은　　　　　메틸수은
10% 증가　　　　　20% 증가

(2) 수온 1℃ 상승 + 청어 남획

대구　　　　　　　돔발상어

메틸수은　　　　　메틸수은
10% 감소　　　　　70% 증가

〈환경 변화에 따른 대구와 돔발상어의 메틸수은 농도 변화〉

연구팀은 특히 모델을 이용해 바닷물 온도 변화나 수은 배출량 변화, 그리고 남획으로 먹이가 사라질 경우 등 환경 변화에 따라 어류의 수은 농도가 어떻게 변하는지 산출했다.

각 시나리오별 결과를 보면 수온이 1℃ 올라가고 수은 배출이 20% 감소할 경우 대구의 수은 농도는 10% 높아지고 돔발상어의 수은 농도도 20% 높아지는 것으로 나타났다. 또한 수온이 1℃ 올라가고 남획으로 청어가 사라질 경우 대구의 수은 농도는 10% 낮아지는 반면 돔발상어의 수은 농도는 70%나 급증하는 것으로 나타났다. 물론 바닷물 온도가 일정한 상태에서 수은 배출량이 20% 감소하면 어류의 수온 농도는 20% 감소하는 것으로 나타났다(그림 참고).

지구촌 인구 가운데 30억 명 정도는 해산물로부터 일정량의 영양을 섭취하는 것으로 알려져 있다. 특히 우리나라는 해산물을 좋아하는 식습관 때문에 상대적으로 수은에 많이 노출되고 있는 상황이다.

수은은 자연에서도 배출되지만 상당량은 석탄 연소 과정이나 쓰레기 소각, 자동차 매연 등 인간 활동으로 인해서 배출된다. 특히 수은은 형광등과 전지, 농약 등 우리 생활 주변에서 다양하게 사용되고 있다. 일단 배출된 수은은 대부분 해양에 쌓이게 되는데 해양에 가라앉은 수은은 미생물에 의해서 메틸수은 형태로 전환된다.

수은은 생체 내로 들어오면 배출되지 않고 쌓이게 되는데 먹이사슬을 통해 상위 포식자인 대구나 참다랑어, 황새치 등에 집중적으로 쌓이게 되고 주로 이 같은 해산물 섭취를 통해서 인체 내로 들어오게 된다. 특히 기준치 이상의 수은이 몸에 쌓일 경우 신경 계통에 치명적인 피해를 줄 수 있는데 대표적인 질환이 바로 수은 중독으로 나타나는 신경학적 증후군인 '미나마타병'이다.

수은 배출을 줄이고 궁극적으로는 퇴출하자는 국제 협약인 '미나마타' 협약은 2017년 8월 16일 발효됐다. 우리나라는 2014년 9월 24일 협약에 서명을 했고 2020년 2월20일 협약이 발효되었다.

그린벨트 개발하면 바람 약해져
도심 미세먼지 심해진다

"그린벨트 공방, 해제 방침에 반발"

신도시 개발이 있을 때마다 언제나 듣게 되는 얘기다. 한쪽은 특정 목적을 위해 그린벨트를 개발하자는 주장이고 다른 한쪽은 그린벨트 개발은 절대 안 된다는 입장이다. 사전적으로 보면 그린벨트는 도시가 무질서하게 커지는 것을 막고 환경을 보전하기 위해서 설정한 녹지대를 말한다. 그렇다면 그린벨트는 늘 그대로 두어야 하는 것일까? 아니면 특정 목적에 따라 일부를 개발할 수도 있는 것일까?

그린벨트 개발 관련해서는 각 분야별로 다양한 주장이 있다. 당연히 각각의 주장에 나름 논리가 있는 것도 사실이고 개발을 했을 때 여러 문제가 발생할

가능성이 있는 것도 사실이다. 그렇다면 그린벨트 개발이 대기 환경 즉, 도심 대기오염에 구체적으로 어떤 영향을 미칠까?

국립산림과학원이 서울대학교에 의뢰해 작성한 용역 결과 보고서가 있다. 보고서는 2018년 11월 28일 국립산림과학원에 제출한 것으로 되어 있다.

보고서에 따르면 연구팀은 위성 영상과 자동기상관측망AWS 자료를 이용해 도시 안팎에 있는 산림이 대기 순환에 미치는 영향을 파악하고 주요 숲별로 미세먼지 저감 효과를 분석했다. 특히 지역 기후 모형을 이용해 관악산과 북한산 등 서울 주변 지역 숲(도시외곽림)을 개발하거나 파괴할 경우 도심지역의 대기 질이 어떻게 변할 수 있는지 실험했다.

실험 결과 서울 주변의 대표적인 숲인 관악산과 북한산을 개발할 경우 개발 전과 비교해 서울 대부분 지역의 바람이 약해지는 것으로 나타났다. 특히 오후 6시쯤에는 서울뿐 아니라 수도권의 바람이 전반적으로 크게 약해지는 것으로 분석됐다. 또 밤 9시쯤에는 개발 지역으로 가정한 관악산과 북한산 인접 지역의 바람이 초속 평균 1m 이상 약해지는 것으로 나타났다.

도심과 그 주변 지역에서 저녁이나 야간에 산이나 숲에서 도심 쪽으로 바람이 불어오는 것은 열섬현상 때문이다. 상대적으로 온도가 빠르게 떨어진 산이나 숲에서 온도가 높은 도심 쪽으로 바람이 불어오는 것이다. 당연히 숲의 온도와 도심의 온도 차가 클 때 바람이 강해진다. 하지만 도심 주변 숲을 개발해 택지 등으로 바꿀 경우 개발 전과 비교해 숲이 있던 지역과 도심과의 온도 차가 감소하면서 도심 쪽으로 불어오는 신선한 바람이 약해지는 것이다. 특히 저녁과 야간 시간의 바람이 크게 약해질 수 있다는 것을 보고서는 보여주고 있다.

다른 조건이 일정하다고 가정할 때 도심으로 불어오는 바람이 약해진다는 것은 도심 지역의 대기가 정체되고 결과적으로 미세먼지가 더 쌓이게 된다는 것을 의미한다. 현재 도시 주변 지역의 숲이 도시의 미세먼지 농도를 낮추는 역할을 하고 있다는 뜻으로 그린벨트 개발, 관악산이나 북한산 인근 지역의 산림 파괴나 개발이 주로 저녁이나 야간에 풍속을 약화시켜 도심의 대기질을 악화시킬 수 있음을 보여주는 것이다. 아래 그림은 이를 그림으로 표현한 것이다.

물론 이번 용역 결과보고서의 한계는 있다. 도시 주변 숲을 개발한다 하더라도 산 전체를 개발하는 경우는 흔치 않다. 지역기후 모형 시뮬레이션 기간이 2016년 3월 1일부터 31일까지 총 30일로 길지 않은 것도 한계다. 지역 기후 모형 내의 식생 분포가 현실보다 단순한 것도 한계일 수 있다. 특히 그린벨트 가운데 일부만 해제할 경우 도시 전체의 대기질에 미치는 영향은 사실상 크지 않다고 주장할 수도 있다. 이번 용역 보고서가 신도시 개발과 그린벨트 해제 논란에서 어느 한 쪽 편을 들기 위해 수행한 것은 결코 아닐 것이다. 그럼에도 불구하고 신도시 개발이나 그린벨트 해제를 고려할 때는 지금까지의 다양한 주장과 요소뿐 아니라 최근 우리나라 국민의 최고 관심사인 대기질 즉, 미세먼지 농도에 미치는 영향까지도 반드시 고려해야 한다는 것을 이번 보고서는 말해주고 있다.

자료: 국립산림과학원

(A) 숲 개발 전

(B) 숲 개발 후

2010년 4월 아이슬란드 에이야프얄라요쿨 화산이 폭발해
아이슬란드뿐 아니라 영국과 노르웨이 등 북유럽 하늘이 화산재로 뒤덮이면서
수 주 동안이나 항공 대란이 이어졌고 세계 경제에도 큰 피해를 주었다.

아이슬란드가 솟아오른다

급증하는 대형 산불,
그 원인은 잡초?

대형 산불이 급증하고 있다. 미국 유타 대학과 캘리포니아 대학 연구팀이 지난 1984년부터 2011년까지 28년 동안 미국 서부 지역에서 산불 면적이 405헥타르(41㎢, 여의도 면적의 약 14배)를 넘는 대형 산불을 조사한 결과 평균적으로 1년에 7군데씩 늘어나고 있는 것으로 나타났다(Dennison et al, 2014).

단순히 계산하면 10년이면 70곳, 20년이면 140곳이 늘어나고 현재는 1984년보다 200군데 정도에서 대형 산불이 추가로 발생하고 있다는 뜻이다. 산불 피해 면적 또한 급증해 평균적으로 1년에 355km²(여의도 면적의 122배)씩 늘어나고 있는 것으로 조사됐다.

대형 산불이 급증하는 있는 이유는 무엇일까?

우선 생각할 수 있는 것은 기후변화다. 당연한 얘기지만 대형 산불이 증가하는 지역은 지난 28년 동안 날씨가 점점 뜨거워졌고 강수량이 줄어들면서 점점 건조해진 것으로 나타났다. 지구온난화에 의한 기후변화로 가뭄의 정도가 점점 심해진 것이다. 실제로 캘리포니아 지역은 지구온난화로 강수량이 늘어날 것이라는 기후 시뮬레이션 모형model의 예측과는 반대로 강수량이 줄고 있다.

두 번째로 생각할 수 있는 것은 산림이 예전에 비해 불에 취약한 상태 즉, 불에 더 타기 쉬운 상태로 바뀌었느냐 하는 것이다. 예를 들면 산에 있는 나무 종류가 예전에 비해 불에 더 잘 타는 종류가 많아졌는지, 아니면 예전에 비해

불이 더 잘 붙거나 더 잘 타는 잡초가 늘어났는지 하는 것이다.

요즘 미국에서 대형 산불의 원인으로 손가락질을 받고 있는 것은 국내에서도 볼 수 있는 '털빕새귀리Cheatgrass'라는 잡초다. 벼과 식물인 털빕새귀리는 1800년대 미 서부에 정착하는 사람들에 의해 우연히 들어오게 된 외래 침입종invasive species인데 캘리포니아, 네바다, 유타, 아이다호, 와이오밍, 오리건 주에 걸쳐 있는 대분지Great Basin 지역에 서식지가 크게 늘고 있다.

특히 털빕새귀리는 주로 늦가을에서 초봄까지 자라는데 이후에는 말라붙어 있어서 요즘 같은 여름에 작은 불꽃이라도 튀게 되면 바로 불이 붙기 때문에 '산불의 연료'라는 영예롭지 못한 별명을 얻은 잡초다(그림 참고).

자료: Wikipedia

〈네바다 지역을 덮고 있는 털빕새귀리(Cheatgrass)〉

Global Change Biology 저널에 발표된 논문에 따르면 1980년부터 2009년까지 미 서부 대분지 지역에서 발생한 산불 가운데 털빕새귀리가 주로 서식하는 지역에서 발생한 산불이 다른 잡초가 많이 서식하는 지역에서 발생한 산불보다 2배 이상 많았다(Balch et al, 2014).

특히 1990년대에는 털빕새귀리 서식지의 산불 발생률이 다른 토종 잡초 서식지의 산불 발생률보다 4배나 높았다. 털빕새귀리가 다른 잡초에 비해 불이 더 쉽게 붙고 별명 그대로 산불의 연료 역할을 톡톡히 한 것이다. 지구온난화로 인한 사상 유례가 없는 가뭄에 산불의 연료라 불리는 털빕새귀리의 서식지까지 급격히 확대되면서 대형 산불의 형태와 발생 횟수, 강도까지도 크게 바뀌고 있는 것이다.

어떻게 하면 외래 침입종 잡초인 털빕새귀리의 서식지 확대를 막을 수 있을까? 뽑아내고 생태계를 토종으로 복원할 수는 없을까? 기후변화를 이용하면 서식지를 축소시킬 수 있을까?(Bradley et al, 2009). 미국이 생각지도 못했던 잡초와의 전쟁을 하고 있다.

기후변화가
'메가 가뭄Mega Drought' 부른다

"21세기 미국 남서부지역에는 지난 2,000년 동안 나타났던 그 어떤 가뭄보다도 더 긴 '메가 가뭄'이 올 가능성이 있습니다." 미 서부지역이 사상 유례가 없었던 극심한 가뭄에 시달리고 있는 가운데 이른바 '메가 가뭄'이 닥칠 수 있다는 연구결과가 발표됐다.

메가 가뭄Mega Drought은 1~2년 동안의 짧은 가뭄이 아니라 적어도 11년 이상, 수십 년 동안 가뭄이 오래 지속되는 것을 말한다. 연속되는 가뭄의 기간을 기준으로 분류한 것으로 가뭄이 얼마나 극심한지에 대한 기준은 아니다.

미국 코넬대학과 애리조나대학, 미국 지질연구소USGS 공동 연구팀은 나무의 나이테를 통한 역사적인 가뭄 기록과 최신 기후 예측 모형을 이용해 기후변화가 지속될 경우 21세기에 미국 남서부를 비롯한 전 세계에 연속적으로 오랜 기간에 걸쳐 가뭄이 나타날 가능성에 대해 연구했다. 연구 결과는 미국 기후학회지Journal of Climate에 공개됐다(Ault et al., 2014).

연구 결과에 따르면 미국 남서부 지역인 애리조나와 뉴멕시코 주는 2100년까지 11년 이상 가뭄이 지속되는 메가 가뭄이 나타날 가능성이 90% 정도나 됐고 캘리포니아와 네바다 지역은 80% 정도로 나타났다. 이번 세기에 미국 남서부 지역에 35년 이상 가뭄이 지속되는 메가 가뭄이 나타날 가능성도 기후변화 정도에 따라 10%에서 최고 50% 가까이 되는 것으로 나타났다. 특히 기후변화가 서서히 진행될 때보다 기후변화가 빠르게 진행될 경우 메가 가뭄 발생 가능성이 높아지는데 50년 이상 가뭄이 지속되는 사상 최악의 메가 가뭄이 발생할 가능성도 5~10% 정도나 되는 것으로 나타났다. 최악을 가정한 경우지만 결코 무시할 수 없는 가능성이다.

이번 세기에 메가 가뭄 발생이 예상되는 지역은 단지 미국 남서부 지역만이 아니다. 중남미와 동남아시아 지역, 호주, 인도, 중동과 아프리카, 그리고 남부 유럽에 이르기까지 메가 가뭄이 나타날 가능성이 있다. 물론 이들 지역에도 35년 이상 가뭄이 지속되는 메가 가뭄이 나타날 가능성도 10%에서 최고 50% 정도까지 나타나고 있다.

메가 가뭄이 나타날 경우 사람뿐 아니라 많은 동물들이 가뭄 지역에서 살 수 없게 돼 대이동을 해야 하는 상황이 발생할 수 있다. 이동을 하지 못하는 동물이나 식물은 지구상에서 사라질 가능성도 있다. 역사적으로도 메가 가뭄이 왕조의 멸망을 가속화시킨 경우가 한둘이 아니다. 실제로 중국의 원나라나 캄보디아의 크메르 왕국, 볼리비아의 티아우아나코 왕국 등은 멸망 시기와 극심한 가뭄 시기가 겹치면서 가뭄이 멸망을 가속화시킨 것으로 보고 있다(자료: Wikipedia).

메가 가뭄은 분명 엄청난 재앙임에 틀림없다. 하지만 메가 가뭄은 집중호우처럼 한 순간에 오지 않는다. 수십 년에 걸쳐 아주 천천히 오고 서서히 진행된다. 자연은 지금 인간에게 사상 유례가 없었던 메가 가뭄에 대비하고, 적응하고, 영향을 최소화 할 수 있는 대책을 요구하고 있다.

태풍은
늘어날까? **줄어들까?**
강해질까? **약해질까?**

태풍(북서태평양), 허리케인(대서양, 북동태평양, 멕시코 만), 사이클론(인도양), 윌리윌리(호주 부근), 지역에 따라 부르는 이름은 다르지만 모두 다 같은 열대성저기압이다.

전 세계적으로 태풍을 비롯한 열대성저기압은 연평균 90개 정도 발생한다. 북서태평양지역에서는 연평균 25.6개의 태풍이 발생하고 있다.

위성을 이용해 열대성저기압을 관측한 지난 40년 정도의 통계를 보면 전 세계에서 발생하는 열대성저기압 수 자체는 변동이 없다. 최근 급속한 지구온난화에도 불구하고 매년 발생하는 열대성저기압은 평균 90개 정도를 유지하고 있는 것이다. 앞으로 지구온난화가 지속될 경우 열대성저기압은 늘어날까 줄어들까, 또 강해질까 약해질까?

우선 온난화가 지속될 경우 강한 태풍이 늘어난다는 데는 학계의 의견이 상당부분 일치한다.

미국 국립대기과학연구소NCAR가 발표한 논문에 따르면 지금까지는 인간 활동으로 인한 온실가스 증가가 허리케인 발생 수에 영향을 미쳤다는 증거는 없다. 하지만 허리케인의 강도에서는 큰 변화가 나타나고 있는 것으로 확인됐다 (Holland and Bruyere, 2014). 카테고리 4(풍속 58~69m/s)에서 카테고리 5(풍속 69m/s 초과) 등급의 강력한 허리케인은 온난화로 지구 평균기온이 1℃ 상승할 때마다 최고 30% 정도 늘어나는 것으로 나타났다. 중심 부근 최대 풍속이 초속 67미터(150mph) 이상인 태풍을 '슈퍼 태풍'이라고 하는데 최근 들어 슈퍼 태풍의 위력을 가진 허리케인이 늘어나고 있는 것이다.

강력한 열대성저기압이 늘어나는 것과는 대조적으로 카테고리 1~2등급의 약한 열대성저기압은 강한 열대성저기압이 늘어나는 만큼 줄어드는 것으로 나타났다. 전체적으로 열대성저기압 발생 수 자체는 변하지 않는 가운데 강한 것은 더 많아지고 약한 것은 줄어들면서 강도 분포가 달라지고 있는 것이다.

강한 열대성저기압이 늘어나는 추세는 앞으로도 계속될 전망이다. 최근 유럽과 타이완 공동 연구팀의 연구결과에 의하면 21세기에도 강한 열대성저기압은 늘어나고 약한 열대성저기압은 줄어들 것으로 전망됐다(Gleixner et al, 2014).

지난 2005년 발생한 허리케인 카트리나 같은 강력한 열대성저기압 또한 크게 늘어날 것으로 보인다. 덴마크 코펜하겐대학 연구팀은 온난화로 지구 평균 기온이 1℃ 오를 때마다 카트리나와 비슷한 강력한 허리케인이 2~7배나 더 많이 발생할 것으로 예상했다(Grinsted et al, 2013). 특히 온실가스 저감정책을 어느 정도 실현해도 기온이 2℃ 정도 높아질 것으로 예상되는 2100년쯤에는 카트리나와 비슷한 위력을 가진 허리케인이 매년 1개 정도 발생할 것이라는 전망을 내놨다. 2005년 발생한 허리케인 카트리나가 20년에 한번 발생할 정도로 매우 강력한 열대성저기압이었는데 온실가스 저감정책을 쓰더라도 2100년쯤에는 카트리나와 같은 매우 강력한 허리케인이 매년 발생한다는 뜻이다.

그렇다면 온난화가 지속될 경우 열대성저기압의 발생 수는 어떻게 달라질까?

열대성저기압 발생 수가 앞으로 늘어날 것인지 줄어들 것인지에 대해서는 학계가 아직 뚜렷한 결론을 내지 못한 상태다. 때문에 연구팀이나 연구 조건, 가정 등에 따라 상반된 전망을 내놓고 있다.

한 예로 유럽과 타이완 공동 연구팀은 21세기에는 20세기에 비해 열대성저기압 발생 수가 13.6%나 줄어들 것으로 전망했다(Gleixner et al, 2014). 특히 북

반구 지역에서는 열대성저기압 발생 수가 6% 줄어드는 반면에 남반구에서는 22%나 줄어들 것으로 예측했다. 전반적으로 열대성저기압 발생 수가 줄어들 것으로 예상되는 가운데 허리케인 발생지역인 중남미 지역, 그리고 태풍 발생 지역인 북서태평양 일부에서 발생 수가 늘어나는 것으로 되어 있다.

미국 MIT 연구팀은 유럽과 타이완 공동 연구팀의 예측과는 상반된 결과를 내놨다. 21세기에도 지금과 같은 추세로 온난화가 지속될 경우 열대성저기압이 보다 강해질 뿐 아니라 대부분 지역에서 열대성저기압 발생 자체도 늘어날 것이라는 연구 결과를 발표했다(Emanuel, 2013). 연구팀은 전 세계 6개의 기후 예측 모형이 산출한 1950년부터 2100년까지의 기후 예측 자료를 기초로 역학 모형을 이용해 열대성저기압을 다시 만들어내는 방법(dynamic downscaling)을 이용했다. 연구결과 최근 40년 동안 큰 변화를 보이지 않던 전 세계 열대성저기압 발생 수가 2010년대부터는 점차 늘어나기 시작해 2100년에는 연평균 100개 이상, 최고 120개가 넘는 열대성저기압이 발생할 것으로 전망했다. 현재보다 열대성저기압 발생 수가 최고 30% 정도나 늘어나는 것이다.

특히 온난화로 열대성저기압이 가장 크게 늘어나는 지역은 다름 아닌 북서

태평양지역인 것으로 나타났다. MIT 태풍 연구팀은 현재 태풍에 관한 학계에
서는 최고의 권위를 인정받고 있는 팀이다. MIT 연구팀의 연구 결과대로라면
지구온난화가 지속될 경우 한반도에 영향을 미칠 수 있는 태풍은 더욱 강력해
질 뿐 아니라 그 숫자도 크게 늘어날 가능성이 매우 높다는 뜻이 된다.

　기후가 커다란 산맥이라면 태풍과 같은 열대성저기압은 그 산맥 어디엔가 있
는 한 그루 나무에 해당될 정도로 규모에서 서로 다르다. 때문에 기후를 논할
때는 열대성저기압을 배제하는 경우가 많고 하나하나의 열대성저기압을 논할
때는 기후를 중요하게 생각하지 않는 경우가 많다. 그만큼 기후변화에 따른 열
대성저기압의 변화를 규정하기가 쉽지 않은 면이 있다. 열대성저기압이 점점
강해지는 것과는 대조적으로 온난화에도 불구하고 지난 40년 동안 열대성저
기압 발생 수에는 별다른 변화가 없었던 것도 앞으로의 발생 수를 예측하는데
어려움을 더해주고 있다. 온난화로 점점 강해지고 있는 태풍, 하지만 앞으로
발생 수가 어떻게 변할지는 좀 더 시간이 지나야 알 수 있을 전망이다.

여성 이름 허리케인의
피해가 더 큰 이유

'허리케인 카트리나Hurricane Katrina', 지난 2005년 8월 하순에 미국 플로리다 동쪽 대서양에서 발생해 플로리다와 루이지애나, 미시시피 등 미국 남동부를 강타한 초대형 허리케인이다. 가장 강력하게 발달한 시점, 중심 기압은 최고 902헥토파스칼까지 떨어졌고, 중심에서는 초속 73미터의 강풍이 몰아쳤다. 카트리나가 상륙했던 루이지애나는 말 그대로 물바다로 변했다. 인명피해만도 2,500명을 넘어섰다.

Katrina, 카트리나는 한때 큰 인기를 끌었던 여자 이름이다. 순수pure하다는 의미를 갖고 있다고 한다.

허리케인에 본격적으로 이름을 붙이기 시작한 것은 지난 1950년대 초다. 처음에는 여성 이름만 사용했지만 현재는 여성 이름과 남성 이름을 교대로 사용하고 있다(자세한 것은 아래 참고). 허리케인에 본격적으로 이름을 붙인지 70년이 넘었다. 허리케인 이름과 피해 규모와는 어떤 관계가 있을까? 허리케인의 이름을 보고 다가올 위험을 판단하는 사람이 있을까?

미국 일리노이 대학과 애리조나 주립대학 공동연구팀이 1950년부터 2012년까지 63년 동안 미국에 상륙한 94개의 허리케인 이름과 피해 규모와의 상관관계를 조사했다(Jung et al, 2014). 보통의 태풍과 달리 엄청난 피해를 낸 허리케인 카트리나Katrina, 2005와 오드리Audrey, 1957는 제외 했다. 물론 둘 다 여성 이름이다. 유명 영화배우 오드리 헵번Audrey Hepburn이 있지 않은가?

조사결과 평균적으로 여성 이름이 붙은 허리케인의 피해 규모가 남성 이름이 붙은 허리케인의 피해 규모보다 훨씬 큰 것으로 나타났다. 여성과 남성 이름을 교대로 붙이는데 어떻게 이런 일이 일어났을까?

이유는 '고정관념'이다. 이름이나 사물에는 그것이 갖는 고정관념이 있는데 이 고정관념이 피해에 큰 영향을 미쳤다는 것이다. 예를 들어 여성 이름 태풍의 경우 일반인들은 남성 이름이 붙은 태풍에 비해 약하고 위험하지 않을 것으로 판단했다는 것이다. 때문에 여성 이름이 붙은 태풍이 올 때는 그만큼 위험에 대한 대비도 소홀했다는 것이다. 다른 조건이 같다면 대비가 소홀했던 만큼 피해는 커질 수밖에 없다.

연구팀이 실제로 허리케인에 여성 이름과 남성 이름을 붙여 일반인의 생각을 물어본 결과 여성 이름을 가진 허리케인보다 남성 이름을 가진 허리케인이 더 강하고 위험할 것으로 판단하는 것으로 나타났다. 비슷한 이름이라도 허리케인 Alexandra, Christina, Victoria(여성 이름)보다는 허리케인 Alexander, Christopher, Victor(남성 이름)가 더 강하고 위험할 것으로 판단한다는 것이다.

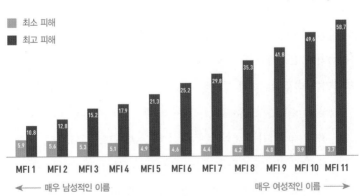

중심 기압: 964.90hPa, 자료: Jung et al, 2014

〈허리케인 이름에 따른 사망자 추정〉

다음 그림은 연구팀이 지금까지 상륙한 허리케인 각각의 이름과 그리고 당시 사망자 수를 기준으로 만든 이름과 사망자 수 사이의 관계를 이용해 허리케인 이름이 사망자 수에 어느 정도 영향을 미칠 수 있는지 추정한 한 사례다. 사망자 추정에서 허리케인의 강도는 중심기압을 964.90헥토파스칼로 고정했다.

그림에서 볼 수 있듯이 허리케인 이름이 남성적인 것에서 여성적인 것으로 바뀔수록 최고로 발생할 수 있는 사망자 수가 급증한다. 같은 위력(중심기압 964.90hPa)을 가진 허리케인이 상륙하더라도 매우 남성적인 이름을 붙이면 사망자가 최고 10명 정도에 불과하지만 매우 여성적인 이름을 붙이면 사망자가 최고 58명까지 늘어날 수 있다는 뜻이다. 허리케인 이름에 따라 피해가 엄청나게 달라질 수 있다는 것이다. 지금까지의 허리케인 이름과 당시 사망자와 관계를 기준으로 추정한 결과인 만큼 실제로 지금까지 이 같은 현상이 나타나고 있다는 것을 의미한다.

태풍이나 허리케인의 이름은 편의상 임의로 붙인 것이다. 하지만 이름이나 사물에는 그 이름과 사물이 갖는 고정관념이 있게 마련이다. 다른 뜻은 전혀 없고 단순히 편의상 붙인 이름이지만 일반인에게 전달될 때는 불행하게도 의도와는 전혀 상관없이 얼마든지 의미가 달라질 수 있다는 뜻이다. 태풍의 이름을 정하고 또 부르면서 일반인에게 정보를 전달하는 정책결정자나 기상캐스터, 언론인, 공공안전에 종사하는 사람들은 단순히 정보만을 전달하는 것이 아니라 일반 사회와 개인이 받아들이는 위험에 대한 인식과 위험에 대한 평가나 판단까지도 고려해야 한다는 뜻이다.

우리나라가 태풍위원회에 제출한 태풍 이름은 '개미', '나리', '장미', '미리내', '노루', '제비', '너구리', '고니', '메기', '독수리' 등 모두 10개다. 태풍이 큰 피해 없이 얌전하게 지나가기를 바라는 뜻에서 대부분 예쁘고 부드러운 이름을 제출했을지 모른다. 하지만 〈태풍 '개미'가 한반도로 북상 한다〉라는 말과 〈태풍 '독수리'가 한반도로 북상 한다〉라는 말을 들을 때 일반인이 느끼는 느낌은 다를 수 있다. 특히 태풍에 대한 자세한 정보를 모르는 상태에서 태풍 이름을 들을 때는 더더욱 느낌이 달라질 수밖에 없을 것이다.

열대성저기압에 이름을 붙인 것은 어제 오늘 일이 아니다. 카리브 해 섬나라에서는 수 백 년 전부터 열대성저기압에 이름을 붙였다. 19세기 말부터는 호주에서도 열대성저기압에 이름을 붙인 것으로 알려지고 있다. 당시 호주 예보관들은 자신들이 싫어하는 정치가의 이름을 붙이기도 했는데, 예를 들어 싫어하는 정치가가 '앤더슨'이라면 '앤더슨'이라는 이름을 붙여놓고 '앤더슨이 태평양에서 헤매고 있다'거나 '앤더슨이 엄청난 재앙을 몰고 올 것으로 예상된다'와 같은 예보를 했다고 한다. 기상학이라는 학문이 처음 시작된 시절 미국에서는 이름 대신 허리케인이 발생한 위치를 나타내는 위도와 경도를 붙이기도 했다. 위도와 경도를 붙이고 나니 부르기도 어렵고 서로 의사소통도 잘 안되고 기억하기조차 어려웠다.

열대성저기압에 여성 이름을 붙이는 방법이 널리 퍼진 것은 제2차 세계대전 때다. 태평양에서 근무하던 미국 군인들이 자신의 부인이나 애인 이름을 붙인 것이다. 당연히 부르기 쉽고 기억하기도 쉽고 전달도 잘 됐다. 1953년 미국 태풍센터National Hurricane Center는 열대성저기압에 여성 이름을 붙이는 이 방법을 채택했다. 하지만 성 평등 문제가 제기되면서 1979년부터는 여성 이름뿐 아니라 절반은 남성 이름을 사용하게 됐고 이후 여성과 남성 이름을 교대로 붙이고 있다. 현재 대서양에서 발생하는 허리케인은 24개로 이뤄진 6개 조 즉 144개 이름을 만들어 놓고 매년 1개조씩 순서대로 이름을 붙이고 있다. 특히 허리케인 피해가 크게 발생할 경우 그 이름은 삭제하고 대신 다른 이름으로 교체해 사용한다.

태풍 이름도 1999년까지는 괌에 있는 미국 태풍합동경보센터JTWC에서 정한 사람 이름을 사용했지만 2000년부터는 태풍위원회 주관으로 아시아-태평양 지역 14개 회원국이 각각 10개씩 제출한 140개의 이름을 28개씩 5개조로 나

뉘 순차적으로 사용하고 있다. 허리케인 이름과 달리 거의 모두 주위에서 쉽게 볼 수 있는 동식물 이름이 많다. 우리나라에서는 '개미', '장미', '노루' 등 10개를 제출했고 북한에서도 '기러기' 등 10개를 제출해 한글 이름이 20개나 된다(자료: 국가태풍센터, National Hurricane Center, Geology.com).

가뭄,
美 서부가 솟아오른다

기후변화로 기록적인 가뭄이 지속될 경우 지각에는 어떤 변화가 나타날까? 최근 극심한 가뭄이 이어진 미국 서부 지역 전체가 솟아오른다는 연구결과가 나왔다.

미국 캘리포니아대학교 샌디에이고UCSD 스크립스 해양연구소Scripps Institution of Oceanography 연구팀은 미 서부 전 지역에 걸쳐 나타나고 있는 가뭄으로 인해 미 서부 지역이 마치 감겨있던 스프링이 풀리는 것처럼 부풀어 오르고 있다는 사실을 발견했다고 밝혔다. 연구 논문은 세계적인 과학저널 사이언스Science에 발표됐다(Borsa et al, 2014).

논문에 따르면 연구팀은 미 서부에 설치돼 있는 770여개 GPS의 높이 변화를 분석했다. 자료를 분석한 기간은 지난 2003년부터 2014년 3월까지 11년이다(그림 참고).

자료: Borsa et al, 2014

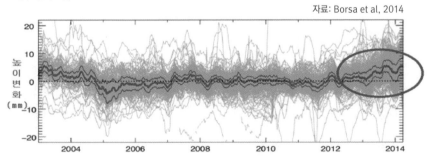

〈GPS의 높이 변화 시계열, 빨간색 굵은 실선은 중앙값〉

그림에서 볼 수 있듯이 GPS의 높이가 시간에 따라 변하는 가운데 맨 오른쪽인 2013년부터 2014에는 지속적으로 높이가 높아지고 있음을 보여준다. 그런데 GPS 높이가 높아지는 현상은 특정지역에만 나타나는 것이 아니라 미 서부 전 지역에서 나타나고 있다(그림 참고).

자료: Borsa et al, 2014

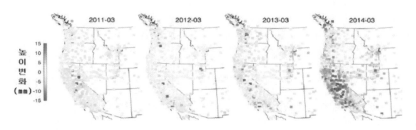

〈지역별 GPS의 높이 변화 분포, 푸른색-하강, 붉은색-상승 의미〉

땅이 솟아 오른 높이는 미 서부지역 평균 4mm, 시에라 네바다Sierra Nevada 산악지역은 최고 15mm나 상승한 것으로 나타났다. 어떻게 미 서부 전 지역의 땅이 솟아오르고 있는 것일까? 연구팀은 일부 특정 지역이 아닌 미 서부 전 지역이 솟아오르고 있는 점을 고려할 경우 화산 활동이나 지각 판의 운동에 의한 것은 아닌 것으로 판단했다. 화산 활동이나 판 운동에 의한 변형은 넓은 지역 전체가 아닌 일부 지역에서 나타날 가능성이 높기 때문이다.

연구팀이 생각한 것은 땅을 누르고 있던 하중의 변화다. 무겁게 누르고 있던 무엇인가가 사라지면서 눌려있던 용수철이 펴지듯이 땅이 부풀어 올랐다는 것이다. 연구팀은 최근 지각 하중의 변화를 일으킨 것은 바로 물이라고 설명하고 있다. 땅에 있는 물은 토양 수분이나 지하수, 강물, 만년설, 빙하, 식물 생체 내 수분 등 다양하다. 그런데 최근 가뭄이 계속되면서 이렇게 물 저장량이 급격하게 떨어지면서 하중이 변해 지각이라는 탄성체의 변형을 유도했다는 것이다.

실제로 최근 미 서부 지역의 부족한 강수량을 분석한 결과 GPS의 높이변화 패턴과 일치하는 것으로 나타났다. 강수량 부족이 심한 지역일수록 GPS 높이 변화가 크게 나타났다. 특히 시에라 네바다 산악지역처럼 15mm나 솟아오른 지역은 평상시 이 지역 전체를 덮고 있던 50cm 높이의 물이 사라진 것으로 연구팀은 보고 있다. 2014년 3월 현재 미 서부지역에서 평년에 비해 부족한 물의 양은 240기가 톤Gt이나 됐다. 미 서부 전 지역을 10cm 높이로 덮을 수 있는 물이 부족한 것이다.

땅이 솟아오른다는 소식에 일부에서는 지진에 대한 걱정이 커지기도 했다. 지진이 발생하는 단층 주변에서 오랜 시간에 걸쳐 하중이 변화하면서 땅이 솟아오를 경우 지진 활동이 활발해질 가능성이 있기 때문이다. 그러나 연구팀은 가뭄으로 인한 하중의 변화는 평상시 지각의 판 운동에 의해 지각에 쌓이는 스트레스에 비해서는 매우 작기 때문에 미 서부에 위치한 샌안드레아스San Andreas 단층에서의 지진 활동에는 별다른 영향이 없을 것으로 예상했다. 하지만 공교롭게도 이 연구 결과가 출판된 뒤 3일 뒤인 2014년 8월 24일 샌안드레아스 단층대인 샌프란시스코 북북동 쪽 50km 지역에서 규모 6.0의 강진이 발생했다(South Napa Earthquake). 논문은 6월 20일 투고해 8월 21일 출판됐다. 기후변화로 인한 기록적인 가뭄이 지진에까지 영향을 준 것일까?

지구온난화,
강력한 엘니뇨·라니냐가 두 배 늘어난다

지난 1997년 봄, 별다른 변동이 없었던 열대 동태평양지역의 해수면 온도SST가 서서히 올라가기 시작했다. 5월부터는 해수면 온도가 평년보다 1℃ 이상 높아지더니 다음해인 1998년 봄까지 바닷물의 이상 고온 현상이 계속됐다. 특히 1997년 12월 초의 열대 동태평양의 해수면온도는 평년보다 최고 4℃ 이상이나 높아졌다(자료: 미국해양대기청, NOAA). 최근 100년 사이에 가장 강력하게 발달한 1997/98년 엘니뇨다.

엘니뇨는 적도 동태평양의 해수면온도가 평년보다 높은 상태가 지속되는 것을 말한다. 기상학적으로 정확하게는 엘니뇨 감시구역인 열대 태평양 Nino 3.4 지역(5°S~5°N, 170°W~120°W)에서 5개월 이동 평균한 해수면온도 편차가 0.4℃이상으로 나타나는 달이 6개월 이상 지속될 때를 엘니뇨라고 한다(자료: 기상청). 엘니뇨는 보통 2~7년에 한번 꼴로 발생한다.

열대 동태평양의 해수면온도가 평상시보다 1~2℃ 올라간다는 것은 열대 동태평양에 평상시와 달리 비정상적으로 엄청난 양의 열에너지가 쌓인다는 것을 의미한다. 바다에 쌓인 열에너지는 곧바로 주변 공기를 뜨겁게 달구고 공기의 이동을 유발해 날씨에 변화를 초래한다. 수온이 1~2℃ 높아지는 게 뭐 그리 대단할까 생각할 수 있겠지만 보통 작은 냄비에 물을 끓일 때 불로 가열하는 것을 생각해 보면 태평양에 있는 엄청난 양의 물의 온도를 1~2℃ 높일 때 얼마나 많은 양의 에너지가 필요할지 미뤄 짐작할 수 있다.

라니냐는 엘니뇨와 정 반대 현상이다. 열대 동태평양의 바닷물이 평상시보다 차가워지면서 해수면온도가 낮은 상태로 지속되는 것을 말한다. 평상시와 달리 비정상적으로 에너지가 줄어드는 현상이다.

문제는 강력한 엘니뇨나 라니냐가 발생하면 전 지구적으로 날씨가 요동을 치게 된다는 것이다. 잔잔한 호수에 커다란 돌을 던지면 돌이 빠진 곳뿐 아니라 호수 전체로 거친 물결이 퍼져나가는 것과 마찬가지로 지구촌 곳곳에서 기상이변이 속출하는 것이다. 열대 동태평양에 평상시와 달리 비정상적으로 열에너지가 늘어나거나(엘니뇨) 줄어들면서(라니냐) 전 지구적으로 기상이변을 불러오는 것이다.

엘니뇨가 발생할 경우 뜨거워진 열대 동태평양의 직접적인 영향을 받는 페루나 에콰도르는 이상고온과 폭우로 몸살을 앓게 되고 미국 남동부 지역은 비가 많이 내리는 경향이 있다. 중국과 동남아 지역은 이상 고온현상이, 인도와 방글라데시는 이상고온에 가뭄이 나타날 가능성이 높아진다. 한국의 경우도 겨울에 이상난동이 나타날 가능성이 커지는 등 전 세계 곳곳에서 기상이변이 발생하게 된다.

실제로 최근 100년 사이에 가장 강하게 발달했던 1997/98년 엘니뇨로 인한 기상이변으로 전 세계에서 2만 2천명이 목숨을 잃었고 약 36조원의 재산피해가 발생했다(Sponberg, 1999). 엘니뇨와 마찬가지로 강력한 라니냐가 발생할 경우 역시 세계 곳곳에서 기록적인 홍수나 가뭄, 이상고온이나 저온 같은 기상이변이 나타날 가능성이 커지게 된다.

지구온난화가 지속될 경우 기상 이변을 몰고 오는 엘니뇨와 라니냐는 어떻게 될까? 지금과 같은 추세로 지구온난화가 지속될 경우 강력한 엘니뇨와 라니냐가 지금보다 2배나 더 많이 발생할 것이라는 연구 결과가 나왔다(Cai et al, 2015; Cai et al.,2014).

　호주와 중국, 미국, 영국, 프랑스, 페루 등 국제공동연구팀은 지난 1891년부터 1990년까지 100년(규준 실험)과 그리고 1991년부터 2090년까지 100년(기후변화 실험)에 대해 기후 예측 모형을 이용해 지구온난화가 지속될 경우 강력한 엘니뇨와 라니냐 발생 수가 어떻게 달라질 것인지 조사했다. 기후변화 실험에서는 2090년까지 온실가스 감축에 대한 별다른 노력 없이 지금처럼 온실가스를 배출하는 시나리오(RCP8.5)를 가정했다. 강력한 엘니뇨와 강력한 라니냐의 기준은 열대 태평양 엘니뇨 감시구역의 강수량을 지금까지의 강수량 분포와 비교할 때 상위 약 5%(강력한 엘니뇨) 또는 하위 약 5%(강력한 라니냐)에 들어가는 경우를 말한다.

　실험결과 온실가스 배출이 현재처럼 계속될 경우 앞으로 100년 동안에는 강력한 엘니뇨가 지난 100년보다 2배 이상 많이 발생할 것으로 전망됐다. 지난 100년 동안 약 20년에 한 번꼴로 강력한 엘니뇨가 발생한 점을 고려하면 앞으로는 10년에 한번 꼴로 매우 강력한 엘니뇨가 발생한다는 뜻이 된다.

　라니냐 또한 급증해 지금처럼 지구온난화가 진행될 경우 지난 100년보다 강력한 라니냐가 1.7배나 증가하는 것으로 전망됐다. 지난 100년 동안 23년에 한번 꼴로 강력한 라니냐가 발생했는데 앞으로는 13년에 한번 꼴로 강력한 라니냐가 발생할 것으로 예상된다는 것이다.

특히 강력한 라니냐의 75%는 강력한 엘니뇨가 발생한 다음에 곧바로 이어서 발생하는 것으로 나타났다. 한해에 극심한 집중호우가 발생한다면 그 다음 해에는 1년 전과는 정 반대로 기록적인 가뭄이 발생할 가능성이 그만큼 높아진다는 것이다. 지금과 같은 추세로 지구온난화가 지속될 경우 기록적인 기상이변이 지금보다 2배나 늘어날 뿐 아니라 마치 널뛰기를 하듯이 극과 극을 오가는 기상이변이 연속적으로 발생할 가능성이 높아진다는 뜻이 된다.

슈퍼 태풍,
얼마나 더 강해질까?

'슈퍼 태풍'은 태풍 중심에서의 최대 풍속이 1분 평균 130노트knots 이상인 경우를 말한다. 괌에 있는 미국 합동태풍경보센터JTWC; Joint Typhoon Warning Center에서 정한 것으로 미터로 환산할 경우 중심 최대 풍속이 초속 약 67m(=시속 241km), 마일로 환산할 경우는 시속 약 150마일 이상인 경우다. 사피르-심슨Saffir-Simpson 허리케인 등급으로는 카테고리 4가운데 강한 것과 카테고리 5에 속하는 허리케인이 슈퍼 태풍에 해당된다.

지난 2005년 8월 하순에 미국 루이지애나, 미시시피, 플로리다를 강타해 2만 5천명의 인명피해를 낸 허리케인 '카트리나Katrina'가 대표적인 슈퍼 태풍이다. 당시 가장 강하게 발달했을 때 중심에서는 1분 평균 초속 73m의 강풍이 불었다.

기상관측사상 가장 강력했던 슈퍼 태풍은 지난 1979년 발생한 태풍 '팁Tip'이다. 1979년 10월 4일 괌 남동쪽인 미크로네시아 폰페이Pohnpei 섬 부근에서 발생해 10월 19일 일본 남부에 상륙한 태풍 팁은 가장 강하게 발달한 시점인 10월 12일 중심기압은 870hPa(헥토파스칼)까지 떨어졌고 특히 중심에서는 1분 평균 초속 85m, 10분 평균으로는 초속 72m(=시속 306km)의 강풍이 몰아쳤다. 지금까지 전 세계에서 관측한 해면기압sea level pressure 가운데 가장 낮았고 바람은 가장 강했다. 크기 또한 엄청나 가장 크게 발달했을 때 직경이 2,200km 정도나 됐다(자료: 기상청, NOAA, Wikipedia).

한반도에 영향을 준 태풍 가운데 바람이 가장 강했던 태풍은 2003년 9월 12일 남해안에 상륙했던 태풍 '매미'로 당시 제주에서는 일 최대 순간풍속이 초속 60m나 됐다(자료: 기상청).

지금까지의 연구결과에 따르면 지구온난화로 기후변화가 지속될 경우 전체적인 태풍 발생 수에는 큰 변화가 없지만 강한 태풍은 더욱더 늘어날 것으로 전망되고 있다. 대신 약한 태풍은 줄어들 전망이다(Laliberte et al, 2015). 그렇다면 기후변화가 지속될 경우 21세기에 얼마나 강력한 슈퍼 태풍이 발생할 수 있을까?

일본 연구팀이 21세기에 얼마나 강력한 슈퍼 태풍이 발생할 것인지에 대한 논문을 학회에 발표했다(Tsuboki et al, 2015). 연구팀은 1979년부터 1993년까지를 현재 기후로 그리고 2074년부터 2087년까지를 21세기 미래 기후로 가정하고 실험을 진행했다. 연구팀은 슈퍼 태풍의 강도를 알아보기 위해 우선 관측자료와 지금까지의 이론, 그리고 수평 격자 간격이 20km인 기후 모형을 이용해 현재 기후와 미래의 기후를 만들었다. 이어 현재와 미래 각각의 실험에서 만들어진 강력한 태풍 상위 30개에 대해서 수평 격자 간격이 2km로 작아진 보다 정밀한 모형을 이용해 기후 상황을 더욱 자세하게 시뮬레이션 하는 방법(downscaling)으로 슈퍼 태풍을 만들어 냈다. 미래 기후는 앞으로도 지구 전체의 경제가 지금까지와 마찬가지로 화석연료 및 재생에너지에 의존해 빠르게 성장하는 경우를 가정했다. 화석연료에 의존하는 만큼 지금처럼 계속해서 온실가스가 배출되는 가정을 적용한 것이다.

실험 결과 각각의 30개 태풍 가운데 현재 기후에서는 3개가 슈퍼 태풍으로 발달한 반면에 미래 기후에서는 12개가 슈퍼 태풍으로 발달하는 것으로 나타났다. 미래 기후에서는 슈퍼 태풍이 지금보다 몇 배 더 늘어날 것이라는 전망이다. 가장 강력하게 발달한 시점에서 미래 슈퍼 태풍 12개의 중심 기압은 평균 883hPa, 중심 최대 풍속은 평균 초속 76m가 될 것으로 전망됐다.

특히 현재 기후에서는 슈퍼 태풍의 중심 기압이 최고 877hPa까지 떨어지는 것으로 나타난 반면 미래 기후에서는 중심 기압이 최고 857hPa까지 떨어질 것으로 전망됐다. 중심에서의 최대 풍속은 현재 기후에서는 초속 77m까지 강해지는 반면 현재와 같은 추세로 기후 변화가 지속될 경우 미래에는 최고 초속 88m의 강풍을 동반한 슈퍼 태풍도 발생할 것으로 전망됐다.

미래의 슈퍼 태풍은 현재의 슈퍼 태풍보다 중심기압은 최고 20hPa이나 더 떨어지고 풍속은 최고 초속 14m나 더 강해지는 것이다. 미래에는 중심에서 초속 90m의 강풍이 몰아치는 슈퍼 태풍도 발생할 것으로 전망했다. 21세기에는 시속 324km의 강풍을 동반한 슈퍼 태풍도 발생할 것이라는 전망이다.

태풍은 인간에게 수자원을 공급해주는 고마운 측면이 있다. 하지만 강력한 슈퍼 태풍이 몰아칠 경우 허리케인 '카트리나'의 경우처럼 수 만 명이 한꺼번에 목숨을 잃을 가능성도 있다. 특히 지구온난화가 진행되면서 태풍이 가장 강력하게 발달하는 위치가 점점 더 고위도 지역으로 이동하고 있다. 슈퍼 태풍이 당장 한반도로 북상하는 것은 아니지만 기후변화가 지속될 경우 한반도에 다가오는 태풍이 점점 더 강해질 가능성이 매우 높다는 뜻이다. 방재나 국토 개발 계획을 세울 경우, 특히 정책결정자는 반드시 기후변화와 슈퍼 태풍에 대한 이해와 대비가 필요하다.

흔히 태풍이라고 부르는 열대성 저기압(Tropical Cyclone)은 발생 지역에 따라 태풍(북서태평양), 허리케인(대서양, 북동태평양, 멕시코 만), 사이클론(인도양, 호부 부근)처럼 이름도 달라진다. 중심 최대 풍속도 미국은 보통 1분 평균 최대 풍속을, 한국과 일본은 10분 평균 최대 풍속을 발표한다.

기후변화 티핑 포인트tipping point,
언제 어떤 현상으로 나타날까?

지구온난화로 극지방이 급격하게 따뜻해지면서 빙하가 빠르게 녹아내리고 대서양의 해류 흐름이 멈춰 선다. 해류가 멈춰 서면서 세계 곳곳에서는 기상이변이 속출한다. 뉴욕은 순식간에 도시 전체가 빙하로 뒤덮이고 대혼란에 빠진다. 영화 투모로우The Day After Tomorrow, 2004의 내용이다. 커다란 바위 위에 한 방울씩 똑똑 떨어지는 물방울, 바위에 비해서는 극히 보잘 것 없는 작은 물방울이지만 물방울이 하나씩 떨어질 때마다 바위에는 미세한 변화가 나타날 수 있다. 그러던 어느 날 물방울 하나가 떨어지는 순간 거대한 바위가 쩍 갈라진다.

티핑 포인트tipping point란 어떤 일이 처음에는 아주 미미하게 진행되다가 어느 순간에 전체적인 균형이 깨지면서 예기치 못한 거대한 일이 한순간에 폭발적으로 일어나는 바로 그 시점을 말한다.

미국 작가 말콤 글래드웰Malcolm Gladwell이 쓴 책 제목으로도 유명하다. 일단 티핑 포인트가 지나면 일을 거꾸로 되돌리기는 쉽지 않다. 기후변화는 서서히 그리고 끊임없이 진행되고 있다. 공기 중으로 배출된 온실가스는 지구 밖으로 나가는 열을 잡아두는 역할을 하는데 지난 133년(1880~2012년) 동안 지구 평균기온은 0.85℃ 상승했다. 단순히 1년 단위로 계산해 본다면 연평균 0.006℃씩 상승한 것이다.

사람들은 느낄 수 없는 작은 변화지만 이 작은 변화가 매년 쌓이면서 무수한 기상이변을 만들어내고 있다. 서서히 진행되고 있는 온난화는 앞으로도 비슷한 속도로 진행을 할 것인가? 혹시 어느 시점에서 돌이킬 수 없는 특별한 사건tipping event이 갑자기 발생하지는 않을까? 기후변화에도 티핑 포인트라는 것이 있을까? 티핑 포인트가 나타난다면 언제쯤 어떤 현상이 나타날 것인가? 학계에서는 기후변화가 지속될 경우 이번 세기 안에 또는 다음 세기에 여러 개의 기후변화 티핑 포인트가 나타날 것으로 보고 있다. 당연히 하나의 티핑 사건은 다른 티핑 사건에 직접 또는 간접적인 영향을 줄 수밖에 없다. 학계에서 보는 주요 기후변화 티핑 사건은 다음 5가지다(Cai et al.,2016).

1. 대서양 해류 순환 붕괴
2. 보다 강력하고 지속적인 엘니뇨 발생
3. 아마존 열대 우림 파괴
4. 서남극 빙상 붕괴
5. 그린란드 빙상 붕괴

대서양 해류 순환의 붕괴는 영화 '투모로우'에서도 나왔듯이 급격한 기후변화를 초래할 가능성이 있다. 대서양 해류는 전 지구적인 거대한 해류 순환인 해양 컨베이어 벨트The Ocean Conveyer Belt와 연결돼 있다. 이 해류는 대서양뿐 아니라 태평양, 인도양 등 전 세계 해양에 걸쳐 흐르고 있는데 표층과 심층으로 열과 염분을 수송하고 대기 중 이산화탄소까지 흡수하는 역할을 한다. 이 거대한 흐름이 붕괴된다는 것은 전 세계적으로 열과 염분 수송에 이변이 나타나고 대기 중 온실가스에도 큰 변화가 나타나면서 세계 곳곳에 기상 이변이 발생한다는 것을 의미한다.

적도 동태평양 바닷물이 비정상적으로 뜨거워지는 엘니뇨는 현재 2~7년에 한번 정도 발생한다. 지난 2015년 겨울 적도 동태평양의 바닷물이 평년보다

2.6℃ 이상 높아진 슈퍼엘니뇨가 발생하면서 지구촌 곳곳에 기상 이변이 속출했다. 어느 순간 지금보다 훨씬 강력한 엘니뇨가 발생해 현재보다 훨씬 더 오랫동안 지속된다면 지구촌에는 어떤 일이 벌어질까? 사상 유례가 없던 기상 이변이 발생하는 것은 아닐까? 학계는 이 또한 기후변화의 티핑 포인트가 될 것으로 보고 있다.

아마존의 열대 우림이 급격하게 파괴되는 것도 문제다. 지구의 허파인 아마존 열대 우림이 파괴될 경우 대기 중 온실가스인 이산화탄소를 흡수하는데 커다란 문제가 생길 수 있다. 뿐만 아니라 아마존 열대우림이 저장하고 있던 이산화탄소가 밖으로 배출되는 것도 문제다. 학계는 현재 아마존 우림과 땅에는 1,500~2,000억 톤의 온실가스가 저장돼 있는데 아마존 열대 우림이 파괴될 경우 적어도 500억 톤이 넘는 온실가스가 대기 중으로 배출될 것으로 보고 있다. 대략 전 세계에서 1년에 배출되는 온실가스의 2배 정도가 짧은 기간에 배출될 수 있다는 뜻이다.

서남극 빙상과 그린란드 빙상이 빠르게 녹아내리는 것도 문제다. 학계에서는 서남극 빙상이 모두 녹아내릴 경우 해수면이 3.3m 정도 상승하고 그린란드 빙상이 모두 녹아내릴 경우 해수면은 7m까지 더 높아질 것으로 보고 있다. 해안가 저지대나 저지대에 있는 도시가 침수되는 것은 물론이다. 특히 빙하가 녹아내리는 동안 시베리아 같은 영구동토까지 같이 녹아 내리는 것 또한 문제다. 영구동토는 단순히 녹아내리는 데서 그치는 것이 아니라 영구동토가 녹아내리는 동안 영구동토에 저장돼 있던 적어도 1,000억 톤 이상의 온실가스가 대기 중으로 배출될 수 있기 때문이다.

특히 걱정되는 것은 여러 기후변화 티핑 사건이 서로 별개가 아니라는 것이다. 서로 영향을 주고받는 것이어서 하나의 티핑 사건은 또 다른 티핑 사건을 부를 수 있다는 것이다. 물론 영화처럼 순식간에 모든 재앙이 한꺼번에 몰려오지는 않겠지만 전이시간轉移時間, transition time을 고려하더라도 지질학적으로 길지 않은 시간에 이번 세기 또는 다음 세기 안에 여러 기후변화 티핑 사건이 발생할 수 있을 것으로 학계는 보고 있다. 인류가 현재의 기후변화를 제대로 관리하지 못할 경우 상상을 초월하는 엄청난 대가를 치러야 한다는 뜻이다. 즉각적인 행동이 필요한 이유다.

영화 투모로우에서 기후학자인 잭 홀 박사는 아들 샘을 구하기 위해 홍수와 폭설, 빙하로 대혼란에 빠진 뉴욕으로 향한다. 여러 차례 죽을 고비를 넘기면서 온갖 재앙을 헤쳐 나간 잭 홀 박사는 끝내 아들을 만나게 된다. 온실가스를 감축하지 못할 경우 기후변화 티핑 포인트가 지난 뒤 대재앙으로부터 인류를 구할 잭 홀 박사를 찾아 나서는 것은 아닌지 모를 일이다.

아이슬란드가
솟아오른다

영국과 노르웨이에서 1천km가까이 떨어져 있는 북대서양의 섬나라 아이슬란드. 국토 면적이 10만 3천㎢로 남한 면적과 비슷하지만 전체 인구는 32만 명 정도로 인구밀도가 매우 낮다. 아이슬란드의 자연적인 특징은 국토의 79%가 빙하나 호수, 용암지대 등으로 구성돼 있다는 점이다(자료: 외교부 아이슬란드 개황).

북대서양의 섬나라 아이슬란드가 솟아오르고 있다. 미국 애리조나대학교와 아이슬란드대학교의 공동 연구팀은 아이슬란드 중앙과 남쪽 지역의 땅이 1년에 최고 35mm씩 빠르게 솟아오르고 있다고 학회에 보고했다(Compton et al., 2015).

아이슬란드 각지에는 67개의 GPS 위치측정 장치가 설치돼 있는데 이 가운데 27개 지점에서 땅이 솟아오르고 있는 것으로 나타났다. 특히 아이슬란드 중부 고원지대가 가장 빠르게 솟아오르는 것으로 나타났다. GPS 위치측정 장치는 1년에 1mm가 변하는 것까지 잡아 낼 수 있을 정도로 정확도가 높다.

아이슬란드 땅이 솟아오르는 가장 큰 원인은 지구온난화로 기온이 올라가면서 높은 산악지대를 덮고 있던 빙모ice cap(산 정상부근이나 고원지대를 덮고 있는 빙하)가 녹아내리고 있기 때문이다. 아이슬란드의 높은 산악지대는 거대한 빙모로 덮여 있는데 무겁게 누르고 있던 빙모가 녹아내리면서 마치 눌려 있던 용수철이 부풀어 오르는 것처럼 땅이 부풀어 오르고 있는 것이다.

연구팀은 현재 아이슬란드 땅이 솟아오르는 것은 과거에 녹아내린 빙모 때문이 아니라 최근 녹아내리는 빙모 때문이라고 분석했다. 지구온난화로 인한 최근의 급격한 기온 상승과 빙모가 녹아내리는 정도, 그리고 땅이 솟아오르는 시점이 놀라울 정도로 일치하기 때문이다.

또한 녹아내리는 거대한 빙모에서 멀어지면 멀어질수록 땅이 솟아오르는 정도도 작아졌기 때문이다. 지각이라는 탄성체가 빙모가 녹아내리면서 발생하는 외부의 하중 변화에 곧바로 반응을 하고 있는 것이다.

북대서양에 있는 크지 않은 섬나라 땅이 조금씩 솟아오르는 것에 왜 그렇게 많은 사람들이 관심을 갖고 있는 것일까?

문제가 단순히 아이슬란드 땅이 조금 솟아오르는 데서 그치지 않기 때문이다. 현재 아이슬란드에는 35개의 활화산이 있고 땅속에는 거대한 용암이 쌓여 있는 것으로 확인되고 있다. 용암분출과 지진도 끊임없이 발생하고 있다.

빙모가 녹아내리면서 솟아오르는 지각이 활화산이나 용암이 들어있는 지각에 스트레스를 줄 경우 언제든지 화산이 폭발할 가능성이 있는 것이다. 연구팀이 우려하는 것이 바로 이 점이다. 실제로 연구팀은 약 1만 2,000년 전 마지막 빙하기가 끝날 무렵 아이슬란드를 덮고 있던 빙하가 녹아내리면서 화산활동이 30배나 증가했던 점을 지적한다.

아이슬란드에서 거대한 화산이 발생할 경우 아이슬란드뿐 아니라 북유럽,

나아가 세계적으로 영향을 미칠 수 있다. 지난 2010년 아이슬란드 에이야프얄라요쿨Eyjafjallajökull 화산이 폭발해 아이슬란드뿐 아니라 영국과 노르웨이 등 북유럽 하늘이 화산재로 뒤덮이면서 수 주 동안이나 항공 대란이 이어졌고 세계 경제에도 큰 피해를 준 적이 있다.

지구온난화가 지속될 경우 아이슬란드뿐 아니라 세계 곳곳의 빙하나 빙모는 녹아내릴 수밖에 없다. 현재 빙하나 빙모가 존재하는 세계 곳곳에서 땅이 솟아오를 가능성이 있는 것이다. 지구온난화가 지구의 판 운동에까지 영향을 미치게 되는 것이다.

물론 지구온난화로 빙하나 빙모가 녹아내리면서 솟아오르는 지각 때문에 다른 지역에서도 화산이나 지진 활동이 크게 활발해진다고 단정하기는 어렵다. 아이슬란드와는 지질학적인 특성이 다를 뿐 아니라 지구의 판 운동으로 지각이 받는 스트레스에 비하면 빙하나 빙모가 녹아내려 지각이 받는 스트레스는 상대적으로 적을 수도 있기 때문이다.

실제로 미국 캘리포니아대학교 샌디에이고(UCSD) 연구팀은 당시 기록적인 가뭄으로 미국 서부 지역이 최고 15mm정도 솟아오른 것으로 관측됐지만 주변에 있는 산 안드레아스San Andreas 단층에 미치는 영향은 크지 않아 지진 활동에는 별다른 영향이 없을 것으로 예상한 바 있다(Borsa et al., 2014).

해양 컨베이어 벨트가 느려지고 있다.
해류 흐름이 멈춰서면?

급격한 지구온난화로 극지방의 빙하가 녹아 내리고 대서양의 해류 흐름이 바뀌면서 지구촌 곳곳에 기상 이변이 몰아친다. 뉴욕도 순식간에 빙하로 뒤덮인다. 지난 2004년 개봉한 재난영화에 나오는 내용이다.

대서양에서 태평양, 인도양에 이르는 전 세계 해양은 거대한 해류의 흐름인 이른바 '해양 컨베이어 벨트The Global Ocean Conveyor Belt(그림 참고)'로 연결되어 있다. 이 해양 컨베이어 벨트는 전 세계 해양 곳곳으로 열과 염분을 수송하고 온실가스

자료: IPCC

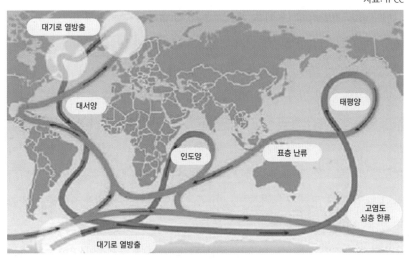

〈해양 컨베이어 벨트〉

인 이산화탄소를 흡수하는 역할도 한다. 열을 수송하고 이산화탄소를 흡수하는 만큼 당연히 지구촌 기후에도 막대한 영향을 미치고 있다.

영화에서처럼 거대한 해류의 흐름이 멈춰 서면 어떤 일이 벌어질까? 실제로 영화 같은 일이 벌어질까?

영국과 미국, 캐나다 공동연구팀이 캐나다 북동쪽 북태평양 해역Labrador Sea의 퇴적층에 쌓인 알갱이를 조사한 결과 북대서양 해류의 흐름이 소빙기가 끝나고 산업화가 시작되는 시점인 1850년대 이후부터 현재까지 약해지고 있는 것으로 나타났다(Thornalley et al., 2018). 해류 흐름이 빠르면 빠를수록 해저 퇴적층에는 상대적으로 굵은 입자가 쌓이는데 1850년대 이후 바닥에 쌓이는 입자의 크기가 급격하게 작아진 것으로 나타났다.

연구팀은 해저 퇴적층의 입자 크기와 그 입자가 쌓인 시기 등을 추적해 시기별로 해류 흐름의 속도를 재구성한 결과 소빙기가 끝난 뒤 지난 150년 동안 북대서양 해류의 흐름이 15~20% 정도 느려진 것으로 나타났다고 밝혔다. 특히 최근의 이 같은 북대서양 해류의 흐름은 지난 400년 이후 1,600년 만에 가장 약한 수준이라고 연구팀은 설명했다.

연구팀은 소빙기 끝난 이후 지속적으로 북대서양 해류 흐름이 느려진 것은 지구온난화로 기온이 상승하면서 극지방과 그린란드의 빙하가 녹아 내린 엄청난 양의 민물이 바다로 흘러 들어갔기 때문인 것으로 분석했다. 빙하가 녹은 물은 염분이 들어 있지 않아 바닷물보다 상대적으로 가벼운데 이 물이 바다로 흘러 들어가면 해양의 표층수가 가벼워져 북대서양 북부에서 바다 깊은 곳으로 가라앉는 해류의 흐름을 막아 해류의 속도를 느리게 한다는 것이다. 결국 지구온난화로 극지방에서 빙하가 녹아 내리면 녹아 내릴수록 민물이 바다로 흘러 들어 해류 흐름이 느려지는 것이다. 지구온난화가 해류의 흐름을 바꿔놓고 있는 것이다.

독일과 스페인, 그리스, 미국 공동연구팀도 기후에 결정적인 영향을 미치는 북대서양 해류AMOC, Atlantic meridional overturning circulation 흐름이 20세기 중반 이후 15% 정도나 약해진 것으로 나타났다는 연구결과를 발표했다(Caesar et al.,2018). 특히 겨울철과 봄철에 해류의 속도가 더욱 느려진다고 연구팀은 설명했다.

해양 컨베이어 벨트 그림에서 볼 수 있듯이 북대서양 해류는 적도 부근 멕시코 만에서 따뜻한 바닷물을 서유럽 부근의 북대서양으로 밀어 올리고 대서양 북쪽 해역에서 차갑게 식어 바다 깊은 곳으로 들어간 뒤 대서양 남쪽으로 흘러 내려오는 해류다. 서유럽 지역이 겨울철에도 상대적으로 날씨가 온화한 것은 바로 이 해류 때문이다.

하지만 북대서양 해류의 속도가 느려지면 적도 부근의 뜨거운 열기가 북쪽으로 올라가지 못해 적도 부근 멕시코 만과 걸프 해류가 흐르는 지역Gulf Stream region은 예년보다 더 뜨거워지고 대신 북극 아래 북대서양 지역subpolar region은 따뜻한 바닷물이 올라오지 않는 만큼 예년보다 더 차가워지게 된다. 연구팀은 이 두 해역의 해수면 온도 관측 자료와 기후모델을 이용해 걸프 해류 해역은 수온이 올라가고 대서양 북부 해역은 수온이 떨어지는 것을 찾아냈다. 북대서양 해류 흐름이 약해지고 있다는 사실을 밝혀낸 것이다.

북대서양 해류 흐름이 약해지면서 유럽에서는 이미 겨울철 한파가 더 강력해지고 여름철에는 폭염이 더욱 강해지는 것으로 학계는 보고 있다. 또 상대적으로 수온이 높아지는 미 동부 해역에서는 해수면이 보다 빠르게 상승하고 사하라 사막에서는 가뭄이 더욱 심해지는 것으로 보고 있다.

점점 약해지고 있는 해류가 아예 멈춰 선다면 어떤 일이 벌어질까? 아니 해양 컨베이어 벨트가 거꾸로 돌게 되면 어떤 현상이 나타날까? 지구온난화가 지속될수록 빙하는 녹아 내리고 북대서양 해류는 더 약해질 것이다. 어느 순간 해류 흐름 자체가 붕괴되는 '티핑 포인트Tipping point'에 도달할지도 모른다. 지구온난화를 막지 못하면 영화 '투모로우'가 아니라 지금까지 전혀 생각하지 못한 기상이변 그 이상이 현실로 다가올지도 모를 일이다.

1880년부터 2012년까지 133년동안 지구온난화로
전 지구 평균 기온이 0.85℃ 상승하면서
기록적인 폭염이 4배 정도나 늘어난 것으로 나타났다.
특히 기록적인 폭염의 75%는 자연적으로 발생한 것이 아니라
지구온난화 때문에 추가로 발생했다는 사실이 밝혀졌다.

펄펄 끓는 지구촌…
세계 최고 기온은 몇 도?

호수가
급격하게 뜨거워진다

러시아 시베리아 남동쪽에 위치한 세계 최대의 민물 호수 바이칼 호, 남미 페루와 볼리비아 사이에 걸쳐 있는 세계에서 가장 높은 곳의 민물 호수 티티카카 호, 미국 북동부에 위치한 오대호 가운데 가장 큰 슈피리어 호, 경기도 포천의 산정호수. 말만 들어도 한번쯤 가보고 싶은 세계 각국의 호수다.

지구상에서 호수가 차지하는 면적은 크지 않다. 하지만 호수는 생물학적인 활동이나 화학 반응이 매우 활발하게 일어나는 곳이다. 기후변화 측면에서도 커다란 호수는 이산화탄소를 흡수할 수 있는 곳인 동시에 강력한 온실가스인 메탄을 배출하는 곳이기도 하다.

지구상에는 호수가 몇 개나 있을까? 또 호수의 크기는 얼마나 될까?

프랑스와 스웨덴, 에스토니아, 미국 등 국제 공동 연구팀이 고해상도 위성자료를 이용해 지구상에 얼마나 많은 호수가 있는지 또 호수가 차지하는 면적은 어느 정도나 되는지 계산했다(Verpoorter et al., 2014). 연구팀은 면적이 적어도 2,000제곱미터 이상인 것을 호수로 잡았다.

위성자료 분석결과 지구상에는 약 1억 1천7백만 개의 크고 작은 호수가 있는 것으로 나타났다. 호수의 면적을 모두 더할 경우 한반도 전체 면적의 23배 정도인 약 5백만 제곱킬로미터로 빙하로 덮여 있지 않은 지구 표면의 3.7%를 차지하고 있는 것으로 나타났다.

문제는 온난화로 지구가 점점 뜨거워지면서 호수 물이 급격하게 뜨거워지고 있다는 것이다. 미국 일리노이 주립대학교를 비롯한 국제 공동 연구팀이 전 세계를 대표하는 대형 호수 235개의 수온이 어떻게 변하고 있는지 위성에서 관측한 자료뿐 아니라 호수에서 직접 관측한 자료를 발표했다(O'Reilly et al., 2015).

연구팀은 235개 호수에 대해 적어도 1985년부터 2009년까지 25년 동안 수온을 관측해왔다. 이들 235개 호수에 들어 있는 물의 양은 지구상에 있는 전체 민물의 절반을 넘을 정도로 큰 호수들이다. 조사 결과 호수 물의 온도는 평균적으로 10년에 0.34℃씩, 고위도 지역에서는 10년에 0.72℃씩 급격하게 상승하고 있는 것으로 나타났다. 지난 1880년부터 2012년까지 132년 동안 지구 평균기온이 0.85℃ 상승한 것과 비교하면 호수가 뜨거워지는 속도는 가히 폭발적이라고 할 수 있다.

호수 물의 온도가 올라가면 식물성 플랑크인 녹조류가 급격하게 늘어날 가능성이 있다. 연구팀은 지구 온난화가 지속될 경우 다음 세기에는 수온 상승으로 인해 지금보다 녹조가 20%는 늘어날 것으로 보고 있다. 녹조가 늘어나면 늘어날수록 물속에 있는 산소량이 줄어들고 물속으로 들어가는 햇빛이 차단돼 물고기를 비롯한 수중 생태계가 위험할 수 있다. 수중 생물에 해로운 독소를 뿜어내는 조류도 5% 정도 증가할 것으로 연구팀은 보고 있다.

문제는 여기서 끝나지 않는다. 호수 생태계에 문제가 생겨 생물체의 사체가 더 많이 가라앉게 되면 부패되면서 이산화탄소보다 20배 이상 강력한 온실가스인 메탄을 더 많이 배출하게 된다는 점이다. 연구팀은 지금처럼 지구 온난화가 지속될 경우 향후 10년동안 호수에서 발생하는 메탄이 4%정도 증가될 것으로 보고 있다. 결국 지구 온난화로 호수 물이 뜨거워지고 뜨거워진 물은 강력한 온실가스인 메탄 배출을 늘려 또다시 지구 온난화를 가속시키는 악순환에 빠질 가능성이 있는 것이다.

사람은 살아가는 동안 호수에서 먹을 물을 얻고, 호수 물로 농사를 짓고, 물건을 만들 때도 호수 물을 사용하기도 한다. 호수에서 먹거리를 구하는 사람도 있다. 호수가 주변 생태계와 생물의 다양성, 인간의 삶을 지탱하는 가장 중요한 요소 가운데 하나인 것이다. 하지만 호수 물의 온도가 급격하게 올라가면 올라갈수록 증발하는 물의 양은 늘어나게 된다. 물에 대한 수요는 점점 늘어나고 있는 데 인간이 사용할 수 있는 물의 양은 계속해서 줄어드는 것이다.

지구 기온이 점점 올라가면서 바다나 육지보다도 더욱 빠른 속도로 뜨거워지고 있는 호수, 인류의 물 안보Water Security를 위협하는 새로운 요소로 다가오고 있다.

지구온난화를 막기 위해
하얀 바다를 만들어라?

대형 거울이 달린 우주선을 띄워라. 성층권에는 연무제aerosol를 뿌려라. 구름을 더욱 하얗게 만들어라. 하얀 바다를 만들어라. 지구온난화가 급격하게 진행되면서 기후공학Climate Engineering, Geoengineering 분야에서 나오고 있는 지구온난화 해결방안이다.

우주 공간에 설치하는 대형 거울space mirror은 지구로 들어오는 햇빛을 반사시켜 지구 기온을 낮추는 역할을 할 수 있다. 성층권에 뿌리는 연무제는 화산가스나 화산재가 성층권까지 올라가 태양빛을 차단하는 것처럼 성층권에서 태양빛을 차단해 지상에 도달하는 태양에너지를 줄이는 역할을 할 수 있다.

구름에 응결핵 역할을 하는 아주 작은 입자를 뿌릴 경우 구름 입자가 더 많이 만들어지면서 구름이 지금보다 더욱더 하얗게 변하게 되는데 이렇게 되면 햇빛을 지금보다 더 많이 반사시킬 수 있게 된다. 지금까지 연구가 많이 진행된 부분은 바다에 떠 있는 층적운에 작은 소금물방울을 뿌린다는 구상이다. 특히 바다에 하얀 알갱이나 하얀색의 작은 거품을 뿌려 마치 눈으로 덮인 것처럼 바다를 하얗게 만들 경우 지금과 같은 검푸른 바다에 비해 흡수하는 태양에너지를 크게 줄일 수 있다. 모두가 지구온난화로 인해 뜨거워지는 지구를 식히는 방안이다.

하지만 과연 이런 방법들이 기술적으로 가능한 것이고 경제적인 것일까? 온난화로 뜨거워지는 지구를 과연 원하는 만큼 식힐 수는 있는 것일까? 또한 자연을 인공적으로 조절하는 것이 생각하지도 못한 또 다른 재앙을 초래할 가능성은 없는 것일까?

일단 기후 공학에서 제안하는 지구온난화 해결 방안들이 기술적으로 완전히 불가능한 것만은 아니다. 이미 기술적인 검토를 마친 방안도 있다. 뜨거워지는 지구를 어느 정도 식힐 수 있는 것도 사실이다. 경제적으로도 가능성이 있다는 주장도 나오고 있다.

대표적인 예로 미국 애리조나대학교 연구팀이 미국 항공우주국NASA의 지원을 받아 실시한 연구에 따르면 지구에서 150만km 떨어진 지구와 태양 사이의 우주 공간에 태양 빛을 반사시키는 거대한 거울을 설치할 경우 지구에 들어오는 태양에너지를 1.8% 줄일 수 있다는 결과를 내놓기도 했다.

지구온난화로 뜨거워지는 지구를 식히는 데 큰 도움이 될 수 있는 양이다. 특히 이 우주거울은 25년 정도면 설치가 가능하고 비용도 전 세계 국내총생산 GDP의 0.5% 이하로 가능하다는 계산을 내놨다(Angel, 2006). 이 밖에도 해양 층적운에 작은 소금물방울을 뿌리는 방법과 바다를 비롯해 지표가 햇빛을 많이 반사시킬 수 있도록 바꿀 경우 실제로 지구를 식히는 정도가 어느 정도인지 또 전 지구적인 강수량과 극지방 해빙, 해양 순한 등에 미치는 영향이 어느 정도나 되는지에 대한 연구 결과도 잇따라 발표되고 있다(Latham et al., 2012; Caldeira and Wood, 2008; Tilmes et al., 2013).

또한 지표면이 태양 빛을 보다 많이 반사시킬 수 있도록 바꾸는 방법 즉, 알베도albedo를 바꿔 지구온난화를 해결하자는 주장에 대한 평가가 학회에 발표됐다(Cvijanovic et al, 2015).

미국 스탠포드대학교와 캘리포니아 공과대학교Caltech, 로렌스 리버모아 국립연구소LLNL 공동연구팀은 온실가스 급증으로 지구온난화가 지속되는 가운데 북극 주변 바다에 하얀 알갱이나 거품을 뿌려 알베도를 바꿀 경우 실제로 어떤 결과가 나타나는지 실험했다.

실험에서 연구팀은 북극 주변 바다의 알베도를 0.9로 가정했다. 알베도가 0.9라는 것은 들어오는 태양 빛의 10%만 흡수하고 90%는 반사한다는 뜻으로 해빙에 눈이 쌓여 있을 경우 나타나는 알베도에 버금가는 수준이다. 기후 공학적인 방법으로 검푸른 바다를 해빙에 눈이 쌓인 것과 비슷한 하얀 바다로 바꾸는 경우를 가정한 것이다.

북극 주변 바다의 알베도를 바꾸는 연구가 큰 주목을 받는 것은 북극 지역이 다른 지역에 비해 지구온난화가 급격하게 진행될 뿐 아니라 온난화로 해빙이 빠르게 녹아내리면서 북극한파를 비롯해 한반도나 북미지역 같은 중위도 지역의 날씨와 기후에 큰 영향을 미치기 때문이다.

특히 북극 주변의 기온이 크게 올라갈 경우 영구동토까지 빠르게 녹아내려 영구동토에 갇혀 있던 강력한 온실가스인 메탄이 대기 중으로 대량 방출될 가능성이 있기 때문이다.

연구결과 극지방 바다를 하얀 바다로 바꿀 경우 흡수하는 태양 에너지가 줄어들면서 빠르게 녹아내리던 북극 해빙을 상당부분 원상태로 회복시킬 수 있는 것으로 나타났다.

지구온난화가 지속될 경우 금세기 중반에는 여름철에 북극 해빙이 모두 사라질 가능성이 있지만 기후 공학적으로 하얀 바다를 만들 경우 해빙을 상당부분 유지할 수 있다는 뜻이다. 해빙이 남아 있는 만큼 북극 주변의 생태계 또한 현재와 비슷하게 유지될 가능성이 있다는 뜻이 된다.

하지만 하얀 바다가 북극 주변 영구동토에 미치는 영향은 당초 기대만큼 대단하지는 않은 것으로 나타났다. 바다를 하얗게 만드는 것만으로는 온난화로 영구동토가 녹아내리면서 방출되는 메탄가스를 막을 수 없다는 뜻이다. 또 북극 바다를 하얗게 만들 경우 미국을 비롯한 중위도 지역의 기후가 변하는 것으로 나타났다. 하얀 바다가 주변 생태계에 어떤 영향을 미칠 것인지는 아직 제대로 연구조차 되지 않은 상태다.

학자들이 할 일 없으니까 별 일 다 하고 있다고 생각할 수도 있다. 하지만 지구온난화 해결에 기후공학적인 방안이 거론되는 것은 지구온난화 문제가 그만큼 인류와 지구 생태계에 미치는 영향이 크다는 반증이기도 하다.

지구온난화의 주범은 인간 활동으로 배출되는 온실가스인 만큼 지구온난화를 근본적으로 해결하는 방법 또한 온실가스 배출을 줄이는 방법이다. 기후공학적인 접근은 근본적인 해결 방법이라기보다는 일종의 대증 요법이다.

초대형 반사용 거울을 단 우주선이 하늘을 가리고 성층권에는 인공 연무제를 살포하고 바다에서는 구름에 작은 소금물방울을 뿌리는 배나 비행기가 돌아다니고 검푸른 바다는 하얀 바다로 변한 세상, 기후공학적인 접근은 기본적으로 온실가스 감축을 비롯한 현재 시행하고 있는 지구온난화 억제 방안으로는 뜨거워지는 지구를 제대로 식히기 어렵고 특히 온난화를 해결하지 않으면 안 되는 위기 상황을 바탕에 깔고 있지만 온난화를 누그러뜨리지 못해 결국 기후공학적인 방법으로 온난화를 해결하려 하는 것이 과연 인류가 원하는 세상을 만들어가는 것인지는 깊이 생각해 볼 필요가 있다.

지구온난화 때문에
북대서양 해류가 느려졌다

영국은 우리나라보다 위도가 10도~20도나 북쪽인 북위 50도에서 60도 사이
에 위치하고 있다. 시베리아와 비슷한 위도다. 하지만 겨울철 날씨는 시베리아
보다 심지어 우리나라보다도 춥지 않다. 여름철 또한 우리나라만큼 덥지 않다.
비는 연중 내리지만 우리나라와 달리 가을에서 겨울에 걸쳐 많이 내리고 봄에
서 여름 사이는 상대적으로 비가 적다.

영국을 비롯한 서부 유럽에 이 같은 날씨가 나타나는 것은 이른바 서안해
양성기후 때문이다. 서안해양성기후는 우리나라처럼 대륙의 동쪽에 위치하는
것이 아니라 대륙의 서쪽에 위치하고 편서풍이 부는 지역에서 나타난다. 특히
무엇보다도 1년 내내 대서양에서 흘러오는 따뜻한 바닷물인 북대서양 해류가
있기 때문이다.

북대서양 해류는 아열대 지역인 멕시코 만에서 출발해 미국 동부 해역을 통
과해 올라가는 걸프 해류(멕시코만류)가 대서양을 건너 북서쪽인 유럽 쪽으로 이
어지는 해류를 말한다. 아열대 지역에서 올라오는 해류인 만큼 따뜻한 것이 특
징이다. 때문에 이 해류의 영향을 받는 북위 60도 지역의 서부 유럽까지도 겨
울철에 온화한 날씨가 나타난다.

북대서양 해류의 흐름에 변화가 나타나면 어떤 일이 벌어질까? 혹시 영화 '
투모로우The Day After Tomorrow, 2004'에서와 같은 빙하기가 오는 것은 아닐까?

독일과 덴마크, 미국, 스페인 공동연구팀이 북대서양 해류 흐름의 변화를 추정하기 위해 위성 관측 자료를 바탕으로 20세기 북대서양의 해수면 온도가 어떻게 달라졌는지 분석했다(Rahmstorf et al., 2015). 분석결과 북대서양 해류가 흐르는 해역의 수온이 크게 떨어지고 있는 것으로 나타났다. 특히 1970년대부터 수온 하락 폭이 더욱 뚜렷하게 나타났다. 20세기 들어 따뜻한 북대서양 해류가 점점 적게 올라오고 있다는 것이다. 특히 최근 들어 해류 흐름의 속도가 크게 느려졌다는 뜻이다.

20세기 들어 북대서양 해류가 혼란에 빠진 이유는 무엇일까? 연구팀은 지구온난화로 그린란드 빙하가 빠르게 녹아내리고 있다는데서 그 답을 찾았다. 북대서양에서는 바닷물의 밀도 차에 의해 거대한 해류의 흐름이 만들어지는데 최근 들어 녹아내린 그린란드 빙하의 막대한 양의 물이 바다로 흘러들어오면서 바닷물의 밀도가 달라졌다는 것이다. 빙하가 녹은 물은 소금 성분이 들어있지 않아 바닷물에 비해 상대적으로 가벼운데 밀도가 작은 물이 바다로 흘

러들어오면서 바닷물의 밀도 차가 줄어들어 북대서양 해류의 흐름이 전체적으로 느려졌다는 것이다.

영국과 미국 공동 연구팀은 북대서양 해류의 흐름을 직접 측정해 해류의 흐름이 실제로 느려지고 있다는 것을 확인했다(Smeed et al., 2014). 2004년부터 2012년까지 북대서양 해류가 열을 가장 많이 수송하는 해역인 북위 26도에서 해류의 흐름을 측정한 결과 해류 흐름이 지금까지의 예상보다 더욱 크게 느려지고 있는 것을 확인했다. 특히 해류 흐름이 느려지면서 영국의 겨울철 날씨가 변하고 있다는 것을 확인했다.

실제로 지난 2010년 겨울(2010년 12월~2011년 2월) 영국에는 혹독한 한파가 나타났는데 이 한파는 2009-10년에 걸쳐 북대서양 해류의 흐름이 크게 느려지면서 즉, 흘러오는 따뜻한 해류가 크게 줄어들면서 발생했다는 것이다.

하지만 연구팀은 영화 '투모로우'에서처럼 느려지는 북대서양 해류의 흐름이 빙하기를 몰고 올 것으로는 생각하지 않고 있다. 현재까지의 연구 결과를 종합할 때 느려지는 북대서양 해류의 흐름이 온난화로 올라가고 있는 기온을 조금 낮출 수는 있어도 온난화의 흐름을 거꾸로 돌릴 정도는 아닌 것으로 보고 있다.

연구팀은 그러나 앞으로 지구온난화가 가파르게 진행되면서 그린란드의 빙하가 계속해서 녹아내리고 북대서양 해류의 흐름이 더욱 크게 약해지지는 않을까 우려하고 있다. 북대서양 해류의 흐름이 더욱 크게 느려질 경우 단순히 서부 유럽의 기후만 변하는 것이 아니라 북대서양 해양 생태계의 변화, 해수면 높이의 변화, 나아가 전 세계 기후변화까지 몰고 올 가능성을 배제할 수 없기 때문이다.

지구온난화와 녹아내리는 그린란드 빙하, 느려지는 북대서양 해류의 흐름, 해수면 상승과 해양 생태계의 변화, 그리고 기후변화까지, 이 모든 것의 출발점에는 인간이 활동하면서 배출하는 온실가스가 자리하고 있다.

평균 2℃의 함정

100점 만점에 평균 90점. 여러 과목 시험을 봤는데 평균이 90점이라면 우수하다는 생각이 먼저 들 것이다. 하지만 평균 90점에는 여러 가지 경우가 있을 수 있다. 모든 과목이 90점일 수도 있고 극단적인 경우는 특정 과목이 '0'점인 경우도 얼마든지 있을 수 있다.

많은 양의 자료를 다룰 때 그 자료의 특성을 하나로 표시하면 편리한 경우가 많다. 이때 사용하는 대표적인 것이 바로 평균이다. 하지만 구성하는 수치 하나하나의 차이가 크면 클수록 평균은 자료의 특성을 제대로 나타내지 못할 가능성이 크다. 평균의 함정이다.

2015년 12월 파리 유엔 기후변화협약 당사국 총회에 참가한 195개국은 2100년까지 지구 평균기온 상승폭을 산업화 이전과 비교해 2℃보다 '훨씬 작게' 제한한다는데 합의했다. 특히 상승폭을 1.5℃로 제한하기 위해 노력한다는 부분도 있다. 이른바 '파리 기후협정'이다.

온난화로 인한 지구 평균기온 상승폭을 2℃로 제한하고자 하는 것은 지구 평균기온이 2℃이상 상승할 경우 각종 기상재해가 급격하게 늘어날 뿐 아니라 온난화가 비가역적으로 걷잡을 수 없이 진행될 수 있다는 가능성에 대한 우려가 있기 때문이다. 2℃가 온난화 억제의 목표치인 것이다.

지구 평균기온 상승폭 2℃는 육지와 바다, 적도와 극지방 등 지구 전 지역의 평균을 말한다. 하지만 전 지구 평균기온 상승폭과 각 지역의 기온 상승폭은 크게 다를 수 있다.

단적인 예로 지난 133년(1880~2012) 동안 지구 평균기온은 0.85℃ 상승했지만 한반도 지역은 기온이 급격하게 높아져 서울의 경우 1908~2007년까지 100년 동안 2.4℃나 상승했다(자료: IPCC, 기상청). 지구온난화에 도시화 영향까지 겹치면서 서울이 전 지구 평균보다 3배 가까이 빠르게 뜨거워진 것이다.

캐나다 연구팀이 앞으로 온실가스가 지속적으로 배출될 경우 전 세계 각 지역별로 기온이 얼마나 올라갈 것인지 연구했다(Leduc et al., 2016). 전 지구 평균만 보는 것이 아니라 각각의 국가와 사람들이 실제 피부로 느끼는 온난화 영향을 보고자 한 것이다.

연구팀은 세계를 21개 지역으로 나누고 12개의 지구 시스템 모형을 이용해 온실가스 증가에 따른 각 지역별 기온 상승폭을 산출했다. 온실가스CO_2는 산업화와 함께 배출되기 시작해 현재까지는 실제 배출량을 그리고 앞으로는 현재 추세대로 계속해서 배출되는 것을 가정해 전 세계 누적 배출량이 총 1조 톤에 이르는 시점을 기준으로 각 지역별 기온 상승폭을 계산했다.

2014년 화석연료 연소 등으로 배출된 온실가스의 양이 전 세계적으로 약 100억 톤(자료: Global Carbon Project), 산업화 이후 지금까지 배출된 온실가스가 6,000억 톤 정도인 점을 고려하면 온실가스 배출 총량이 1조 톤이 되는 날이 먼 훗날의 얘기는 아니다. 지금과 같은 추세로 온실가스를 배출할 경우 30~40년 뒤에는 인간 활동으로 인해 배출되는 온실가스 총량이 1조 톤에 이른다.

연구결과 인류가 배출한 온실가스의 총량이 총 1조 톤이 되는 30~40년 뒤에는 전 지구 평균기온이 산업화 이전보다 1.7℃ 상승할 것으로 예측됐다. 그러나 전 지구 평균기온이 기온 상승 제한 목표치인 2℃를 넘지 않는다고 안심할 수 있는 것은 결코 아니다. 전 지구의 평균기온 상승폭이 1.7℃이지만 지역별 기온 상승폭은 천차만별이기 때문이다.

지구온난화로 기온이 가장 급격하게 상승하는 지역은 북극과 그 주변지역이었다. 알래스카의 경우 배출한 온실가스의 총량이 1조 톤이 될 경우 평균기온은 3.6℃나 상승하는 것으로 나타났다. 북극 주변의 온난화 진행속도가 전 지구 평균보다 2배 이상 빠른 것이다. 그린란드와 캐나다 북부, 북극해에 접한 아시아 북쪽지역은 3.1℃ 올라갈 것으로 예측됐다.

반면에 적도와 그 주변지역은 온난화가 상대적으로 느리게 진행되는 것으로 나타났다. 위도가 낮은 동남아시아 지역은 1.5℃ 상승에 그칠 것으로 예상됐고, 아프리카 남부는 1.7℃, 호주와 미국 중부는 1.8℃, 서부 아프리카는 1.9℃ 상승할 것으로 예상됐다. 한반도가 속해 있는 동아시아 지역은 2.2℃ 상승할 것으로 예측됐다. 전 지구 평균 기온 상승폭은 1.7℃지만 동아시아 지역은 북극 주변과 마찬가지로 인류가 목표로 하고 있는 2℃를 일찌감치 넘어선다는 것이다.

해양과 육지의 기온 상승폭에도 큰 차이가 났다. 온실가스 누적 배출량이 총 1조 톤에 이를 경우 해양의 평균기온은 1.4℃도 상승할 것으로 예측됐다. 하지만 육지는 2.2℃나 상승할 것으로 전망됐다. 전반적으로 남반구보다는 북반구, 바다보다는 육지, 저위도 적도 부근보다는 고위도 극 주변지역과 고위도의 영향을 직접 받을 수 있는 한반도와 같은 중위도 지역이 다른 지역보다 빠르게 온난화가 진행되는 것이다.

국지적으로 기온이 올라가게 되면 그 지역의 날씨나 기후 또한 변화가 생길 수 밖에 없다. 온난화가 빠르게 진행되고 있는 지역은 국지적으로 기후변화의 재앙 또한 평균보다 강하게 그리고 자주 나타날 가능성이 높은 것이다.

전 세계 곳곳에 나타나고 있는 기상이변의 근본적인 원인은 지구온난화다. 특히 급격하게 진행되고 있는 북극의 온난화가 가장 큰 원인이다. 북극과 그 주변지역의 평균기온은 산업화 이전 대비 이미 2℃ 정도나 올라갔다. 전 세계 평균기온의 상승폭보다 2배 이상 큰 것이다.

세계화시대에 지구 전체를 보는 것도 중요하지만 국지적으로 급격하게 진행되고 있는 온난화를 별도로 봐야만 국지적인 기후변화에 적응할 수 있고 극단적인 재앙에 대비할 수 있다. 지구 전체적인 평균만 보고 있다가는 함정에 빠질 가능성이 크다.

글로벌 워밍Global Warming이 아니라
글로벌 위어딩Global Weirding이 온다

흔히 기록적인 폭염이나 집중호우, 가뭄, 강력한 태풍 등이 나타나면 지구온난화 때문이라고 말하는 경우가 많다. 기록적인 기상현상이 인간 활동의 영향으로 발생한다는 것인데 구체적으로 어느 것이 또 어디까지가 지구온난화의 영향이고 어디까지가 자연적인 현상일까?

하나의 기록적인 폭염이나 집중호우를 지구온난화 때문에 발생했다 아니다 말하는 것은 쉽지 않다. 다만 기록적인 기상현상이 자주 나타날 경우 기록적인 기상현상 전체 가운데 몇 %는 지구온난화의 영향으로 발생했다고 얘기할 수는 있다. 그렇다면 현재 지구온난화로 인해서 기록적인 기상현상이 어느 정도 발생하고 있을까? 또 앞으로 온난화가 지속될 경우 기록적인 기상현상은 얼마나 더 늘어날 것인가?

스위스 연구팀은 25개의 서로 다른 기후 모형을 이용해 지구온난화가 진행됨에 따라 현재까지 폭염과 집중호우 같은 기록적인 현상이 구체적으로 얼마나 증가했고 또 앞으로 지구온난화가 지속될 경우 온난화로 인해 기록적인 기상현상이 얼마나 더 늘어날 것인지 산출하는 연구를 했다(Fischer and Knutti, 2015).

연구결과 우선 지난 133년(1880~2012) 동안 지구온난화로 전 지구 평균 기온이 0.85℃ 상승하면서 기록적인 폭염이 4배 정도나 늘어난 것으로 나타났다.

특히 기록적인 폭염의 75%는 자연적으로 발생한 것이 아니라 지구온난화 때문에 추가로 발생했다는 사실을 밝혀냈다. 예를 들어 1880년대 중반 같으면 10년에 한번 정도 발생하던 기록적인 폭염이 지금은 10년에 4번이나 발생하고 있는데 이 가운데 3번은 인간 활동으로 인한 지구온난화가 나타나지 않았다면 발생하지 않았을 폭염이라는 뜻이다.

특히 지구온난화로 기온이 올라가면 올라갈수록 기록적인 폭염은 폭발적으로 늘어나는 것으로 나타났다. 전 지구 평균 기온이 1.5℃ 상승할 경우 기록적인 폭염의 횟수는 1880년대 중반에 비해 12배 정도나 급증하고 기온이 2℃ 올라가면 기록적인 폭염의 횟수는 25배 정도나 급증할 것으로 예상됐다. 전 지구 평균기온이 1.5℃에서 2℃ 올라가는 것은 단지 0.5℃ 차이에 불과하지만 기록적인 폭염 발생횟수는 배 이상 급격하게 증가한다는 것이다. 지구온난화의 파괴력이 지금까지보다 앞으로 더욱 더 급격하게 커진다는 뜻이다.

또 기온이 1.5℃ 상승할 경우 발생하는 기록적인 폭염의 80%정도는 온난화 때문에 발생하고 기온이 2℃ 상승할 경우 발생하는 기록적인 폭염의 90%가 온난화 때문에 발생하는 것으로 분석됐다. 앞으로 발생하는 기록적인 폭염의 80~90%는 지구온난화가 발생하지 않았더라면 나타나지 않을 폭염이라는 뜻이다.

기록적인 집중호우 역시 지구온난화에 따라 증가할 것으로 예상됐다. 전 지구 평균 기온이 2℃ 상승할 경우 기록적인 집중호우 횟수는 1800년대 중반에 비해 1.5배 정도 늘어나고 기온이 3℃ 상승할 경우 2배정도 늘어날 것으로 전망됐다.

또 지구온난화로 전 지구 기온이 0.85℃ 상승한 현재 전체 기록적인 집중호우 가운데 18%가 지구온난화 때문에 발생하고 있는데 전 지구 기온이 2℃ 정도 상승할 경우는 전체 기록적인 집중호우 가운데 39%, 기온이 3℃ 상승할 경우는 절반 정도인 52%가 자연적으로 발생하는 것이 아니라 온난화 때문에 발생하는 집중호우인 것으로 분석됐다. 지구온난화가 진행될수록 기록적인 폭염이나 집중호우가 크게 늘어나고 전체 기록적인 기상 현상가운데 지구온난화 때문에 발생하는 기상현상의 비율이 크게 높아진다는 것이다.

'글로벌 위어딩Global Weirding'이라는 말이 있다. 지구온난화가 진행되면 진행될수록 날씨가 단순히 따뜻해지는 것이 아니라 점점 더 극단적이고 변덕스럽고 기괴하고 예전에는 상상할 수도 없었던 섬뜩하기까지 한 현상들이 늘어난다고 해서 새롭게 만들어진 말이다. 점점 극단적인 기상현상이 늘어나면서 단순히 '따뜻해진다'라는 뜻의 온난화Warming라는 단어 대신 '기괴하고 섬뜩해진다'라는 뜻을 가진 위어딩Weirding을 쓴 것이다. 온난화로 기록적인 폭염이나 가뭄, 집중호우 같은 극단적인 현상이 크게 늘어날 경우 '글로벌 워밍Global Warming'이라는 말 대신 실제로 '글로벌 위어딩Global Weirding'이라는 말이 더 넓게 쓰일지도 모를 일이다.

지구온난화 부추기는 산불,
산불 부추기는 지구온난화

산불이 발생하면 주변 지역의 하늘을 모두 가릴 정도로 막대한 양의 연기가 치솟는다. 지구온난화가 지속되면서 세계 곳곳에서 극심한 가뭄이 확산되고 있고 대형 산불 또한 증가하고 있다(Dennison et al, 2014). 지금 이 시간에도 전 세계적으로 수 백 개가 넘는 지역에서 크고 작은 산불이 타오르고 있다. 아래 그림은 미 항공우주국NASA 위성이 포착한 특정 기간의 전 세계 산불 발생을 나타낸 것으로 적도 아프리카와 남미, 동남아 지역에서 산불이 집중적으로 발생하고 있고 동아시아와 시베리아, 유럽, 북미 등 중위도 지역에서도 많은 산불이

자료: NASA

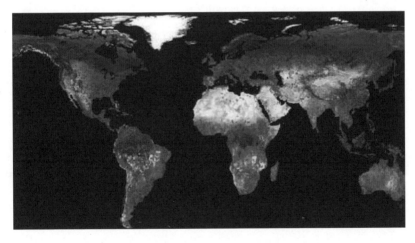

〈NASA Tera 위성에서 관측한 전 세계 산불 발생지역 분포〉

발생하고 있음을 볼 수 있다.

이렇게 전 세계적으로 발생한 산불이 내뿜는 연기는 어느 정도나 될까? 연기는 주로 어떤 물질로 구성돼 있을까? 세계 곳곳에서 엄청난 연기를 내뿜는데 기후에 미치는 영향은 없을까?

산불이 기후에 영향을 미치는 방법은 크게 세 가지다. 우선 산불은 타면서 이산화탄소 같은 온실가스를 내뿜기 때문에 전 지구 온실가스 순환에 직접적 영향을 미치게 된다. 온실가스에 영향을 주는 만큼 기후도 변하게 된다. 두 번째는 산불이 내뿜는 뿌연 연기가 햇빛을 차단해 지구 복사 에너지 평형에 영향을 미친다. 햇빛이 차단되는 만큼 지역 기후에 영향을 미칠 수 있다. 특히 산불이 탈 때 불완전 연소로 만들어지는 에어로졸인 검댕soot, 그을음은 태양에너지를 흡수해 지구를 뜨겁게 만든다. 또 검댕이 내려앉아 표면이 검게 변한 눈은 햇빛을 주로 반사시키는 하얀 눈보다 빛을 많이 흡수하기 때문에 결국 지구 온도를 높이는 역할을 하게 된다. 검댕이 지구를 뜨겁게 하는 정도는 같은 양의 이산화탄소에 비해 수백~수천 배나 크다. 마지막으로 산이 불에 타 토양이 잿빛이나 검은색으로 변하게 되면 태양에너지를 흡수하는 정도가 숲으로 뒤덮여 있을 때와는 또 달라진다. 이 또한 지역적으로 복사에너지 평형에 영향을 줘서 지역 기후나 날씨에 영향을 미치게 된다.

산불 발생 시 배출되는 에어로졸 양 또한 엄청나다. NASA에 따르면 지난 1997년 인도네시아 산불에서 수개월 동안 배출된 온실가스 양은 유럽 전체의 자동차와 발전소에서 1년 동안 배출되는 온실가스의 양과 비슷했다. NASA는 특히 1년 동안 열대 산림지역의 산불에서 배출되는 탄소가 2.4기가톤에 이르는 등 전 세계 연간 이산화탄소 배출량의 30% 정도는 산불을 비롯한 바이오매스(생물체) 연소에서 배출되는 것으로 보고 있다. 특히 연기가 햇빛을 차단해 지구를 냉각시키는 효과는 며칠에서 길어야 몇 주 정도에 불과 하지만 온실가스는 한번 배출되면 지구온난화에 미치는 영향이 수십 년 동안 지속될 수 있다.

앞으로는 특히 기후 예측을 할 때 지금보다 산불의 영향을 더욱 크게 고려해야 할 것으로 보인다. 최근 미국 미시간기술대학과 카네기멜론대학, 로스알라모스 국립연구소 공동연구팀이 네이처 커뮤니케이션 저널에 발표한 논문에 따르면 산불이 지구온난화에 미치는 영향이 지금까지 생각했던 것보다 훨씬 클 가능성이 높다(China et al., 2013).

산불을 비롯한 바이오매스 연소과정은 탄소질 에어로졸carbonaceous aerosol을 대기로 배출하는 최대 배출원 가운데 하나인데, 연구팀이 지난 2011년 미국 뉴멕시코 주 Las Conchas에서 발생한 산불에서 배출된 에어로졸을 포집해 분석한 결과 타르볼Tar ball이 80%를 차지해 검댕soot(8%)보다 10배나 많은 것으로 나타났다. 지금까지 에어로졸의 상당부분은 검댕일 것으로 생각했던 것과는 전혀 다른 것이다. 또 검댕의 경우도 거의 대부분이 불이 탈 때 나온 유기물로 코팅이 되어있는 것으로 확인됐다. 배출되는 검댕의 절반인 50%는 유기물로 거의 대부분 코팅되어 있었고 34%는 일부가 유기물로 코팅되어 있었다. 유기물로 싸여 있지 않은 보통 검댕은 단 4%에 불과 했다. 12%는 검댕과 다른 입자가 섞여 있는 경우였다.

문제는 지금까지 기후를 예측하는 모형에서는 산불에서 배출되는 검댕은 단순히 유기물로 코팅이 되어 있지 않은 한 가지 검댕을 생각했다는 것이다. 하지만 지금까지의 생각과는 달리 실제로 산불에서 발생한 에어로졸의 80%는 검댕이 아니라 타르볼Tar Ball이었고 검댕 또한 유기물로 코팅이 돼 있었다는 것이다.

타르볼은 짧은 파장의 가시광선이나 자외선까지도 흡수하기 때문에 검댕에 비해 공기를 뜨겁게 하는 효과가 훨씬 크다. 또한 검댕 표면을 싸고 있는 유기물은 검댕에 빛을 모아주는 렌즈 역할을 하기 때문에 유기물로 코팅이 되어 있는 검댕은 유기물로 코팅되어 있지 않은 검댕보다 열을 흡수하는 양이 2배 이상이나 된다.

    결국 지금까지 기후 예측 모형에서 타르볼이나 검댕의 유기물 코팅 여부를 고려하지 않았다는 것은 지금까지의 기후 시뮬레이션에서는 산불의 영향이 과소평가되었다는 것을 의미한다. 따라서 앞으로 타르볼과 유기물로 코팅된 검댕을 고려할 경우 산불이 지구온난화와 기후에 미치는 영향은 지금보다 훨씬 더 커질 수밖에 없다.

    지구온난화로 기온이 올라가고 가뭄지역이 늘어나면서 대형 산불은 앞으로 계속해서 늘어날 가능성이 크다. 특히 산불은 지구온난화를 가속화시키는 엄청난 양의 온실가스와 에어로졸을 배출한다. 산불이 지구온난화를 가속화시키는 주요 연료인 것이다. 지구온난화는 산불을 부추기고 산불은 지구온난화를 부추기고 있다. 원치 않는 산불은 분명 재앙이다. 슬퍼하고 회복할 시간을 가져야겠지만 거기서 멈춰서는 안 된다. 앞으로는 한 단계 더 나아가 지구온난화까지도 생각해야 한다.

3한4온?
3한20온!

삼한사온三寒四溫, 겨울철 우리나라를 비롯한 동아시아 지역에서 기온이 오르내리면서 추위와 포근한 날이 반복되는 현상을 말한다. 실제로 겨울철에 한반도에 한파를 몰고 오는 시베리아 대륙고기압이 확장과 수축을 반복할 경우 한반도는 추위와 포근한 날이 반복될 가능성이 크다.

그렇다면 글자 그대로 3일은 춥고 4일은 포근한 날씨가 나타나는 것일까? 삼한사온이라는 말이 언제부터 사용됐는지 정확히 알 수는 없지만, 만주와 우리나라에서는 예부터 사용해온 것으로 학계는 보고 있다(이병설, 1971). 조선 시대 승정원일기에도 삼한사온이라는 말이 나온다. 경험적으로 겨울철에 추위와 포근한 날씨가 반복되는 주기를 7일 정도로 생각한 것이다.

이병설(1971)은 1930년부터 1969년까지 서울의 겨울철(12, 1, 2월) 일 평균기온 자료를 이용해 실제로 삼한사온 현상이 있는지, 한반도 기온이 약 7일을 주기로 변하는지 조사했다. 조사결과 기온변동이 매년 매우 불규칙적으로 나타나지만, 평균적으로 볼 때 한파는 4.4일, 포근한 기간은 4.65일 동안 지속하고 있는 것으로 나타났다. 삼한사온 즉, 7일 주기로 기온이 오르내리는 것은 아니지만 약 9일(4.4+4.65=9.05)을 주기로 기온이 오르내리면서 추위와 포근한 날이 반복되는 경향이 있다는 것이다.

1970년대 이후에도 삼한사온에 대한 이 같은 주장은 유효한 것일까? 1985

년 같은 연구팀은 조사 기간을 늘려 1908년부터 1980년까지 서울의 기온 자료를 분석해 삼한사온에 대해 다시 한 번 논문을 발표했다(이병설, 1985). 결론에서 연구팀은 우선 한반도 겨울철에 나타나는 기온 변동에는 아주 짧은 것부터 긴 것까지 다양한 주기의 기온변동이 포함돼 있다고 적었다. 특히 평균적으로 볼 때 3일은 춥고 4일은 포근한 7일 주기의 변동이 아니라 12~13일 또는 10~11일 주기로 기온이 오르내리는 경향이 있다고 적었다. 일반인들이 느끼는 삼한사온 즉, 7일 주기의 기온변동은 아니지만 더욱 긴 주기로 기온이 오르내리는 경향이 있다는 것이다.

연구팀은 두 연구 결과를 종합할 때 삼한사온은 꼭 7일 주기로 기온 변동이 반복되는 기후학적인 개념이 아니라 기온이 오르내리는 현상에 대한 수사적인 개념으로 해석하는 것이 옳다는 주장을 했다. 삼한사온은 꼭 7일 주기는 아니지만, 한파와 포근한 날이 반복되는 현상을 그럴듯하고 멋지게 표현한 말이라는 뜻이다.

하지만 앞으로 기후변화가 지속될 경우 삼한사온이라는 말은 점점 더 사용하기 어려워질 가능성이 높다. 단적인 예로 2015년 겨울은 유난히도 추위가 찾아오는 주기가 길었던 해다. 2015년 11월 27일 추위가 지난 뒤 20일 만에 추위가 찾아왔다. 7일 주기인 삼한사온이 아니라 사흘 추운 뒤 20일 만에 다시 추위가 찾아왔으니 3한20온이 된 것이다.

2015년 겨울이 예년보다 포근했던 것은 한반도뿐만이 아니다. 일본과 중국

〈2015년 겨울, 워싱턴에 핀 벚꽃〉

남부를 비롯한 동아시아 지역, 워싱턴 DC를 비롯한 북미 동부지역, 유럽지역에도 이상고온 현상이 나타났다. 12월 중순 일본 도쿄의 기온은 24℃까지 올라가면서 겨울에 초여름 날씨를 보였고 미국 워싱턴 DC는 12월 14일 126년 만에 최고 기온인 22℃까지 올라가면서 때아닌 벚꽃이 활짝 피기도 했다.

2015년 한반도에 나타난 3한20온 현상을 비롯해 지구촌 곳곳에서 나타난 이상고온 현상의 원인은 우선 2015-2016년 엘니뇨 때문이었다. 특히 강하게 발달한 슈퍼 엘니뇨의 영향이 컸다. 한반도를 기준으로 볼 경우 적도 동태평양의 바닷물이 뜨거워지는 엘니뇨가 발생하면 필리핀 부근의 서태평양에서는 상대적으로 고기압이 강하게 발달하게 된다. 예년보다 강하게 발달하는 서태평양 고기압의 영향으로 한반도 쪽으로 따뜻한 남서풍이 더욱 많이 들어오게 되는데 따뜻한 남서풍이 자주 많이 들어오면서 비도 자주 내리고 기온도 크게 떨어지지 않는 것이다.

또 한 가지 큰 이유는 북극이었다. 2015년 초겨울 북반구의 기압배치는 북극에서 중위도 지역으로 찬 공기가 내려오기 어렵게 되어 있었다. 북극 상공에는 소용돌이가 강하게 발달해 있는데 이 소용돌이가 북극의 찬 공기를 극 주변에 가둬놓고 한반도나 북미 워싱턴 DC 같은 중위도 지역으로 내려가지 못하게 한 것이다. 강하게 발달한 엘니뇨에 북극의 소용돌이가 찬 공기를 북극 주변에 가둬두면서 한반도를 비롯한 중위도 지역 곳곳에서 고온 현상이 나타난 것이다.

2015년에는 3한4온 대신 3한20온이 나타나면서 곳곳에서 피해도 잇따랐다. 비가 자주 내리면서 가뭄 해갈에는 큰 도움이 됐지만 곶감 농가는 곶감이 마르지 않고 썩어 큰 피해를 봤다. 곳곳에서 겨울 축제도 취소 또는 연기됐고 난방용품이나 겨울옷을 파는 사람도 어려운 시간을 보낼 수 밖에 없었다.

기후변화가 지속될수록 한반도 겨울철은 평균적으로 기온이 상승하는 경향이 있다. 하지만 겨울철 기온의 진동폭이 커진다는 것이 특징이다. 기록적인 이상고온이 나타나고 고온현상이 오래 지속되는 반면에 한파가 오래 지속되는 경우도 얼마든지 나타난다. 3한4온이라는 단어는 앞으로 교과서에서나 볼수 있는 말이 될 가능성도 배제할 수 없게 됐다.

펄펄 끓는 지구촌…
세계 최고 기온은 몇 도?

2018년 8월 1일 강원도 홍천의 기온은 무려 41℃까지 올라갔다. 우리나라 기상관측사상 전국 최고 기온이다. 역대 최고 폭염이다. 당일 북춘천의 기온은 40.6℃, 의성의 기온은 40.4℃, 충주는 40℃, 서울은 39.6℃를 기록했다. 2018년 역대 최악의 폭염 이전에 우리나라에서 기온이 40℃까지 올라간 경우는 1942년 8월 1일 대구에서 기록한 40℃가 유일했다.

한반도뿐 아니라 지구상에서 관측사상 최고기온은 어느 정도나 될까? 또 어디에서 관측됐을까? 지구촌이 펄펄 끓고 있어 역대 최고 기온은 언제든지 경신될 가능성이 있다.

전 지구 기상관측사상 역대 최고기온은 미국 캘리포니아 주 동쪽 모하비 사막 한쪽에 있는 죽음의 계곡, 데스밸리Death valley라는 곳에서 관측됐다. 이름에서 알 수 있듯이 이 지역은 사람이 살만한 곳이 못된다. 데스밸리는 세계에서 가장 덥고 건조하고, 해발고도가 낮은 곳으로 유명하다. 데스밸리에서 가장 해발고도가 낮은 곳은 −86m로 해수면보다 86m나 낮다. 북미 대륙에서 가장 낮은 곳이다. 1년 내내 내리는 비는 평균 59.9mm로 우리나라 여름철에 소나기가 한번 지나가는 양보다도 적다. 최고 기온은 한겨울에도 20℃ 안팎, 여름철에는 50℃ 안팎까지 올라간다. 계곡이라는 이름이 붙어 있지만 면적이 1만 3천 650제곱킬로미터로 서울 면적의 2.2배나 된다(자료: Wikipedia).

지난 1913년 7월 10일 데스밸리 내 퍼나스 크리크Furnace creek라는 지역의 기온이 56.7℃까지 올라갔다. 퍼나스 크리크는 여행객이 머무를 수 있는 작은 숙소와 식당, 여행안내소가 있는 아주 작은 동네다. 데스밸리에 비가 내리거나 지하수가 흘러나오면 해발고도가 낮아 더 이상 다른 곳으로 흘러갈 수 없기 때문에 계곡에서 그대로 말라 버리는데 이 때문에 물이 모이는 계곡 중심은 온통 소금밭이다. 아니 소금 사막이다.

2016년 7월 하순에도 북미지역에서 '열돔heat dome' 현상이 기승을 부리면서 데스밸리의 기온이 49.4℃까지 올라가기도 했다. 일부에서는 1913년 데스밸리의 기온 측정에 문제가 있다고 이의를 제기하는 사람도 있다. 실제보다 2~3℃ 높게 측정된 것이 아니냐는 주장이다. 하지만 관측 장비의 정확도를 의심하기 어려운 지난 2013년 6월 30일 데스밸리 퍼나스 크리크의 기온은 또다시 54℃까지 올라갔다. 54℃ 역시 지구촌 기상관측 사상 최고기온이다. 56.7℃가 됐든 54℃가 됐든 데스밸리는 지구상에서 가장 더운 곳임에는 틀림이 없다.

한반도뿐 아니라 전 지구적으로 기록적인 폭염이 기승을 부린 2016년에는 중동에서도 50℃를 넘는 기온이 잇따라 관측됐다. 7월 21일 쿠웨이트의 사막지대인 미트리바Mitribah의 기온은 54℃까지 올라갔다. 7월 22일에는 이라크 바스라Basra의 기온이 53.9℃까지 올라가기도 했다. 이에 앞서 20일에도 이라크 바스라의 기온은 53℃, 바그다드Baghdad의 기온은 51℃까지 올라갔다고 외신은 전했다.

중동지역에서는 미국 캘리포니아 데스밸리에서 54℃가 기록된 2013년보다 앞선 지난 1942년 6월 이스라엘 티라트 츠비Tirat Tsvi지역의 기온이 54℃까지 올라가기도 했다. 일부지역에서 이보다 더 높은 역대 최고기온이 기록됐다고 주장하는 경우도 있기는 하지만 지금까지 중동과 아시아 지역에서 공식적으로 믿을 만한 최고 기온으로 인정된 것은 티라트 츠비의 54℃였다.

중동지역의 기온이 큰 폭으로 올라가면서 세계기상기구WMO에서는 갑작스럽게 회의가 소집되기도 했다. 일부에서 정확도에 문제를 제기하는 데스밸리의 1913년 56.7℃ 기록을 제외할 경우 2016년 7월 21일 미트리바에서 관측된 기온 54℃가 2013년 데스밸리에서 관측된 기온 54℃, 1942년 6월 티라트 츠비에서 관측된 54℃와 함께 지구촌 역대 최고 기온으로 기록될 수 있기 때문이다.

세계기상기구는 미트리바에서 기온을 관측한 장비가 믿을 만한 것인지, 정확도에 문제는 없는지, 관측소의 위치가 그 지역을 대표할 수 있는 위치에 있는지, 주변의 다른 영향은 없었는지 등을 따져봤다. 8개월 정도가 지난 2017년 3월 21일 세계기상기구는 2016년 7월 21일 쿠웨이트 미트리바에서 기록된 54℃는 아시아 최고기록으로 비준될 것이라고 밝혔다.

기록도 기록이지만 기온이 50℃를 오르내리는 폭염은 분명 재앙일 수밖에 없다. 미국의 워싱턴포스트는 최근들어 중동에서 나타나는 혹독한 폭염은 지구온난화가 지속되면서 앞으로 다가올 심각한 사태의 전조가 될 수 있다고 경고했다.

기록적인 폭염이 이어질 경우 기록적인 가뭄을 초래할 수 있고 농작물이 말라죽어 곡물생산에 문제가 생길 수 있고 노동생산성도 떨어져 국가의 총생산이 크게 떨어질 수 있기 때문이다. 특히 문제가 되는 것은 중동지역이 국가나 민족 간의 분쟁과 난민문제 등으로 극심한 갈등을 겪고 있다는 점이다. 여러 가지 문제가 얽히고 설킨 상황에서 기후 재앙으로 생활이 더욱더 어려워질 경우 갈등이 폭발하고 국가 간 또는 민족 간 분쟁이나 무력충돌까지도 발생할 수 있기 때문이다.

실제로 최근 독일 포츠담기후연구소가 美국립과학원회보PNAS에 발표한 논문에 따르면 민족적으로 분열된 곳에서 발생한 무력충돌의 약 23%는 기후 재앙과 연관이 있는 것으로 나타났다(Schleussner et al, 2016). 기후 재앙이 무력충돌에 앞서 발생하고 이것이 기존의 다양한 갈등을 부추겨 무력충돌을 일으키는데 기여했다는 것이다. 민족적으로 분열되지 않은 곳의 무력충돌과 기후 재앙

연관성이 9% 정도인 것과 비교하면 2.5배나 높은 것이다. 연구팀이 1980년부터 2010년까지 전 세계 각종 기후 재앙과 무력충돌의 연관성을 분석한 결과다.

특히 기후 재앙이 갈등에 영향을 미치는 정도는 국민의 구성뿐 아니라 지리적인 위치나 역사적인 갈등, 소득이나 생활수준, 불평등 정도 등에 따라 크게 달라질 수 있다. 대표적인 예가 극심한 가뭄과 폭염을 겪고 있는 시리아를 비롯한 일부 중동지역과 미국의 캘리포니아 지역이다.

미국의 캘리포니아 지역은 최근 5~6년동안 사상 유례가 없던 극심한 가뭄을 겪고 있다. 가뭄에 산불이 끊이지 않고 있다. 물 부족이 심해지면서 좋아하는 앞마당 잔디도 갈아엎고 인조 잔디로 바꾸는 집이 늘고 있다. 앞으로 수십 년 동안 가뭄이 이어지는 메가 가뭄Mega Drought이 닥칠 것이라는 불길한 전망도 나온다. 하지만 갈등 수준은 시리아하고는 비교 자체를 할 수 없을 정도로 다르다.

한반도를 비롯한 지구촌 곳곳에 기록적인 폭염이 나타나는 원인은 지구온난화와 라니냐, 엘니뇨 등 다양하다. 지역에 따라 각각의 영향이 크게 나타나는 지역이 있고 작게 나타나는 지역도 있다. 하지만 지구촌 전체가 점점 더 뜨거워지고 각종 기후 재앙이 급증하는 가장 근본적인 이유는 바로 지구온난화다. 특히 지구온난화가 지속되는 가운데 앞으로 적어도 10여 년은 지구 기온이 예전보다 더욱 가파르게 상승할 것으로 학계는 보고 있다.

지구기온은 지구온난화뿐 아니라 일정 기간 기온이 올라가고 또 일정 기간은 기온이 다시 떨어지는 자연변동에 의해 결정되는데 최근에는 지구온난화와 함께 자연변동에서 기온이 올라가는 시점이 겹쳤기 때문이다. 그만큼 지구촌 곳곳에서 기록적인 폭염을 비롯한 각종 기후 재앙이 나타날 가능성이 커지고 이로 인해 경제적인 피해와 함께 사회나 민족 간의 갈등, 분쟁, 충돌이 일어날 가능성이 그만큼 커질 수 있다는 것이다. 하루하루 이어지는 폭염도 문제지만 세계평화를 위해서도 지구온난화 억제가 시급한 이유다.

북극·남극 해빙 동시에 감소,
역대 최소… 기상이변 가속화되나?

북극과 남극의 해빙海氷, sea ice 면적은 전 지구 기온과 함께 지구온난화가 어느
정도 진행되고 있는가를 나타내는 대표적인 척도다. 북극과 남극의 기온이 올
라가면 올라갈수록 해빙은 녹을 수밖에 없기 때문인데 문제는 단순히 면적이
줄어드는 것으로 끝나지 않는다는 것이다.

바다가 얼음으로 덮여 있느냐 아니면 얼음이 녹아 물로 되어 있느냐에 따라
햇볕을 받아들이는 정도는 하늘과 땅만큼이나 차이가 크다. 얼음이 없는 바다
는 내리쬐는 햇빛의 90% 이상을 흡수한다. 반대로 해빙은 들어오는 햇빛의
50~70% 정도를 반사한다. 특히 눈으로 덮인 해빙은 많게는 햇빛의 90% 정
도를 반사한다.

햇빛을 받아들이는 정도에 따라 북극이나 남극의 바닷물 온도나 기온은 크
게 변한다. 특히 북극이나 남극의 기온에 따라 주변 지역의 기상 현상이 변하
고 결과적으로 세계 곳곳의 기후나 날씨에도 기존과는 다른 현상이 나타난다.
북극이나 남극의 해빙 면적에 따라 지구촌 곳곳의 기후나 날씨가 춤을 추게
되는 것이다.

2017년 3월 미 항공우주국 나사NASA와 미 국립설빙자료센터NSIDC는 지난 3월
7일 북극의 해빙 면적이 1천 442만 제곱킬로미터로 겨울철 해빙 면적 가운데
관측 사상 최소를 기록했다고 밝혔다. 지속적으로 위성 관측을 시작한 지난

1979년 이래 지금까지 역대 최소였던 지난 2015년보다 9천 700 제곱킬로미터나 작고 지난 1981년부터 2010년 겨울철 평균 최대치보다는 122만 제곱킬로미터나 작은 것이다. 북극 해빙은 보통 9월쯤 가장 많이 녹았다가 다시 점점 커지기 시작해 3월 초에 면적이 가장 넓어진다.

나사 자료에 따르면 겨울 막바지인 3월 북극의 해빙 면적 최대치는 10년에 평균 2.8%씩 줄어들고 있다. 여름 막바지인 9월의 해빙 최소 면적 감소 추세는 이보다 5배 정도나 더 커 10년에 평균 13.5%씩 감소하고 있다.

북극 해빙 면적이 크게 줄어드는 것은 다름 아닌 지구온난화로 인한 이상고온 때문이다. 한겨울 북극의 기온은 평년 같으면 영하 20℃ 아래로 떨어지는데 올해는 오히려 높은 경우도 많았다. 지난 1월 초에는 북극의 기온이 영상으로 올라서기도 했다. 기록적인 '한겨울 온난화'가 나타난 것이다.

2015-16년 겨울은 북극 해빙 면적만이 아니라 남극 해빙 면적도 역대 최소를 기록했다. 남극 해빙 면적은 북극과는 정반대로 남극 겨울 막바지인 9월에 최대로 늘었다가 남극 여름 막바지인 2월 말을 전후해 최소가 되는데 지난 3일 211만 제곱킬로미터로 관측됐다. 관측 사상 역대 최소였던 지난 1997년 해빙 면적보다 18만 4천 제곱킬로미터가 적은 것이다.

남극 해빙 면적이 크게 줄어든 것이 일대 사건으로 받아들여지는 것은 지난 수십 년 동안 지구온난화가 지속됨에도 불구하고 남극 해빙은 지속적으로 감소하는 북극 해빙과는 정반대로 지속적으로 조금씩 증가하는 경향을 보여 왔기 때문이다. 특히 지난 2012년부터 2015년까지는 큰 폭의 증가세를 보이기도 했다.

하지만 남극의 빙하는 지난해부터 점점 감소세를 보이더니 이제는 북극과 남극의 해빙이 동시에 줄어드는 추세를 보이고 있는 것이다. 해빙 면적이 매년 오르락내리락하기 때문에 남극의 해빙이 지속적으로 줄어드는 방향으로 완전히 돌아선 것인지는 조금 더 지켜봐야 하겠지만 일부에서는 그동안 지구온난화

영향이 상대적으로 적었던 남극에서도 지구온난화 영향이 뚜렷하게 나타나기 시작했다는 주장을 하기도 한다. 이제 남극도 지구온난화를 더 이상 버틸 수 없게 됐다는 것이다.

지구온난화에도 불구하고 조금씩 증가하던 남극에서 마저 해빙이 크게 줄어들기 시작하면서 이제 지구상의 해빙은 더욱더 빠른 속도로 줄어드는 시기에 들어서게 됐다. 지금까지는 급속하게 감소하는 북극의 해빙 면적을 조금이나마 남극에서 상쇄해 줬는데 이제부터는 남극에서까지 해빙이 급속하게 줄어드는 만큼 지구상의 해빙이 더욱더 빠르게 감소할 가능성이 생긴 것이다.

앞서 설명했듯이 지구상의 해빙 면적이 빠른 속도로 크게 줄어든다는 것은 기존보다 훨씬 더 많은 양의 햇빛, 즉 더 많은 양의 태양에너지를 지구가 흡수한다는 것을 의미한다. 지구상의 에너지 분포가 기존과는 크게 달라질 수 있다는 것이다. 에너지 분포가 달라지면 단순히 기온 변화만 나타나는 것이 아니라 바람 방향도 바뀌고 만들어지는 구름의 양이나 위치도 기존과 달라진다.

지금까지와는 전혀 다른 기후나 날씨, 지금까지와는 다른 한파나 폭염이 나

타날 수 있고 지금까지와는 다른 폭우나 가뭄이 나타날 가능성이 높아진다는 뜻이다. 지구촌 기상이변이 남극과 북극의 해빙 면적 변화에만 100% 의존하는 것은 아니지만 가장 큰 변수 가운데 하나인 해빙 면적이 달라지는 만큼 기상이변이 발생할 가능성이 커지는 것은 분명하다.

전 지구적으로 기상이변이 나타날 가능성이 커지는 만큼 한반도 지역에도 지금까지와 다른 기후나 날씨가 나타날 가능성이 커진다고 볼 수 있다. 기존과 다른 폭염과 폭우, 가뭄, 한파, 태풍 등이 나타날 가능성이 커지는 것이다. 남극과 북극에서 동시에 줄어들고 있는 해빙, 특히 그 동안 지구온난화에도 불구하고 지속적으로 증가하던 상황에서 돌연 감소하는 쪽으로 방향을 바꾼 남극 해빙이 앞으로 지구촌 곳곳에, 좁게는 한반도 지역에 어떤 기상이변을 몰고 올지 걱정이 앞선다.

이어지는 지구촌 고온현상,
온난기^{warm period} 접어들었나?

2018년 여름을 생각하면 무엇보다도 기록적인 폭염을 떠올리는 사람들이 많다. 낮에는 폭염 밤에는 열대야가 기승을 부리던 8월 1일 서울의 기온은 39.6℃까지 올라갔고 홍천의 기온은 41℃를 기록했다. 110년이 넘는 우리나라 기상관측사상 역대 최고 기온이다.

우리나라뿐만이 아니다. 2018년 여름은 지구촌 전체가 폭염으로 몸살을 앓았다. 7월 8일 미국 서부 사막지대인 데스밸리의 기온은 무려 52℃까지 올라갔고 7월 5일 알제리에서는 51.3℃가 관측됐다. 7월 23일에는 일본에서도 41.1℃가 기록됐다.

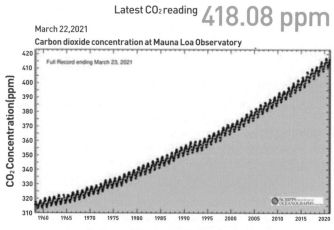

〈대기 중 이산화탄소 농도(Keeling Curve, 자료: UCSD)〉

지구촌 곳곳에 나타나고 있는 폭염의 근본적인 원인은 온실가스 증가로 인한 지구온난화다. 세계기상기구는 올여름 기록적인 폭염이 지구온난화로 인한 기후변화가 진행되는 과정에서 나타난 것으로 보고 있다. 하지만 대기 중 온실가스 농도와 지구 평균 기온과는 반드시 일정하게 비례해 올라가는 것은 아니다.

2021년 3월 22일 현재 미국 하와이 마우나로아 관측소에서 측정한 대표적인 온실가스인 이산화탄소 농도는 418.08ppm이다. 특히 대기 중 온실가스 농도는 측정을 시작한 1950년대 이후 단 한해도 예외 없이 지속적으로 꾸준히 높아지고 있다(그림 참고).

하지만 대기 중 이산화탄소 농도가 지속적으로 높아지는 것과는 달리 지구 기온은 반드시 일정하게 올라가고 있지는 않다. 전반적으로 지구 기온이 상승하고는 있지만 일정 기간은 올라가기도 하고 또 일정 기간은 상승을 멈추거나 오히려 기온이 떨어지는 기간도 있다. 지구 기온이 대기 중 온실가스에 의해 전적으로 결정되지 않고 자연 변동도 있고 또 다른 요인도 있을 수 있다는 뜻이다. 흔히 1998년 이후 2000년대 초반까지 지구 기온 상승이 마치 멈춘 것처럼 보이는 시기를 '온난화 멈춤 또는 정지hiatus'라고 부르고 또 기온이 지속적으로 상승하는 시기는 온난기warm period라고 부른다(그림 참고).

자료: NOAA

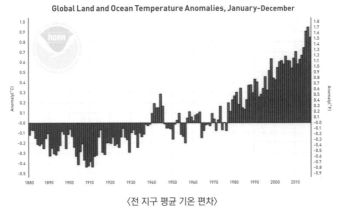

Global Land and Ocean Temperature Anomalies, January-December

〈전 지구 평균 기온 편차〉

그렇다면 지구촌을 뜨겁게 달구고 있는 고온현상은 언제까지 이어질까? 프랑스와 네덜란드 공동연구팀이 2018년 폭염을 시작으로 지구촌이 온난기warm period에 접어들었다는 연구 결과를 발표했다(Sevellec, Drijfhout, 2018). 앞으로 일정 기간 동안 지구기온이 지속적으로 올라가는 시기에 접어들었다는 것이다. 연구팀은 2018년부터 2022년까지 5년 정도는 기온이 계속해서 상승할 것으로 전망했다.

연구팀은 지금까지 지구 기후를 예측하는데 흔히 이용하는 전 지구 모델을 이용하지 않고 영국의 사우샘프턴 대학교University of Southampton와 네덜란드 왕립기상연구소the Royal Netherlands Meteorological Institute가 개발한 통계적인 예측 방법을 이용했다. 연구팀은 물론 자신들이 사용한 통계적인 예측 방법을 1998년 이후 나타난 지구온난화 멈춤 현상을 비롯해 1880년부터 최근까지의 지구 기온 변동을 예측하는 방법으로 검증했고 그 결과 정확도가 지금까지 전통적으로 이용하던 전 지구 기후 예측 모델에 떨어지지 않았다는 점을 강조하고 있다.

연구팀은 2017년까지의 자료를 바탕으로 2018년 1년, 2018~2019년 2년, 그리고 2018~2022년까지 5년 동안의 예측을 만들어 냈다. 예측결과 2018부터 2022년까지는 지구 평균 기온이 높을 확률이 큰 것으로 나타났다. 2018년부터 2022년까지는 지구 평균 기온이 단순히 온실가스 증가만으로는 설명할 수 없을 만큼 높을 것으로 예상된다는 것이다. 온실가스 증가로 인한 기온 상승과 함께 자연 변동에서 기온이 높아지는 시기 그리고 다른 요소까지 겹쳐 5년 정도는 지구 평균 기온이 크게 높아질 것으로 본 것이다.

물론 지구 평균 기온이 높아진다는 것을 곧바로 특정 지역의 기록적인 폭염으로 연결시키는 것은 무리일 수 있다. 연구팀도 기록적인 한파 가능성이 낮아지면서 평균 기온이 크게 올라갈 가능성도 있다고 지적하고 있다. 특히 연구팀은 2022년까지는 해수면 온도가 크게 올라갈 가능성이 매우 높은 것으로 보고 있다. 심지어 해수면 온도가 극적으로 상승할 가능성까지 연구팀은 언급하고 있다.

해수면 온도가 상승하는 이유는 여러 가지가 있을 수 있지만 가장 큰 이유 가운데 하나는 지속적이고 극단적인 폭염이다. 앞으로 당분간 극단적인 폭염이 나타날 가능성도 그만큼 커진다는 뜻이다. 또 해수면 온도가 크게 높아지면 강력한 태풍이 발생할 가능성도 커지게 된다. 지구 기온이 지속적으로 상승하는 온난기에 접어들 경우 지역적으로는 극단적인 폭염과 강력한 태풍이 나타날 가능성이 커진다는 뜻이 된다.

2018년 지구촌을 강타한 기록적인 폭염과 같은 재난이 매년 반복된다고 예측하기는 쉽지 않다. 연구 결과가 나왔다고 꼭 그렇게 되는 것도 물론 아니다. 하지만 분명한 것은 지구온난화가 지속되는 한 폭염은 점점 더 강해지고 더 오래 지속되고 더 자주 발생한다는 점이다. 특히 이번 연구결과처럼 지구온난화와 자연 변동 같은 다른 요소가 겹칠 경우 기록적인 폭염은 더욱더 증폭될 가능성이 크다.

2012년 미국에서 사육하는 가축에서 배출한 메탄은
이산화탄소로 산출할 경우 1억 4천만 톤이나 됐다.
미국에서 인간 활동으로 인해 배출되는 메탄의 25%가
가축사육으로부터 배출되는 것이다.

소가 트림을 하지 못하게 하라

담요^{Blanket} 인가?
태닝 오일^{Tanning oil} 인가?

잘 때 덮는 담요 역할을 하는 것일까? 아니면 피부를 태울 때 바르는 태닝 오일 역할을 하는 것일까? 바로 온실가스와 지구온난화 얘기다.

지구는 태양으로부터 받은 에너지만큼 우주로 에너지를 방출한다. 받은 만큼 내보내기 때문에 지구 전체적으로 볼 때 복사평형 즉, 평균 기온이 일정하게 유지되고 있다. 이 때 중요한 역할을 하는 것이 대기다. 대기에는 산소와 질소뿐 아니라 수증기와 이산화탄소, 메탄 같은 온실가스도 포함돼 있다. 이 온실가스가 지구에서 빠져나가는 에너지 일부를 붙잡아 지구를 따뜻하게 만들고 있는데 이것이 온실효과다.

만약 지구에 대기가 없다면, 지구에서 우주로 빠져나가는 에너지를 붙잡는 온실가스가 없다면 지구 평균 기온은 영하 20℃까지 떨어진다. 현재 지구 평균기온이 영하 20℃가 아닌 영상 14.5℃ 정도로 유지되고 있는 것은 바로 대기, 특히 온실가스 때문이다. 온실효과는 이렇게 태초부터 있었던 것이다.

현재 문제가 되고 있는 것은 인간 활동에 의해 대기 중 온실가스가 예전보다 조금씩 더 늘어나고 있기 때문이다. 온실가스가 늘어나면 지구 대기가 붙잡을 수 있는 열 또한 늘어나면서 지구 평균 기온이 조금씩 상승하게 된다. 지금까지 생각하고 있는 지구온난화의 기본 개념이다.

그렇다면 지속적으로 온실가스가 늘어날 경우 앞으로도 온실가스가 지구에서 방출하는 열을 점점 더 많이 붙잡는 방식으로 지구가 뜨거워질 것인가?

미국 워싱턴대학교와 MIT, 국립대기과학연구센터NCAR 공동연구팀이 지구온난화로 지구 기온이 올라가는 과정에 대한 지금까지의 생각을 바꿀 수 있는 논문을 미국국립과학원회보PNAS에 실었다(Donohoe, 2014). 연구팀은 기후모형의 모의 결과를 검토하고 에너지 보존 법칙을 이용해 지구 에너지 평형에 대한 실험을 진행했다.

우선 지구가 방출하는 에너지에 대한 재검토다. 지구가 방출하는 에너지는 지구 밖에 있는 인공위성에서 측정이 가능하다. 온실가스가 과거보다 늘어나면 늘어날수록 온실가스가 지구 밖으로 나가는 에너지를 붙잡는 양이 늘어나기 때문에 지구 밖에서 보면 최근에 증가한 온실가스가 흡수하는 양 만큼 우주로 방출되는 에너지는 과거보다 줄어야 한다.

그러나 실험결과는 예상과 달랐다. 온실가스가 과거보다 늘어나는 것을 가정했을 때 처음에는 온실가스가 흡수하는 에너지만큼 지구 밖으로 방출되는 에너지는 감소했다. 하지만 계속해서 온실가스가 늘어나면서 온난화가 진행될 경우 지구 밖으로 방출되는 에너지가 당초 생각처럼 온실가스가 흡수하는 만큼씩 계속해서 줄어드는 것이 아니라 시간이 지날수록 처음에 줄어들었던 부분이 점차 회복됐고 심지어 수십 년(실험에서는 20~60년)이 지난 뒤에는 지구 밖으로 방출되는 에너지가 오히려 더 늘어나는 것으로 나타났다.

어떻게 이런 결과가 나온 것일까? 지금까지 생각했던 지구온난화 개념에 문제가 있는 것일까?

우선 온난화로 지구 기온이 올라가면 올라갈수록 지구에서 방출하는 에너지가 늘어난다는 부분이다. 뜨거운 물체가 차가운 물체보다 더 많은 열을 방출하는 것과 같은 원리다. 온실가스가 늘어날수록 온실가스가 흡수하는 에너지가 늘어나는 것은 사실이지만 온난화로 인한 기온 상승으로 지구에서 방출하는 에너지가 늘어나는 것이 온실가스가 흡수하는 양보다 오히려 더 많아지기

때문에 지구 밖에서 볼 때는 온난화가 진행될수록 지구에서 방출되는 총 에너지는 늘어나게 된다는 것이다.

다음은 수증기에 관한 부분이다. 온난화로 기온이 올라가면 올라갈수록 대

기 중에는 수증기가 늘어나게 된다. 더운 여름철이 추운 겨울철보다 습도가 높은 것과 같다. 수증기가 온실가스 역할도 하지만 수증기는 태양에서 들어오는 에너지를 흡수하는 역할을 한다. 결국 온난화로 수증기가 늘어나면 늘어날수

록 지구는 더 많은 양의 태양 에너지를 흡수해 기온이 올라가게 되고 기온이 올라가는 만큼 더 많은 에너지를 우주로 방출할 가능성이 있는 것이다.

눈이나 얼음, 빙하도 지구 기온 변화에 큰 영향을 미친다. 지구를 덮고 있는 눈이나 얼음, 빙하가 매년 일정하다면 지구 평균 기온에 미치는 영향은 없다. 하지만 온난화로 기온이 상승하면서 지구를 덮고 있는 눈이나 얼음, 빙하가 점점 더 많이 녹게 된다는 사실이다. 일반적으로 눈이나 얼음, 빙하는 태양 빛을 반사시키는 역할을 하지만 이들이 녹아 땅이나 물이 드러날 경우 눈이나 얼음, 빙하로 덮여 있을 때보다 지구가 흡수하는 태양에너지는 늘어나게 된다. 온난화로 녹아내리는 눈이나 얼음, 빙하는 지구 기온을 상승시키는 역할을 하고 기온이 상승하는 만큼 우주로 방출하는 에너지 또한 늘어나는 것이다.

결국 1차적으로는 온실가스 증가가 지구 밖으로 방출되는 열을 붙잡아 기온 상승을 유도하지만 일단 온난화로 기온 상승이 시작되면 2차적으로는 대기 중의 수증기나 지구를 덮고 있는 눈과 얼음, 빙하 등의 변화가 지구온난화를 이끌어 갈 수 있다는 것이다.

실제로 실험 결과를 분석한 결과 온실가스 증가로 인한 온난화 초기에는 온실가스가 지구 밖으로 나가는 열을 붙잡아 지구 기온을 올리는 것으로 나타났다. 하지만 수십 년이 지난 뒤부터는 온실가스가 지구 밖으로 나가는 열을 붙잡아 기온을 상승시키는 부분보다는 온난화로 대기 중에 수증기가 늘어나거나 눈과 얼음, 빙하가 녹아 태양에너지를 보다 더 많이 흡수하는 부분이 지구 기온 상승을 주도하는 것으로 나타났다.

여름철 수영장이나 해변에는 온몸에 태닝 오일을 바르고 구릿빛 피부를 만드는 사람들이 많다. 태닝 오일은 기본적으로 자외선이 피부에 미치는 영향을 극대화시키는 역할을 한다. 피부에 도달하는 자외선을 잘 흡수하고 표피 기저층에 있는 멜라닌 세포를 보다 자극할 수 있는 환경을 만들어 짧은 시간 안에 효과적으로 구릿빛 피부를 만드는 데 도움을 준다.

지구온난화 초기에는 기존의 생각처럼 온실가스가 담요 역할을 했다. 하지만 일단 온난화로 기온이 올라가기 시작하면 태닝 오일이 자외선의 영향을 극대화시켜 태닝의 효율을 높이는 것처럼 지구 환경이 태양 에너지를 더 많이 받아들일 수 있는 상태로 바뀌면서 온난화가 진행된다는 것이다.

물론 직접 가든 다른 곳을 들러 가든, 나가는 열을 잡는 방법을 택하든 아니면 들어오는 열을 늘리는 방법을 택하든 결과만 놓고 보면 지구 기온이 올라가는 것은 마찬가지다. 하지만 중간 과정을 제대로 알아야 지구온난화 예측의 정확도를 높일 수 있다.

마취가스 때문에
잠자는 동안 지구는 뜨거워진다

데스플루레인desflurane, 이소플루레인isoflurane, 세보플루레인sevoflurane. 병원이나 의학·제약 관련자를 제외하고는 대부분 사람들은 들어본 적이 없는 단어다. 하지만 비록 이름은 모르고 있어도 효과를 직접 경험해 본 사람은 많다. 들이 마시면 10초도 채 안 돼 자신도 모르는 사이에 깊은 잠에 빠져들게 된다. 수술 할 때 사용하는 흡입 마취가스다.

지금 이 시간에도 전 세계 수술실 곳곳에서 마취가스가 사용되고 있다. 환 자 한 사람을 마취하는 데 많은 양의 가스를 사용하는 것은 아니다. 하지만 전 세계에서 사용하고 있는 만큼 그 양은 무시할 수 없는 양이 될 수 있다. 특히 마취가스를 사용하면 그 마취가스가 인체 내에서 대사과정을 통해 다른 물질 로 바뀌는 것이 아니라 거의 같은 양이 환자의 호흡을 통해 공기 중으로 그대 로 배출된다. 수술시 사용하는 마취가스의 양 만큼 공기 중에 그대로 쌓이는 것이다.

문제는 흡입 마취가스가 매우 강력한 온실가스라는 점이다. 실제로 지난 2010년 미국과 노르웨이 공동연구팀은 공기 중으로 배출된 마취가스가 이산 화탄소와 비교해 지구온난화에 미치는 영향이 어느 정도인지 계산했다(Ryan and Nielsen, 2010). 마취가스의 지구온난화지수Global Warming Potential를 계산한 것이 다. 마취가스가 공기 중으로 배출돼 20년 동안 지구온난화에 영향을 미치는 정도를 계산한 결과, 데스플루레인의 경우 대표적인 온실가스인 이산화탄소보다 3,714배나 강력하고 이소플루레인은 1,401배, 세보플루레인은 349배나 강력한 것으로 나타났다.

미국과 덴마크 공동연구팀은 흡입 마취가스가 지구온난화에 영향을 미치는 기간을 100년으로 늘려 지구온난화지수를 다시 계산했다(Andersen et al., 2010). 계산 결과 데스플루레인의 지구온난화지수는 1,620, 이소플루레인의 지구온난화지수는 510, 세보플루레인의 지구온난화지수는 210이나 되는 것으로 나타났다. 공기 중으로 배출된 마취가스가 100년 동안 지구를 뜨겁게 하는 정도는 같은 양의 이산탄소보다 200배에서 최고 1,600배나 더 강력하다는 것이다.

연구팀은 특히 평균적으로 1명을 마취하는데 사용하는 마취가스가 지구온난화에 미치는 영향은 이산화탄소 22kg이 지구온난화에 미치는 영향과 같다고 설명하고 있다. 지구온난화 측면에서만 보면 환자 1명을 마취할 때마다 이산화탄소 22kg이 공기 중으로 배출되는 것과 같다는 것이다. 특히 전 세계에서 시행하고 있는 흡입 마취를 고려할 경우 마취가스가 지구온난화에 미치는 영향은 승용차 100만 대가 이산화탄소를 배출하면서 지속적으로 돌아다는 것과 같다고 연구팀은 주장하고 있다.

한번 공기 중으로 배출된 마취가스가 공기 중에 머무는 기간이 긴 것도 문제다. 마취가스가 수술실 부근에만 영향을 미치는 것이 아니라 전 지구적으로 영향을 미칠 수 있다는 것이다. 실제로 우리나라와 스위스 공동 연구팀이 2000년부터 2014년까지 도시지역뿐 아니라 수술실에서 멀리 떨어진 남극의 공기를 조사한 결과 남극에도 마취가스의 농도가 급격하게 높아지고 있는 것으로 나타났다. 그동안 사용한 마취가스가 수술실 부근에만 머물러 있는 것이 아니라 이미 지구 전체로 퍼져 쌓이고 있다는 뜻이다. 연구 결과를 담은 논문은 미국 지구물리학회지에 실렸다(Vollmer et al., 2015).

논문에 따르면 2014년 기준 대기 중 흡입 마취가스의 지구 평균 농도는 데

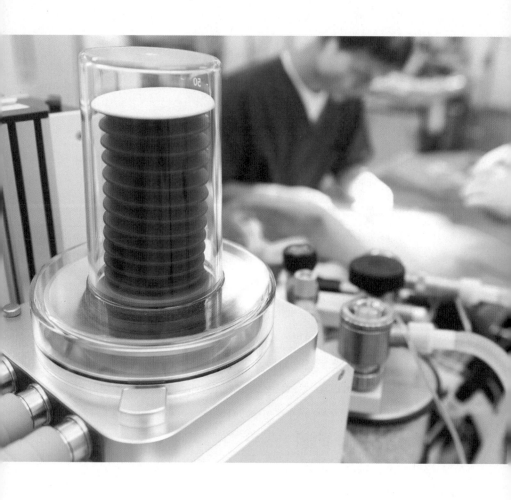

스플루레인의 경우 0.30ppt로 가장 높고 이어 세보플루레인이 0.13ppt, 이소플루레인은 0.097ppt로 나타났다. 연구팀은 지구온난화에 미치는 영향을 고려해 2014년 현재 공기 중에 있는 마취가스를 이산화탄소로 환산할 경우 310만 톤에 해당된다고 밝혔다. 마취가스로 인해 310만 톤의 이산화탄소가 공기 중에 추가로 배출돼 지구온난화를 가속화시키고 있는 것과 같다는 뜻이다.

흡입 마취가스가 지구온난화를 일으킨다는 주장이 계속해서 제기되자 마취가스 관련 분야에서는 강한 불쾌감을 표시하기도 했다. 마취가스가 지구온난화를 일으킨다는 것은 아직 그 영향이 구체적으로 확인되지 않은 추측에 불과하고 계산 방법에 문제가 있고 심지어 거짓에 불과한 것으로 진짜 재앙은 이런 연구 결과가 환자들을 위험에 빠뜨릴 수 는 것이라고 경고하고 나서기도 했다(Mychaskiw II, 2012).

데스플루레인desflurane, 이소플루레인isoflurane, 세보플루레인sevoflurane. 인류가 오랫동안 사용해 오고 있는 마취가스로 의학적으로 꼭 필요하고 많은 장점을 갖고 있는 것은 분명하다. 하지만 마취가스가 지구 대기에 계속해서 쌓이고 있고 아직 크지는 않지만 지구온난화에 영향을 미치고 있다는 것 또한 사실이다. 특히 앞으로 계속해서 마취가스 사용량이 늘어나고 사용한 마취가스가 모두 지구 대기에 그대로 쌓일 경우 마취가스가 지구온난화에 미치는 영향 또 무시할 수 없는 수준이 된다는 것도 사실이다.

인류는 냉장고와 에어컨의 냉매로 사용하던 프레온가스와 같은 오존층 파괴 물질을 오존층을 파괴하지 않는 새로운 물질로 대체한 경험이 있다. 인류가 파괴되는 오존층을 살려냈듯이 흡입 마취가스 역시 지구온난화에 미치는 영향을 최소화 할 수 있는 새로운 방법이나 물질은 없는지 고민할 필요가 있다. 지구는 단지 이산화탄소 하나 때문에 뜨거워지는 것이 아니라 모든 온실가스의 종합적인 영향으로 뜨거워지고 있다.

바이오 연료는
온실가스 감축 효과가 있나?

"바이오 연료가 연소될 때 배출되는 이산화탄소는 바이오 연료의 원료인 식물이 자라는 동안 흡수하는 이산화탄소와 같기 때문에 바이오 연료로 인해 대기 중에 추가로 배출되는 이산화탄소는 없다."

미국 에너지부U.S. Department of Energy 홈페이지에 있는 글이다. 바이오 연료도 화석 연료와 마찬가지로 자동차 연료로 사용할 때 이산화탄소를 배출하는 것은 사실이다. 하지만 바이오 연료의 원료인 식물이 자라는 동안 광합성을 하는 과정에서 대기 중에 있는 이산화탄소를 흡수하기 때문에 바이오 연료 생산과 소비 전체 과정을 보면 바이오 연료 때문에 대기 중에 추가로 늘어나는 이산화탄소는 없다. 바이오 연료에 대한 '탄소 중립Carbon Neutral' 이론이다. 미국 정부가 시행하고 있는 바이오 연료 장려 정책의 한 근간이기도 하다.

'바이오 연료'란 콩이나 옥수수, 사탕수수, 감자 같은 곡물이나 다른 식물, 해조류 등을 물리·화학·생물학적으로 가공해 만드는 연료로 이용하는 원료나 공정, 결과물에 따라 바이오 에탄올, 바이오 디젤, 바이오 가스 등으로 구분된다. 바이오 연료가 등장한 것은 전 세계가 기후변화와 화석연료 고갈 문제로 고심하고 있는 가운데 바이오 연료가 기존의 화석 연료를 대체할 가능성이 있을 뿐 아니라 화석 연료에 비해 온실가스 배출을 크게 줄일 수 있다는 '탄소 중립' 이론의 영향이 크다.

이 같은 이론을 근거로 각국에서는 바이오 연료 장려 정책이 시행되고 있다. 대표적인 것이 수송용 연료로 사용하는 화석 연료에 일정 비율의 바이오 에탄올이나 바이오 디젤을 의무적으로 섞어서 사용하게 하는 것이다. 이른바 '신재생에너지 연료 혼합 의무화제도(RFS: Renewable Fuel Standard)'다.

2021년 5월 현재 우리나라는 수송용 디젤의 경우 석유에서 뽑아낸 디젤 97.0%와 바이오 디젤 3.0%를 섞어 사용하도록 의무화하고 있다. 수송용 연료의 바이오 연료 혼합비율은 점차 확대될 전망이다. 정부는 신재생에너지 연료 사용을 늘리기 위해 현재 3.0%인 바이오 디젤 혼합비율을 3년마다 0.5%씩 늘려 2030년에는 5.0%까지 올린다는 방침이다. 2021년 7월부터 2023년까지는 3.5%, 2024년부터 2026년까지는 4.0%, 2027년부터 2029년까지는 4.5%, 2030년부터는 5%로 조정한다는 방침이다. 혼합비율을 이렇게 올리면 비용이 일부 늘어날 수는 있지만 온실가스를 줄이는 효과를 볼 수 있을 것으로 정부는 보고 있다.

하지만 바이오 연료의 부작용에 대한 비판도 적지 않다. 우선 기본적인 비판은 바이오 연료는 콩이나 옥수수, 감자 같은 곡물을 주원료로 하는 만큼 곡물 가격의 상승을 초래할 수 있다는 점이다. 또 전 세계적으로 먹을 것이 부족한 상황에서 곡물을 이용해 연료를 만드는 것이 윤리적이냐 하는 것도 문제다. 바이오 연료 생산용 토지 확보를 위해 곳곳에서 진행되고 있는 개간이나 산림 파괴도 큰 문제로 지적되고 있다.

특히 논란이 되는 것은 바이오 연료를 사용할 경우 화석 연료를 사용할 때보다 실제로 이산화탄소 배출이 줄어드느냐 하는 점이다. 최근 들어 현재의 바이오 연료 생산 방식에 '탄소 중립'이론을 적용하는 것은 문제가 있다는 주장이 계속해서 나오고 있다.

미국 미시간대학교 연구팀은 지금까지 바이오 연료 장려 정책의 기반이 된 100편 이상의 논문을 검토한 결과 대부분의 논문에 문제가 있어 연구를 다시

해야 한다는 논문을 최근 학회에 제출했다(DeCicco, 2015).

　바이오 연료가 화석 연료를 대체할 수 있는 친환경 연료라고 평가되는 이유는 바이오 연료 원료인 식물이 자라는 동안 대기 중 이산화탄소를 흡수한다는 사실 때문인데 지금까지의 많은 논문들은 식물이 자라는 동안 흡수하는 이산화탄소를 종합적으로 정확하게 계산하지 못했다는 것이다.

　예를 들어 현재 대부분 바이오 연료는 식량용으로 생산한 곡물을 이용해 만들고 있는데 식량용으로 생산한 곡물을 단순히 바이오 연료 원료로 이용한다고 해서 이산화탄소를 추가로 흡수한다고 보는 것은 말이 안 된다는 것이다. 바이오 연료 원료로 이용하지 않고 그대로 식량으로 이용해도 이 작물이 자라는 동안 이산화탄소를 흡수하는 역할을 한 것인데 식량 대신 바이오 연료 원료로 이용한다고 해서 마치 그동안 흡수하지 않던 이산화탄소를 추가로 흡수하는 것처럼 계산하는 것은 잘못이라는 뜻이다.

　미시간대학교 연구팀은 지난 2013년에도 바이오 연료의 이산화탄소 배출량 평가에 문제가 있다는 연구 결과를 학회에 보고한 바 있다(DeCicco, 2013).

　비용이나 기술, 부작용 등 다른 것을 고려하지 않고 이상적으로 생각할 경우 '탄소 중립'은 그동안 식물이 전혀 없던 사막이나 물 같은 곳에서 바이오 연료 생산용 식물을 재배해 식물이 자라는 동안 대기 중 이산화탄소를 흡수할 경우만 성립될 수 있다. 기존에 곡물을 재배하던 토지나 초원, 또는 산림에서 바이오 연료 생산용 식물을 재배할 경우 기존에 있던 식물 역시 이산화탄소를 흡수했던 만큼 단순히 바이오 연료 원료로 바꿔 재배한다고 해서 온실가스를 추가로 더 흡수한다고 볼 수는 없는 것이다. 오히려 기존의 초원이나 산림이 매년 수확하는 바이오 연료용 식물보다 이산화탄소를 더 많이 흡수할 가능성도 있다. 주변의 다른 상황은 전혀 고려하지 않고 오로지 바이오 연료 생산 과정만 분리해 독립적으로 온실가스 배출과 흡수를 계산하는 현재의 방법에는 문제가 있다는 것이다. 바이오 연료 장려 정책의 근간에 문제가 있을 수 있다는 뜻이다.

실제로 바이오 연료와 관련해서 최근 문제점으로 대두되고 있는 것이 이른바 바이오 연료 생산용 식물을 재배하기 위해 기존의 토지 용도를 바꿀 경우 간접적으로 나타날 수 있는 영향(ILUC; Indirect Land Use Change)이다.

예를 들어 시장에서 요구하는 바이오 연료의 양이 늘어날 경우 기존의 재배지역뿐 아니라 개간 등을 통해 산림을 파괴하고 바이오 연료 생산용 식물을 재배할 수 있는데 이 경우 바이오 연료의 온실가스 배출량 저감 효과를 산출할 때 단순히 바이오 연료 생산용 식물의 온실가스 흡수만을 고려해서는 안되고 기존 산림이 온실가스를 흡수하던 부분도 반드시 고려해야 한다는 것이다. 바이오 연료 생산용 식물을 재배하기 위해 기존에 이산화탄소를 잘 흡수하던 산림을 파괴해 나타나는 역효과도 포함시켜야 한다는 뜻이다.

이 논란의 시작은 2008년 과학저널 사이언스에 발표된 논문이다(Searchinger et al, 2008). 미국 프린스턴대학교와 아이오와대학교 등 공동 연구팀이 기존의 생각과 달리 바이오 연료가 오히려 온실가스 배출량을 크게 증가시킬 수 있다는 연구결과를 발표했다.

미국에서 옥수수를 이용해 바이오 에탄올을 생산할 경우 가솔린을 사용할 때보다 온실가스 배출량이 93%나 늘어나고 셀룰로오스 에탄올을 생산할 경우도 가솔린을 사용할 때보다 온실가스 배출량이 50%나 더 늘어난다는 것이다. 바이오 연료용 식물을 재배할 때 대기 중에 있는 온실가스를 흡수하는 것은 사실이지만 토지사용 변경으로 인한 간접적인 영향까지 고려할 경우 전체적으로는 바이오 연료가 화석 연료보다 오히려 온실가스를 더 많이 배출한다는 것이다. 요약하면 다음과 같다.

자료: Searchinger et al, 2008

연료형태	원료 생산과정	정제과정	연소과정 (자동차)	원료 생산 시 온실가스흡수	토지사용 변경영향	온실가스 총 배출량	온실가스 증감 효과
가솔린	+4	+15	+72	0	–	+92	–
옥수수 에탄올	+24	+40	+71	−62	+104	+177	+93%
셀룰로오스 에탄올	+10	+9	+71	−62	+111	+138	+50%

* 온실가스 배출량 단위(g/MJ)
연료 별로 1메기 줄(MJ)의 에너지를 생산할 때 배출되는 온실가스 그렘 수
* 실험에서 토지 사용 변경은 30년에 걸쳐 진행되는 것을 가정

논문이 발표된 후 바이오 연료 장려 정책을 추진하고 이를 뒷받침하는 연구를 진행해 온 연구팀의 반박이 이어진 건 물론이다. 앞으로도 토지 사용 변경으로 나타날 수 있는 간접적인 영향에 대해 연구자들의 엇갈린 주장이 나올 가능성이 크다.

바이오 연료에 대한 이런저런 부작용이 불거지면서 바이오 연료 장려 정책에도 다소 변화가 나타났다. 유럽연합은 당초 오는 2020년까지 수송용 연료의 바이오 연료 혼합비율을 10%까지 올린다는 목표를 세웠지만 유럽연합 집행위원회는 이를 절반인 5%로 낮추는 방안을 제안했고 유럽연합 의회는 목표 혼합비율을 최종6%로 낮추는 안을 가결한 바 있다. 장려하던 바이오 연료 정책의 후퇴다. 유럽연합은 앞으로 바이오 연료 생산을 위한 토지사용 변화가 온실가스 배출에 미치는 간접적인 영향을 과학적으로 더 검증한다는 방침이다 (European Commission, 2014).

바이오 연료는 분명 화석 연료에 대한 의존도, 중동에 대한 의존도를 낮출 수 있는 하나의 대체 연료임에 틀림없다. 하지만 평가의 허점과 생산 과정에 대한 지나치게 단순화된 인식 등으로 인해 기후변화가 오히려 더 악화되고 에너지 시스템과 산업에 혼란을 초래하는 것은 아닌지 다시 한 번 따져볼 필요가 있다.

온실가스 감축 실패…
최악의 시나리오 따라가나

2015년 3월 전 세계 월평균 대기 중 이산화탄소 농도는 400.83ppm, 관측사상 처음으로 400ppm을 넘어섰다. 미국 국립해양대기국NOAA이 전 세계 청정지역 40개 관측소에서 채취한 공기시료를 분석해 산출한 결과다. 언제가는 400ppm을 넘을 것으로 예상은 했지만 실제로 400ppm을 넘어서자 많은 사람들이 깜짝 놀랐다. 심리적 저지선이 무너진 것이다. 하지만 이후에도 대기중 이산화탄소 농도는 조금도 머뭇거리지 않고 지속적으로 상승하고 있다. 대표적인 온실가스 관측소인 미국 하와이 마우나로아Mauna Loa 관측소의 2021년 3월 17일 현재 대기중 이산화탄소 농도는 416.94ppm 을 기록하고 있다. 심리적 저지선이었던 400ppm이 옛일이 된지 이미 오래다.

지난 2012년 북극 관측소의 대기 중 이산화탄소 농도가 400ppm을 넘어섰고 2013년에는 하와이 마우나로아 관측소의 이산화탄소 농도가 400ppm을 넘어서기도 했지만 전 세계 월평균 이산화탄소 농도가 400ppm을 넘어선 것은 지난 1958년 온실가스 관측을 시작한 이래 2015년 3월이 처음이었다. 현생인류Homo sapiens sapiens가 출현하기 훨씬 이전부터인 지난 80만 년 동안 대기 중 이산화탄소 농도가 400ppm을 넘어선 적은 없었다(자료: 미국 UCSD 스크립스 해양연구소).

특히 대기 중 이산화탄소 농도는 최근 들어 폭발적으로 증가했다. 산업화 이

전인 18세기 중반에 280ppm이었던 대기 중 이산화탄소 농도는 250년 만에 120ppm이 증가했고 이 가운데 절반인 60ppm 정도는 1980년부터 35년 만에 증가했다. 특히 2012년부터 2014년까지 3년 동안에는 연평균 2.25ppm씩이나 급증했다.

대기 중 이산화탄소 농도가 400ppm을 넘어선 것은 무엇보다도 현재 국제 사회가 온실가스 배출량을 줄일 수 있는 의미 있는 답을 내놓지 못하고 있다는 것을 뜻한다. 각국이 나름대로 온실가스 배출량을 줄이려는 노력을 한다고는 하지만 효과가 전혀 나타나지 않고 있는 것이다. 국제 사회가 온실가스 감축에 사실상 실패하고 있는 것이다.

실제로 전 지구 탄소 수지Global Carbon Budget 자료에 따르면 2014년 현재까지 전 세계 이산화탄소 배출량은 아무런 저감 노력 없이 지금껏 배출했던 추세대로 계속해서 온실가스를 배출하는 시나리오(RCP8.5)를 따라가고 있다(자료: Global Carbon Project). 인정하고 싶지는 않지만 현재 인류의 온실가스 배출량이 최악

자료: CDIAC/GCP/IPCC/FUSS et al 2014

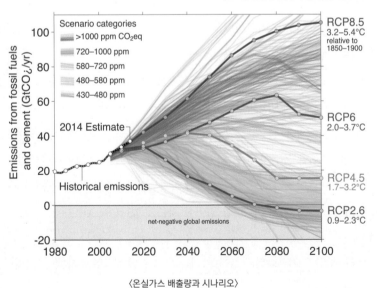

〈온실가스 배출량과 시나리오〉

의 시나리오를 따라가고 있는 것이다(그림 참고). 아직 모든 국가가 온실가스 감축에 적극 동참하고 있는 것은 아니지만 각국이 나름 지구온난화에 대해 우려를 하고 있기 때문에 이와 같은 현상은 나타나지 않을 것으로 기대했지만 현실은 최악의 시나리오를 따라가고 있는 것이다.

온실가스 배출량 증가는 곧 지구기온 상승을 의미한다. 최악의 시나리오를 따라가면서 온실가스 배출량이 현재와 같은 추세대로 늘어날 경우(RCP8.5) 2100년에는 지구 평균기온이 산업화 이전보다 적게는 3.2℃에서 크게는 5.4℃나 상승할 것으로 예상된다.

현재 국제 사회는 전 지구 평균기온 상승폭을 산업화 이전보다 2℃ 이내로 묶는 것을 목표로 하고 있다. 기온 상승폭이 2℃를 넘어설 경우 지구온난화가 돌이킬 수 없을 정도로 진행될 가능성이 있는데다 해수면 상승이나 집중호우, 폭염, 가뭄 같은 재앙이 급증할 것으로 우려되기 때문이다.

지구온난화가 진행되면서 전 지구 평균 기온은 지난 133년간(1880~2012년) 0.85℃나 상승했다(자료: IPCC). 2℃까지 상승하기까지는 아직 여유가 있는 것처럼 보이지만 계속해서 늘어나고 있는 온실가스를 고려할 경우 지금 당장 온실가스 배출량을 급격하게 줄이지 않으면 쉽지 않은 상황이다. 실제로 현재와 같은 추세로 지구온난화가 진행될 경우 금세기 안에 전 지구 기온 상승폭이 2℃를 넘어설 가능성이 큰 것으로 학계는 보고 있다.

물론 앞으로 온실가스 배출량이 최악의 시나리오를 따라가지 않을 가능성도 얼마든지 있다. 온실가스 배출량 저감을 위한 국제 사회의 즉각적이고 실질적인 노력과 행동, 세계 경제의 화석연료 의존도 탈피, 신재생 에너지 개발, 에너지 효율 향상, 온실가스 포집 기술 개발, 지속가능한 농법 개발 등이 해법이다.

하지만 현재 세계 경제가 석유나 석탄 같은 화석연료에 크게 의존하고 있는 점을 감안하면 당장 온실가스 배출량을 급격하게 줄이는 것은 사실상 쉬운 일

은 아니다. 미국 에너지정보국US Energy Information Administration은 화석연료 의존도를 고려할 때 2035년까지는 온실가스 배출량이 늘어날 것으로 보고 있다. 온실 가스 배출량이 늘어나면 늘어날수록 대기 중 이산화탄소 농도는 높아질 수밖에 없다.

관측사상 처음으로 400ppm을 넘어서 지속적으로 상승하고 있는 전 세계 대기 중 이산화탄소 농도, 앞으로 온실가스 배출량에 따라 21세기 안에 500ppm을 넘어 600ppm까지도 올라갈 가능성도 있다. 산업화 이전에 280ppm에 머물던 대기 중 이산화탄소 농도가 300년 만에 2배 정도나 높아질 가능성이 있는 것이다. 심리적 저지선을 넘어서 빠르게 상승하고 있는 이산화탄소 농도가 인류에게 다시 한 번 강력한 경고의 메시지를 보내고 있다.

영구동토 메탄…
아직 대량 방출은 안됐다

전체 면적이 2천 3백만 제곱킬로미터로 북반구 육지 면적의 24%를 차지하고 있는 땅. 남한 면적의 230배나 되는 땅. 알래스카와 캐나다 북부, 시베리아, 티베트 고원 등에 분포하고 있는 땅이 바로 '영구동토permafrost'다. 영구동토는 2년 이상 연속적으로 얼어 있는 땅을 말하는 것으로 얼어 있는 땅의 깊이도 수 미터에서 최고 1,500미터가 넘는 곳도 있다. 현존하는 영구동토는 대부분 2만 년 전에 있었던 빙하 극대기LGM: Last Glacial Maximum에 만들어진 것이다(자료: International Permafrost Association).

수천 년에서 2만년이나 얼어 있던 영구동토가 최근 빠르게 녹고 있다. 지구온난화로 북극권의 기온이 다른 지역에 비해 2배 정도나 빠르게 올라가고 있기 때문이다.

문제는 영구동토가 녹으면서 영구동토에 갇혀 있던 탄소C가 공기 중으로 방출된다는 것이다. 영구동토에는 막대한 양의 썩은 식물이나 동물의 사체 같은 유기물이 들어 있는데 기온이 올라가 동토가 녹으면서 얼어 있던 유기물도 녹게 되고 분해되는 과정에서 대표적인 온실가스인 이산화탄소CO2나 메탄CH4의 형태로 탄소가 공기 중으로 방출되는 것이다.

현재 영구동토에는 1,700Gt기가톤의 탄소가 얼어 있는 유기물에 들어 있는 것으로 학계는 추정하고 있다. 현재 대기 중에 있는 탄소 양의 2배 정도, 적도

지방 산림에 들어 있는 탄소 양의 3~7배에 해당하는 엄청난 양이다(자료: International Permafrost Association).

우려되는 것은 마치 폭탄이 터지는 것처럼 영구동토에서 짧은 기간 동안에 온실가스가 대량으로 방출될 경우 급격한 기후변화가 초래될 가능성이 크다는 것이다. 실제로 지구역사에는 이와 비슷한 경우가 있었다.

독일과 영국, 프랑스 공동 연구팀은 남태평양 타이티Tahiti 주변 산호 분석을 통해 지금부터 1만 4,600년 전인 빙하기 말기 볼링-알러뢰드 온난기Bølling/ Allerød warm period가 시작되는 시점에 짧은 기간 동안 대기 중 온실가스가 갑자기 증가한 것은 영구동토가 녹으면서 엄청난 양의 온실가스가 방출됐기 때문이라는 새로운 사실을 밝혀냈다. 연구논문은 과학 저널 네이처 커뮤니케이션 Nature communications에 발표됐다(Köhler et al. 2014). 빙하코어ice core 분석을 통해 당시 짧은 기간 동안 온실가스가 급증하면서 온난화가 급격하게 진행됐다는 사실은 밝혀졌지만 짧은 기간에 온실가스가 어디서 그렇게 많이 나왔는지는 지금까지 설명을 할 수가 없었다.

다행인 것은 최근 수 십 년 동안의 급속한 온난화에도 불구하고 알래스카 같은 영구동토에 들어 있는 탄소가 아직 대량으로 방출되지는 않은 것으로 확인됐다. 미국 항공우주국 제트추진연구소NASA JPL는 알래스카 영구동토 상공에서 메탄 관측을 한 결과 메탄이 대량으로 방출되고 있지는 않는 것으로 나타났다고 미국국립과학원회보PNAS에 보고했다(Chang et al. 2014).

연구팀이 영구동토가 녹는 기간인 지난 2012년 5월부터 9월까지 비행기로 알래스카에서 방출되는 공기를 포집해 분석한 결과 알래스카 전체에서 1 제곱미터 당 하루에 평균 8mg의 메탄이 방출되고 있는 것으로 나타났다. 메탄은 보통 습지에서 많이 방출되는데 습지만 고려할 경우 1 제곱미터 당 하루에 56mg의 메탄이 방출되고 있는 것으로 조사됐다.

이를 다시 알래스카지역 전체로 환산할 경우 분석기간인 5월부터 9월까지

5개월 동안 알래스카에서 방출된 메탄 총량은 2.1Mt^{메가톤}이 된다. 지금까지 여러 가지 방법으로 알래스카에서 식물이 성장하는 동안 영구동토가 방출할 것으로 예측한 연평균 메탄 방출량 2.3메가톤과 큰 차이가 없는 것이다. 특히 한 해에 전 세계에서 대기중으로 배출되는 메탄이 모두 550메가톤인 것과 비교하면 알래스카 영구동토에서 방출되는 메탄이 차지하는 비중은 아직은 크지 않다. 영구동토에서 방출되는 온실가스가 지구온난화를 가속화시킬 엄청난 폭발력을 가지고 있는 것은 사실이지만 실제 관측을 해보니 아직까지는 예상을 뛰어넘는 대량 방출은 없다는 뜻이다.

물론 관측 연구가 2012년에 처음 시작된 것인 만큼 2012년 이전에 어떤 일이 있었는지, 혹시 이미 대량 방출이 있었던 것은 아닌지, 해마다 방출량에는 어떤 변동이 있는지는 알 수 없다.

현재 예상으로는 2100년까지 영구동토에 갇혀 있는 43~135기가톤의 이산화탄소에 해당하는 탄소가 대기 중으로 방출될 것으로 학계는 예상하고 있다. 이렇게 될 경우 영구동토에서 방출되는 탄소만으로도 전 지구 평균기온이 0.1~0.3℃는 올라갈 것으로 전망하고 있다. 지난 1906부터 2005년까지 100년 동안 지구 평균기온이 0.74℃ 상승한 것과 비교하면 앞으로 100년 동안 영구동토가 녹는 것만으로도 지구 평균기온이 최고 0.3℃ 상승한다는 것은 엄청난 큰 변화다.

현재 추세대로 지구온난화가 진행될 경우 2100년에는 현재보다 최고 4℃ 이상 기온이 더 올라갈 것으로 IPCC^{기후변화에 관한 정부 간 협의체}는 전망하고 있다. ①기온 상승→ ②영구동토 해동 → ③온실가스(메탄, 이산화탄소) 방출 → ①기온 상승 → ②영구동토 해동 → ③온실가스 방출이 반복되는 '양의 되먹임 현상^{positive feedback}'이 발생할 가능성이 큰 것이다.

지금부터 1만 4,600년 전인 빙하기 말기 영구동토가 녹으면서 대량으로 방출된 온실가스가 빙하기에서 간빙기인 현 시대로 넘어오는 하나의 계기가 된 것처럼 최근 인간 활동으로 인한 급속한 온난화가 가까운 미래에 영구동토를 급격하게 녹게 만들 경우 과거와 비슷한 방법으로 짧은 기간 동안에 갑작스런 기후변화를 초래할 가능성을 배제할 수 없다.

소가 트림을
하지 못하게 하라

소나 양, 염소, 사슴, 기린의 공통점은 반추동물, 되새김질을 하는 동물이라는 점이다. 반추동물은 우선 먹이를 삼켜 첫 번째 위를 채운 뒤 편안한 곳에서 먹은 것을 게워내 다시 씹는 되새김질을 한다.

반추동물의 첫 번째 위에는 많은 미생물이 살고 있다. 이 미생물은 삼킨 먹이를 발효시키는 역할을 하는데 먹이가 발효되는 과정에서 메탄CH4이 발생하고 이 때 만들어진 메탄은 동물이 트림을 하는 동안 공기 중으로 배출된다.

반추동물이 배출하는 메탄은 두 가지 관점에서 바라볼 필요가 있다.

우선 메탄은 에너지라는 점이다. 액화천연가스LNG나 셰일가스Shale gas의 주성분이 메탄이라는 것에서 알 수 있듯이 반추동물이 트림을 통해 메탄을 배출하는 것은 먹이를 통해 얻은 에너지의 일부를 사용하지 않고 그대로 방출한다는 뜻이 된다. 반추동물이 트림을 많이 해서 메탄을 많이 배출하면 배출할수록 성장에 필요한 에너지가 줄어들게 되고 결과적으로 성장이 느려지고 생산성이 떨어질 가능성이 있다. 반추동물을 키워 고기나 젖을 생산하는 농민 입장에서는 동물이 트림을 많이 하는 것이 결코 반가운 일은 아니다.

두 번째는 메탄이 강력한 온실가스라는 점이다. 메탄이 지구온난화에 기여하는 정도(지구온난화지수Global Warming Potential)는 이산화탄소보다 20~80배나 크다. 반추동물이 트림을 많이 하면 많이 할수록 그만큼 강력한 온실가스가 많이 배출되는 것이다.

그렇다면 반추동물이 트림을 통해 배출하는 메탄을 줄일 수 있는 방법은 없을까?

반추동물이 배출하는 메탄을 줄이려는 노력은 지난 1950년대부터 시작됐다. 메탄 발생을 억제하는 각종 약물을 먹이에 섞어주는 방법부터 위에서 먹은 것을 발효시키는 미생물을 없애는 항생제나 백신을 투여하는 방법, 그리고 각종 식물성 추출물이나 지방산, 심지어 계면활성제까지 사용해 메탄 발생을 줄이려는 노력이 이어졌다(Kobayashi, 2010). 최근에는 트림을 통해 배출되는 온실가스를 줄이기 위한 목적이 더 크지만 초기에는 버려지는 에너지를 줄여 생산성을 높이기 위한 시도였다.

그런데 반추동물에 메탄 배출을 줄이는 각종 약물이나 화합물, 항생제, 백신을 투여하면 반추동물의 성장이나 건강에 어떤 문제를 일으키는 것은 아닐까? 생산성이 떨어지는 것은 아닐까? 또 메탄 발생 억제제를 투여한 반추동물의 육류나 젖을 사람이 섭취해도 건강에 문제는 없는 것일까? 환경에 미치는 영향은 없을까? 또 어떤 억제제를 얼마만큼 사용하는 것이 가장 효과적일까?

최근 미국과 브라질, 호주, 스위스, 프랑스 국제 공동 연구팀은 '3NOP(3-nitrooxypropanol, 일종의 메탄 발생 억제제)'라는 물질이 젖소가 배출하는 메탄을 30%나 줄이면서도 우유의 생산량에는 영향을 미치지 않고 젖소의 소화능력에도 영향을 주지 않는 것으로 나타났다고 밝혔다. 연구논문은 미국국립과학원회보 PNAS 최근호에 실렸다(Hristov et al., 2015).

연구팀은 홀스타인 젖소 48마리를 대상으로 12주 동안 사료에 메탄 발생 억제제인 '3NOP'를 섞어 먹인 결과 젖소가 트림으로 배출하는 메탄의 양이 30%나 줄어드는 것을 확인했다. 물론 3NOP를 먹여도 젖소의 소화능력이나 우유 생산량에는 변화가 없는 것으로 나타났다. 하지만 사료에 3NOP를 섞어 먹일 경우 우유 성분 가운데 단백질이나 젖산의 양은 늘어나는 것으로 나타났다.

  특히 12주 동안 3NOP를 먹은 젖소의 경우 3NOP를 먹지 않은 젖소에 비해 체중 증가량이 80%나 더 많은 것으로 나타났다. 온실가스 배출을 크게 줄일 수 있을 뿐 아니라 지금보다 적은 비용으로 훨씬 더 빠르게 키울 수 있다는 뜻이다. 연구팀은 사료에서 얻은 에너지가 메탄으로 배출되지 않고 세포 합성에 이용돼 소의 체중을 늘린 것으로 분석했다.

  뉴질랜드의 경우 소와 같은 반추동물이 트림 등을 통해 배출하는 온실가스가 뉴질랜드 전체가 배출하는 온실가스의 절반이 넘는 57%를 차지한다. 2012년 미국에서 사육하는 가축에서 배출한 메탄은 이산화탄소로 산출할 경우 1억 4천만 톤이나 됐다. 미국에서 인간 활동으로 인해 배출되는 메탄의 25%가 가축으로부터 배출되는 것이다. 전 세계적으로도 반추동물이 배출하는 온실가스는 이산화탄소로 환산할 경우 한해에 21억 톤이나 된다. 전 세계에서 배출되는 온실가스의 6.3%를 가축이 배출하는 것이다(Hristov et al., 2015).

  소나 양 같은 반추동물의 육류에 대한 수요가 늘어나면 늘어날수록 반추동물 사육 두수는 크게 늘어나고 트림을 통해 배출되는 온실가스 또한 급증할 수밖에 없다. 지금과 같은 추세라면 메탄 배출 억제제를 먹인 소나 양의 고기가 우리 식탁에 올라올 날이 머지않아 보인다. 하지만 메탄 발생 억제제를 먹인 가축의 고기나 유제품이 우리의 건강이나 환경에 어떤 영향을 미칠 것인지에 대해서는 좀 더 연구가 필요해 보인다.

흰개미에게 '메탄세'를
물릴 수는 없지 않은가

소가 방귀를 뀔 때 나오는 물질, 습지에서 식물이 썩어 분해될 때 나오는 물질, 영구 동토凍土가 녹아내릴 때 나오는 물질, 다름 아닌 메탄CH_4이다.

하지만 메탄은 습지나 동토 같은 자연에서만 배출되는 것은 아니다. 난방을 할 때나 화력발전소에서 전기를 생산할 때도 천연가스를 많이 사용하고 있는데 이 때 사용하는 천연가스의 주성분이 바로 메탄이다. 일상생활에서도 메탄이 얼마든지 공기 중으로 배출될 수 있는 것이다.

문제는 메탄이 이산화탄소CO_2 다음으로 많이 배출되는 온실가스라는 점이다. 특히 메탄은 배출되는 양 자체는 이산화탄소보다 적지만 지구를 뜨겁게 가열하는 정도인 지구온난화지수GWP: global warming potential는 이산화탄소보다 수십 배(20년 기준 86배, 100년 기준 34배)나 크다. 만약 같은 양이 공기 중으로 배출된다면 메탄은 이산화탄소보다 수십 배나 지구를 더 뜨겁게 가열하는 매우 강력한 온실가스라는 뜻이다.

그렇다면 메탄은 누가 어느 지역에서 많이 배출하고 있을까? 소를 많이 키우는 지역에서 많이 배출되고 있을까? 아니면 습지나 시베리아 동토 같은 곳에서 많이 배출되고 있을까?

일본 연구팀이 최근 지구촌에서 온실가스를 가장 많이 배출하고 있는 지역인 아시아 지역에서 메탄이 실제로 얼마나 배출되고 있는지 구체적으로 산출

한 결과를 발표했다(Ito et al., 2019). 연구팀은 1990년부터 2015년까지의 배출원 자료, 그리고 지상과 항공기, 인공위성에서 관측한 메탄 자료 등을 이용했다.

강력한 온실가스인 메탄이 공기 중으로 배출되는 과정은 자연에서 배출되는 과정과 인간 활동으로 인해 배출되는 과정으로 크게 나눠볼 수 있다. 우선 인간 활동과 관련해서는 천연가스 같은 화석 연료를 채굴하는 과정이나 산업체에서 화석 연료를 이용하는 과정, 쓰레기 처리 과정, 농작물 재배나 농업 폐기물 처리 과정, 그리고 소를 비롯한 반추동물이 트림을 하거나 방귀를 뀔 때 배출된다. 자연에서도 습지처럼 산소가 부족한 상태에서 식물의 사체가 분해될 때 메탄이 배출될 수 있고 영구 동토가 녹아내릴 때도 동토 아래 갇혀 있던 메탄이 배출될 수 있다. 또 산불이 났을 때나 흰개미가 반추동물처럼 미생물을 이용해 셀룰로스를 분해하는 과정에서도 메탄이 배출된다. 반면에 토양이 산화oxidation되는 과정에서는 공기 중에 있는 메탄을 흡수하기도 한다.

분석결과 아시아 지역에서 인간 활동으로 인해 배출되는 메탄은 연평균 59.78 메가톤(=Tg, 테라그램)이나 되는 것으로 나타났다. 자연에서 배출되는 양은 7.53 메가톤으로 산출됐다. 자연보다 인간이 배출하는 메탄의 양이 8배 정도나 많은 것이다. 아시아 지역에서 배출되는 메탄의 총량 67.31 메가톤(자연 + 인간) 가운데 90% 정도를 인간이 배출하고 있는 것이다.

실제로 아시아 지역의 인구밀도와 메탄을 많이 배출하는 지역을 살펴보면 두 지역이 거의 완벽하게 일치한다(그림 참고). 인구밀도가 높은 중국 동부를 비롯해 방글라데시와 인도, 파키스탄 등에서 메탄이 집중적으로 배출되고 있다. 우리나라에서는 수도권과 충청, 호남 등 서해안 지방과 부산, 경남, 울산 지역이 붉게 표시되어 있다.

자료: Ito et al., 2019

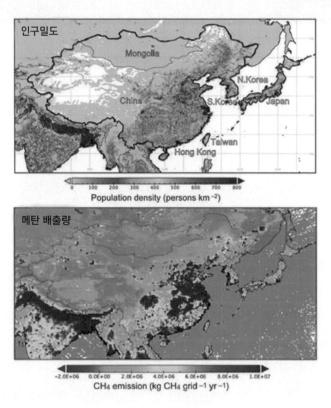

〈아시아 지역 인구밀도와 메탄 배출량〉

국가별 배출량을 보면 중국이 다른 나라와는 비교할 수 없을 정도로 많은 양의 메탄을 배출하고 있다. 아시아 지역 전체에서 매년 배출하는 67.31 메가톤의 메탄 가운데 92% 정도인 61.7 메가톤을 중국이 배출하고 있다. 우리나라는 연평균 1.45 메가톤을 배출하는 것으로 조사됐다. 중국이 우리나라보다 43배 정도나 많은 메탄을 배출하고 있는 것이다(표 참고).

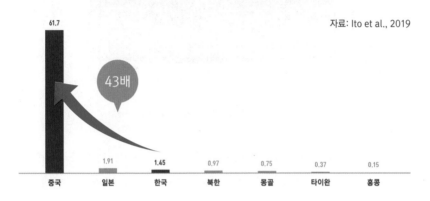

<자료: Ito et al., 2019>

〈아시아 국가별 연평균 메탄 배출량(메가톤)〉

배출원별로 나눠보면 천연가스를 비롯한 화석연료 채굴 과정이나 관련 시설에서 배출되는 메탄이 가장 많은 연평균 17.33 메가톤이나 됐고, 이어 농업분야, 쓰레기 처리 과정, 가축 사육과정, 습지 순으로 배출량이 많은 것으로 나타났다.

한 예로 2010년 배출된 메탄의 배출원을 보면 아래 그림과 같다(표 참고). 산불이나 흰개미에서 배출되는 양은 상대적으로 적어 그림에는 잘 나타나지 않고 있다. 토양이 산화되는 과정에서는 공기 중에 있는 메탄을 흡수하기 때문에 음-의 값으로 표시되어 있다.

지구온난화로 인한 기후변화 재앙을 막기 위해서 모든 나라가 이산화탄소뿐 아니라 메탄 배출을 줄이는 것은 당연하다. 특히 아무리 인구가 많다는 것을

자료: Ito et al., 2019

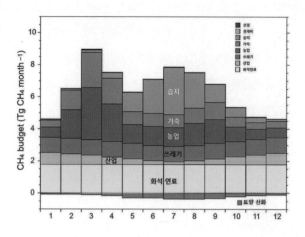

〈배출원에 따른 월별 메탄 배출량(메가톤)〉

고려한다 하더라도 다른 나라에 비해서 월등하게 많은 메탄을 배출하고 있는 중국에 대한 국제 사회의 공동 대응과 협력 또한 절실한 상황이다. 흰개미가 메탄을 배출한다고 해서 흰개미를 모두 잡을 수도 없고 또 흰개미에게 세금, '메탄세'를 물릴 수도 없지 않은가.

온난화 억제 목표 2℃ 달성하려면
화석연료 땅 속에 그대로 둬야

지구 평균기온 상승폭을 산업화 이전과 비교해 2℃ 이내로 억제하라.

지구 평균기온이 산업화 이전보다 2℃이상 상승하면 지구온난화로 인한 환경변화를 되돌릴 수 없을 뿐 아니라 기후변화의 재앙 또한 피할 수 없다.

지구온난화로 인한 지구 기온 상승폭을 산업화 이전과 비교해 2℃ 이내로 억제해야 한다는 주장이 나온 것은 약 10년 전의 일이다. 이후 지난 2007년 발표된 IPCC기후변화에 관한 정부 간 협의체 제4차 평가보고서(AR4), 2009년 덴마크 코펜하겐에서 열린 유엔기후변화협약UNFCCC 보고서, 그리고 2014년 IPCC 제5차 평가보고서(AR5)에서도 지구 기온 상승폭을 2℃ 이내로 억제해야 한다는 것을 여러 차례 강조하고 있다. 지구 기온 상승폭을 2℃ 이내로 억제하는 것이 지구온난화에 대응하는 인류의 목표인 것이다.

모두가 알고 있듯이 지구온난화의 주범은 화석연료다. 그렇다면 현재 기술로 개발이 가능한 화석연료는 얼마나 되고 화석연료 사용을 어느 정도까지 줄여야 지구 기온이 2℃ 이상 올라가는 것을 막을 수 있을까?

영국 런던대학 연구팀은 과학저널 네이처에 지구온난화 억제 목표인 2℃를 달성하기 위해서는 매장돼 있는 화석연료의 상당부분을 캐지 말고 그대로 땅속에 둬야 한다는 논문을 발표했다(McGlade and Ekins, 2015). 2050년까지 개발하지 말아야 할 화석연료의 비율을 보면 석유의 경우 현재 개발 가능한 매장량의

33%, 가스는 매장량의 49%, 석탄은 매장량의 82%를 땅속에 그대로 둬야 한다.

대표적인 지역을 보면 중동의 경우 전체 석유 매장량의 38%인 2,630억 배럴을 땅 속에 그대로 둬야 되고 중남미 지역도 39%인 580억 배럴의 석유를 캐지 말아야 한다. 또 미국의 경우 석탄 매장량의 92%인 235기가톤을 캐지 말아야 하고 중국과 인도의 경우도 석탄 매장량의 66%인 180기가톤을 그대로 땅속에 묻어 둬야한다(표 참고).

이런 결과는 화석연료의 매장량과 화석연료가 연소될 때 배출되는 탄소의 양, 그리고 배출된 탄소가 지구 기온을 올리는 정도를 고려해 산출한 것이다.

논문에 따르면 현재 세계적으로 개발이 가능한 석유 매장량은 1조 2,940억

자료: McGlade and Ekins, 2015

국가(지역)	석 유		가 스		석 탄	
	10억 배럴	%	1조 세제곱미터	%	기가톤(Gt)	%
아프리카	23	21	4.4	33	28	85
캐나다	39	74	0.3	24	5.0	75
중국·인도	9	25	2.9	63	180	66
구 소련	27	18	31	50	203	94
중남미	58	39	4.8	53	8	51
유럽	5.0	20	0.6	11	65	78
중동	263	38	46	61	3.4	99
미국	2.8	6	0.3	4	235	92
전 세계	431	33%	95	49%	819	82%

〈2050년까지 개발하지 말아야 할 화석연료의 양과 비율〉

배럴, 가스는 192조 세제곱미터, 무연탄은 728기가톤, 갈탄은 276기가톤 정도다. 문제는 이 화석연료를 모두 개발해 사용할 경우 총 2,900기가톤의 이산화탄소에 해당하는 탄소가 공기 중으로 배출된다는 점이다.

IPCC는 최근 지구 평균기온 상승폭을 산업화 이전과 비교해 2℃ 이내로 억제하기 위해서는 2011년부터 2050년까지 이산화탄소 배출량을 870~1,240기가톤 정도로 억제해야 한다고 밝힌 바 있다. 2050년까지 현재 개발 가능한 화석연료를 모두 사용할 경우(이산화탄소 2,900기가톤 배출) 온난화 억제 목표보다 3배 정도나 많은 탄소가 공기 중으로 배출된다는 뜻이다. 결국 지구 온난화 억제 목표를 달성하기 위해서는 화석연료의 상당량을 사용하지 말고 땅속에 그대로 둬야 한다는 결론이 나온다.

그러면 지구온난화를 막기 위해 이처럼 당장 사용 가능한 엄청난 양의 화석연료를 땅속에 그대로 묻어 둘 수 있을까? 과학적인 근거를 바탕으로 계산한 것은 과학자이지만 실제로 이 목표를 달성하기 위해서는 국내뿐 아니라 국가 간의 합의와 조정, 그리고 정책결정자의 역할이 매우 중요하다. 인류는 국제적인 조정과 합의, 실천, 대체물질 개발로 오존층 파괴라는 환경문제를 공동으로 극복한 경험이 있다.

지난 1906년부터 2005년까지 100년 동안 지구 평균기온은 0.74℃ 상승했다. 온실가스를 감축하지 않고 현재와 같은 추세대로 온실가스를 배출할 경우(RCP8.5) 21세기 중반에는 지구 평균 기온 상승폭이 2℃를 넘어설 가능성도 있다. 지구온난화 억제 목표가 나오고 구체적인 화석연료 사용량까지 제시되고 있지만 어디까지나 과학적인 사실이고 주장일 뿐 현실적으로 이에 대해 합의하고 실천하는 데는 상당한 시간과 진통이 불가피할 전망이다.

신음하는 아마존,
이산화탄소 흡수보다 배출이 더 많다?

브라질과 페루, 콜롬비아, 베네수엘라, 에콰도르, 볼리비아 등 아마존 강 유역 9개 나라에 걸쳐 있는 세계에서 가장 큰 열대우림 바로 아마존 열대우림이다. 면적이 한반도 면적의 25배인 550만km²로 전 세계 열대우림의 절반 정도를 차지하고 있다(자료: Wikipedia).

지구의 허파로 알려진 아마존 열대우림은 특히 온실가스인 이산화탄소를 흡수하고 저장하는 데 결정적인 역할을 하고 있다. 현재 아마존 유역의 식물과 토양에는 5,550억~7,400억 톤의 이산화탄소가 저장돼 있다. 2014년 전 세계 화석연료 사용과 토지 사용 변화로 인한 이산화탄소 배출량이 320억 톤 정도임을 고려하면 매년 인간 활동으로 배출되는 이산화탄소 양의 20배 정도가 아마존 유역에 저장돼 있는 것이다. 특히 아마존 열대우림은 최근에도 연 평균 15~20억 톤 가량의 이산화탄소를 흡수하고 있다. 식물과 토양 등 육상에서 흡수하는 이산화탄소의 20% 이상을 아마존 열대우림이 흡수하는 것이다 (Brienen et al, 2015).

그러나 이산화탄소 보관창고 역할을 해오던 아마존 열대우림의 이산화탄소 흡수 능력이 크게 떨어진 것으로 나타났다. 심지어 아마존 열대우림에서 흡수하는 이산화탄소 양이 남미에서 배출하는 이산화탄소 양보다도 오히려 적은 것으로 나타났다. 영국을 비롯한 전 세계 100명에 가까운 학자가 참여한 이번 연구 결과는 과학저널 '네이처'에 실렸다(Brienen et al, 2015).

연구팀은 아마존 열대우림 321개 지역에서 20만 그루의 나무를 직접 관찰하고 1980년대부터 새로 자라난 나무와 죽은 나무 등을 조사했다. 아마존 열대우림의 이산화탄소 흡수 능력이 크게 떨어진 이유는 아직 명확하게 밝혀지지 않았다. 하지만 연구팀은 아마존 열대우림에서 새로운 나무가 자라는 것보다 말라 죽는 나무가 늘어나면서 전체적으로 생물량biomass, 바이오매스이 줄었기 때문인 것으로 보고 있다. 실제로 연구팀의 조사결과 아마존 열대우림은 지난 1980년대 중반 이래로 나무가 말라 죽는 비율이 30% 이상 높아진 것으로 나타났다.

일반적으로 대기 중에 이산화탄소 농도가 높아지면 광합성을 더 많이 하게 되고 꽃도 일찍 피고 열매도 일찍 맺게 되는데 문제는 빨리 자란 식물일수록 수명이 짧을 수 있다는 것이다. 최근 대기 중 이산화탄소 농도가 높아지면서 식물이 예전에 비해 빨리 자라고 빨리 죽는 경향이 나타나고 있는데 이 때문에 식물이 이산화탄소를 흡수하고 저장할 수 있는 기간 또한 짧아질 수밖에 없다는 것이다.

아마존 유역의 가뭄과 이상 고온 또한 이산화탄소 흡수 능력을 떨어뜨리는 한 원인으로 연구팀은 보고 있다. 지난 2005년과 2010년 아마존 유역에는 기록적인 가뭄이 발생했는데 이 때 수백만 그루 이상의 나무가 말라 죽었다는 것이다. 살아 있는 나무는 광합성에 필요한 이산화탄소를 흡수하지만 죽은 나

무는 이산화탄소를 흡수하지 못할 뿐 아니라 썩으면서 오히려 이산화탄소를 배출한다. 아마존 열대우림의 생물량이 크게 줄어들면서 아마존 열대우림에서 흡수하는 이산화탄소 양은 30%나 줄어든 것으로 나타났다. 1990년대만 해도 연 평균 20억 톤 정도의 이산화탄소를 흡수했던 아마존 열대우림은 2000년대 들어서는 연 평균 14억 톤 정도의 이산화탄소를 흡수하는 것으로 조사됐다.

특히 아마존 열대우림의 이산화탄소 흡수 능력이 크게 떨어진 가운데 가뭄이 발생할 경우 열대우림이 배출하는 이산화탄소 양이 흡수하는 양보다 오히려 많아질 수도 있다는 것을 최근 확인됐다. 영국과 스웨덴, 페루, 브라질, 호주 공동연구팀은 기록적인 가뭄이 발생했던 지난 2010년을 전후해 3년 동안 아마존 유역의 탄소 순환을 직접 관측한 결과 이 같은 사실을 발견했다고 밝혔다. 연구결과는 과학저널 '네이처'에 실렸다(Doughty et al, 2015).

연구팀은 아마존 열대우림 13개 지점에서 나무의 성장률과 광합성 정도를 측정했다. 측정결과 기록적인 가뭄이 강타한 지역의 경우 나무의 성장률에는 변함이 없는 것으로 나타난 반면 광합성 작용은 크게 떨어진 것으로 조사됐다. 가뭄이라는 극한 상황에서 나무는 광합성이라는 에너지 생산 과정을 줄이는 대신 성장이라는 에너지 소비 과정을 택한 것이다. 연구팀은 극한 상황 속에서 나무가 주변의 다른 나무보다 수분이나 빛 같은 양분을 더 많이 얻기 위해 성장에 우선순위를 둔 것으로 분석했다. 결국 가뭄이라는 극한 상황에서

광합성을 억제하고 성장에 집중함으로써 흡수하는 이산화탄소는 줄어들고 대신 배출하는 이산화탄소는 크게 늘어나는 상황이 발생한다는 것이다.

실제로 가뭄이 심했던 지난 2010년 아마존 열대우림에서는 광합성이 크게 줄어들면서 가뭄 이후인 2011년에 비해 이산화탄소 흡수량이 8억 톤~20억 톤(평균 14억 톤) 줄어든 것으로 나타났다. 2000년대 아마존 열대우림의 연 평균 이산화탄소 흡수량이 14억 톤인 점을 고려하면 가뭄이 심할 경우 아마존 열대우림에서 흡수하는 이산화탄소는 사실상 없거나 오히려 배출하는 양이 더 많을 수도 있다는 것이다. 특히 가뭄으로 말라 죽는 나무가 늘어나고 또 죽은 나무가 분해되면서 아마존 열대우림에서는 이산화탄소를 흡수하는 양보다 배출하는 양이 많아질 가능성이 더 높아지는 것이다.

연구팀은 실제로 가뭄 기간 동안 식물이 세포 유지 같은 건강에 에너지를 쓰지 못하고 성장에 에너지를 집중적으로 사용하면서 가뭄이나 가뭄이 지난 뒤에는 말라죽는 나무가 크게 늘어난다는 것을 확인했다. 연구팀은 가뭄이 발생할 경우 식물체내 탄소 가용성availability이 떨어지면서 물관이나 체관이 막히거나 물관에서 기포가 발생해 물 흐름이 끊어질 수 있는데 이 때문에 나무가 말라죽는 것으로 보고 있다.

연구팀은 특히 아마존 지역에서 발생한 2005년과 2010년의 기록적인 가뭄은 기후변화의 영향이 큰 것으로 보고 있다. 문제는 기후변화가 지속될 경우 열대우림지역의 가뭄은 더 심해지고 더 자주 나타날 가능성이 높아진다는 것이다. 앞으로는 열대우림에서 이산화탄소를 흡수하는 것보다 이산화탄소를 더 많이 배출하는 경우가 잦아질 수 있다는 것이다.

이산화탄소 흡수 능력이 크게 떨어지고 있는 아마존 열대우림, 그리고 더욱더 잦아질 것으로 예상되는 기록적인 가뭄, 신음하는 지구의 허파 아마존 열대우림에 기후변화까지 막아줄 것을 기대하는 것은 너무나 이기적인 것은 아닐까? 인간 스스로 온실가스 배출을 줄이려는 노력이 필요한 상황이다.

온실가스 주범으로 지목된
'인류 최고의 재료, 플라스틱'

인류가 만든 최고의 재료 가운데 하나가 바로 플라스틱이다. 전후좌우 어디를 봐도 플라스틱이 쓰이지 않은 곳이 없다. 마치 약방의 감초처럼 플라스틱이 쓰이고 있다. 이제 플라스틱이 없는 세상은 상상하기조차 힘든 시대가 됐다.

플라스틱 생산과 소비가 급격하게 증가하고 있다. 미국 캘리포니아대학교와 조지아대학교 등이 분석한 자료를 보면 1950년 2백만 톤에 불과했던 전 세계 플라스틱 생산량은 2015년에는 3억8천만 톤으로 급증했다. 66년 동안 연평균 8.4%씩이나 급성장한 것이다(Geyer et al., 2017). 매년 생산량이 급증하면서 2015년까지 전 세계에서 생산한 플라스틱의 양은 83억 톤이나 된다. 많이 쓰다 보면 탈이 나는 법, 생산한 83억 톤 가운데 63억 톤이 쓰레기가 됐다. 이 가운데 9% 정도는 재활용됐지만 12%는 소각되고, 나머지 79%는 쓰레기 매립장에 쌓여 있거나 산과 들, 강과 바다에 버려졌다. 재활용이 크게 늘어났다고는 하지만 2015년 기준 18% 정도가 재활용되고 있고 58%는 여전히 버려지고 있다.

버려진 플라스틱은 곧바로 자연 분해되지 않고 길게는 수백 년에서 1천 년까지도 작은 조각으로 남아 지구촌 생태계를 위협하고 있다. 대표적인 것이 물고기나 조개 등에 축적되는 해양 생물의 오염이다. 당연히 먹이사슬의 상층에 있는 인간도 플라스틱 오염으로부터 자유로울 수 없다. 편리하게 사용하고 버린 플라스틱의 역습이다.

학계는 지금과 같은 추세로 플라스틱을 만들고 소비할 경우 2050년까지 120억 톤의 플라스틱이 매립지에 쌓이거나 자연에 버려질 것으로 보고 있다. 지구촌이 말 그대로 플라스틱 쓰레기 범벅이 될 판이다. 급증하는 플라스틱 생산과 소비는 지구 생태계와 인간만 위협하는 것은 아니다. 해양 생물만 위협하는 것은 더더욱 아니다. 지구온난화로 인한 기후변화에도 커다란 골칫거리로 등장하고 있다.

식물에서 원료를 뽑아내 만드는 바이오 플라스틱이 있기는 하지만 현재 대부분의 플라스틱은 석유에서 원료를 뽑아내 만든다. 석유에서 원료를 뽑아내고 플라스틱으로 물건을 만들고 만든 물건을 운반하고 또 플라스틱 쓰레기를 처리하는 이 모든 과정에서 온실가스가 나오기 마련이다.

미국 캘리포니아대학교의 연구결과에 따르면 2015년 플라스틱 제조와 운반, 처리 등 모든 과정에서 발생하는 온실가스가 17억 톤이나 되는 것으로 나타났다(Zheng and Suh, 2019). 연구팀은 지금과 같은 추세로 플라스틱 생산과 소비 과정에서 온실가스가 배출될 경우 2050년에는 65억 톤의 온실가스가 플라스틱 생산과 소비, 처리 과정에서 배출될 것으로 추정했다. 2050년 전 세계 온실가스 배출량 14% 정도가 플라스틱으로 인해 배출된다는 뜻이다. 지구 생태계를 위협하는 플라스틱이 온실가스 배출의 또 다른 주범으로 다고 오고 있는 것이다.

우리나라도 플라스틱 쓰레기의 책임에서 결코 자유로울 수 없다. 국제에너지기구IEA 자료에 따르면 전 세계에서 1인당 플라스틱 소비량이 가장 많은 나라가 바로 우리나라다. 인구를 생각하면 국가 전체가 소비하는 양은 중국 등이 우리나라보다 훨씬 많은 것은 사실이지만 1인당 소비량은 우리나라가 세계 최고다. 2015년 기준으로 우리나라는 1인당 1년에 98.9kg의 플라스틱을 소비하고 있다. 인도보다는 10배, 아프리카 나라들보다는 20배나 많은 것이다(그림 참고).

자료: IEA, kg/capia

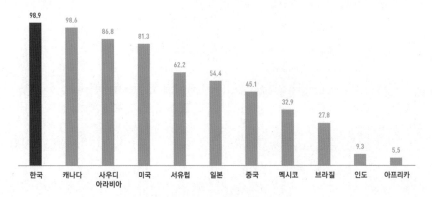

〈2015년 각 국가별 1인당 플라스틱 소비량〉

플라스틱 생산량과 소비량은 앞으로도 급증할 가능성이 크다. 바이오 플라스틱이 있기는 하지만 아직 화석연료에서 원료를 뽑아내는 플라스틱을 대체할 만한 수준은 아니다. 플라스틱을 대체할 만한 다른 물질을 찾아내지 못하고 있는 것도 인류의 고민이다.

우선은 불필요한 사용과 수요를 최대한 줄이고 재활용을 크게 늘리는 것이 최선이다. 해결해야 할 문제가 남아 있지만 바이오 플라스틱을 늘리는 것도 한 대안이 될 수 있다. 신재생 에너지를 늘려 플라스틱 생산과 운반, 처리에 들어가는 에너지 또한 신재생 에너지로 바꿔야 한다. 그래야 생태계를 살릴 수 있고 온난화로 인한 기후변화도 완화할 수 있다. 그 길이 우리나라가 1인당 플라스틱 소비량 세계 최고라는 불명예도 벗을 수 있고 지구도 살릴 수 있는 길이다.

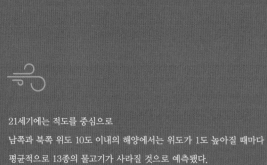

21세기에는 적도를 중심으로
남쪽과 북쪽 위도 10도 이내의 해양에서는 위도가 1도 높아질 때마다
평균적으로 13종의 물고기가 사라질 것으로 예측됐다.
수백 종의 어류가 적도 해양을 떠나는 것이다.

적도를 떠나는 물고기

기후변화, 기생충 다시 불러오나

지구온난화, 토종생물에 독이 되나?

도롱뇽이 급격하게 작아지는 이유는?

'적자생존'… 도마뱀의 적응

1만 년대를 이어온 석회동굴 송사리… 멸종 위기

적도를 떠나는 물고기

사라지는 바다표범의 보호막

바다거북 성비가 깨진다. 암컷이 수컷보다 3~4배 많아

다람쥐가 산 정상을 향해 올라가는 이유는?

나비가 급격하게 사라진다. 연평균 2%씩 21년 동안 1/3 사라져

기후변화,
기생충 다시 불러오나

회충, 요충, 십이지장충, 머릿니, 벼룩, 빈대...50대 이상 사람들에게는 너무나 기억이 생생한 이름이지만 요즘 청소년들에게는 거의 잊혀진, 아니 책에서나 볼 수 있는 단어가 됐다. 모두가 사람을 비롯한 개나 소, 돼지 같은 숙주host에 붙어 살아가는 기생충이다.

위생 상태가 개선되고 구충제가 널리 보급되면서 회충이나 요충 같은 장내 기생충이 줄어든 것은 사실이지만 아직도 환경이 깨끗하지 못하거나 구충제 보급이 제대로 안 되는 국가나 지역에 사는 사람들은 여전히 장내 기생충에 시달리고 있다.

고기나 생선을 날로 먹을 때 감염되는 기생충이나 머리나 발 등에 붙어사는 기생충 또한 여전히 건재하다. 가축이나 야생동물의 경우는 평생을 기생충과 함께 살아간다 해도 과언이 아니다.

기후변화로 기온이 올라가고 비가 많이 내리거나 아니면 가뭄이 지속될 경우 기생충의 수와 분포는 어떻게 달라질까? 기후변화가 지속될 경우 기생충의 부화나 기생충에 감염될 위험성에 어떤 변화가 나타날까?

이탈리아와 미국, 영국 공동연구팀이 기후변화가 진행되고 있는 스코틀랜드 초원에 사는 토끼의 기생충 감염력이 시간에 따라 어떻게 달라졌는지 조사했다(Mignatti et al.,2016). 연구팀은 기온이 지속적으로 상승한 1977년부터 2002

년까지 26년 동안 스코틀랜드 초원에 사는 토끼의 위나 소장에 기생하는 두 종류(TR: Trichostrongylus retortaeformis, GS: Graphidum strigosum)의 토양매개성 기생충 감염력이 어떻게 달라졌는지 조사했다.

연구기간 동안 스코틀랜드 지역은 기후변화로 평균기온이 1℃ 상승했고 상대습도는 3% 높아졌다. 연구결과 한 기생충GS의 경우 기온 상승과 함께 기생충의 감염력force of infection이 지속적으로 커진 것으로 나타났다. 스코틀랜드 초원에 오래 산 토끼일수록 이 기생충에 많이 감염됐다는 뜻이다. 어린 토끼보다 기생충에 오래 노출된 나이 든 토끼일수록 체내에 기생충이 많이 축적돼 있을 가능성이 높다는 것이다.

다른 기생충TR의 경우는 조금 달랐다. 감염력이 8월에 가장 커지고 겨울에 작아지는 계절변동은 있었지만 전체적으로 봐서 기온이 지속적으로 상승한 26년 동안 감염력에는 큰 변화가 없었다. 연구팀은 이 기생충의 경우 토끼의 면역력과 관련이 있는 것으로 분석했다. 면역체계가 기생충을 공격하면서 기생충에 오랫동안 노출이 됐음에도 불구하고 감염력에는 큰 변화가 없었다는 것이다.

실제로 면역체계가 기생충을 공격하지 않는 대신 기생충은 숙주에 별 피해를 주지 않기로 타협(?) 아닌 타협을 하고 숙주와 같이 살아가는 기생충도 있는 반면에 기생충이 체내로 들어올 경우 외부 물질로 인식해 면역체계가 기생충을 공격하는 경우도 있다.

두 번째TR가 이 경우로 면역체계가 기생충이 체내에 쌓이는 것을 막아냈다는 것이다. 다만 두 번째TR 기생충의 경우도 면역력이 떨어지는 어린 토끼에서는 감염이 늘어난 것으로 나타났다.

앞으로 기후변화가 지속될 경우 기생충의 종류와 수, 분포는 어떻게 달라질까? 감염력은 어떻게 달라질까? 물론 기온이 올라가는 정도, 숙주의 개체수와 분포, 또 기생충의 종류에 따라 얼마든지 달라질 수 있다.

숙주와 기생충과의 관계가 매우 복잡하고 아직 기온 상승을 비롯한 환경 변화가 숙주와 기생충에 어떤 영향을 미칠 것인지에 대해서는 불확실한 면이 있다. 네덜란드 연구팀은 생태계 대사이론metabolic theory of ecology을 이용해 기후변화가 숙주와 기생충 생태계에 어떤 영향을 미치고 결과적으로 감염에 어떤 변화를 초래할 것인지 예측하는 실험을 했다(Goedknegt et al., 2015). 연구팀은 지구온난화가 가장 빠르게 진행되는 북극 주변에 사는 순록에 기생하는 회충과 선충의 감염력이 기온 상승에 따라 어떻게 달라지는지 실험을 했다.

현재 순록은 봄부터 가을까지 회충이나 선충에 감염되는 것으로 알려져 있다. 그런데 계속해서 북극의 기온이 올라갈 경우 감염 기간이 둘로 갈라지는 것으로 나타났다. 기온 상승으로 봄이 일찍 시작되고 가을도 늦게까지 이어지면서 봄과 가을의 감염 가능 기간은 길어지는 반면에 뜨거운 여름철에는 순록이 회충이나 선충에 감염되지 않을 것으로 예측됐다. 기온이 크게 올라가면서 여름철에 폭염이 심해질 경우 회충과 선충이 생존할 수 없게 돼 감염도 일어나지 않을 것이란 전망이다. 기후변화로 기생충 감염 시기, 나아가 감염병의 발생 시기 또한 달라지는 것이다.

당연한 얘기지만 모든 기생충은 기후변화에 영향을 받을 수밖에 없다. 기온이 낮은 지역에서 간신히 살아가던 기생충이라면 기온이 높아지면 크게 늘어

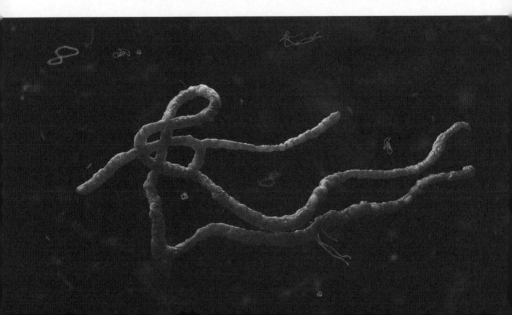

날 수 있고, 반대로 기온이 높아 생존에 위협을 느끼던 기생충이라면 기온 상승에 따라 사라질 가능성도 있을 것이다.

기온이 올라가면서 기생충이 사는 지역이 지금보다 북쪽으로 더 크게 확대될 가능성도 있다. 물론 기생충이 늘어난다고 곧바로 감염이 늘어나는 것만은 아니다. 숙주의 면역력에 따라 얼마든지 달라질 수 있기 때문이다. 면역력이 있고 없음에 따라 나이 든 숙주가 집중적으로 기생충에 감염될 수도 있고 반대로 어린 숙주만 집중적으로 감염될 가능성도 있다.

기후변화로 기온이 얼마나 올라갈 것인지 예측하는 것은 매우 중요하다. 하지만 어떤 기생충이 더 크게 늘어날 것인지 아니면 줄어들 것인지, 감염병은 어느 지역으로 얼마나 확대될 것인지, 또 숙주는 특정 기생충에 면역능력이 있는지 없는지, 계절적으로 기생충에 많이 감염되는 시기나 나이별로는 어느 시기에 기생충에 감염될 가능성이 높아질 것인지 등에 대한 연구와 대비가 필요해 보인다.

기후변화가 기억 속에서 사라졌던 기생충을 다시 불러올 가능성도 배제할 수 없다. 온갖 기후변화와 숙주 면역체계의 공격에도 불구하고 숙주와 함께 지구 생명체의 역사를 써온 기생충이 아닌가?

지구온난화,
토종생물에 독이 되나?

작은 어류를 닥치는 대로 먹어 치워 수중 생태계의 무법자라 불리는 '큰입배스', 꽃가루 알레르기를 일으키는 '단풍잎돼지풀', 도심 주택까지 습격하는 '등검은말벌', '황소개구리', '뉴트리아', 식물계의 황소개구리라는 별명을 얻은 '가시박'… 이들의 공통점은 토종이 아니라 외부에서 유입된 이른바 외래 침입종 invasive species이다. 국립환경과학원에 따르면 국내에는 600여 종의 외래동물과 300여종의 외래식물이 서식하고 있다.

생태학자들은 21세기 생물다양성을 위협하는 가장 큰 두 가지 요소로 기후 변화와 외래 침입종을 꼽는다. 특히 지구온난화가 가속화되는 가운데 인간 활동이 더욱 활발해지고 범위가 넓어질수록 외래 침입종은 전 세계 각지로 급속하게 퍼져나갈 가능성이 높다. 외래 침입종의 세계화가 이루어지는 상황에서 지구온난화로 기온이 점점 올라갈 경우 경쟁에서 토종생물이 유리할까? 아니면 외래 침입종이 유리할까?

일반적으로 기온이 올라갈수록 생물들은 현재의 서식지보다 좀 더 북쪽까지 올라가 살게 될 가능성이 크다. 특히 서식지를 옮겨온 생물들은 당초 그들이 살던 곳에서 늘 맞닥뜨렸던 병원균이나 기생충 그리고 천적의 위험에서 벗어났기 때문에 생존에 좀 더 유리할 가능성도 있다. 물론 외래 침입종이든 토종생물이든 경쟁에서 이겨야만 살아남을 수 있다. 토종생물과 외래 침입종의 경쟁에 지구온난화는 어떤 영향을 미칠까?

미국의 다트머스대와 위스콘신대 공동 연구팀이 어린 물고기pumpkinseed fish가 들어 있는 어항에 물고기의 먹이인 토종 동물성 플랑크톤과 외래 침입종 동물성 플랑크톤을 넣고 물의 온도를 서서히 높이면서 실험을 했다(Fey and Herren, 2014). 물 온도가 높아지자 따뜻한 곳에서 살다 옮겨온 외래 침입종 플랑크톤이 토종 플랑크톤보다 빠르게 성장하는 것으로 나타났다. 뜻하지 않은 일도 생겼다. 물 온도가 올라가면서 포식자인 물고기의 식성이 크게 좋아진 것이다. 결과는 어떠했을까?

성장이 빨랐던 외래 침입종 플랑크톤은 포식자의 공격을 피해 도망가거나 잘 방어해서 살아남는 경우가 많았다. 하지만 성장 속도가 느렸던 토종 플랑크톤은 도망가거나 제대로 방어하지 못하고 그대로 잡아먹히고 말았다. 지구온난화가 진행되지 않았다면 즉, 물의 온도가 높아지지 않았을 때는 토종과 외래 침입종의 생존능력에 별다른 차이가 없었다. 하지만 급속하게 진행되는 지구온난화가 두 종의 생사를 완전히 갈라놓은 것이다. 물론 현실 세계에서는 빠르게 성장한 외래 침입종을 노리는 또 다른 포식자나 경쟁자가 얼마든지 나타날 수 있고 지구온난화로 수온이 어느 정도 상승하느냐에 따라 외래 침입종의 성장도 크게 달라질 수 있다. 하지만 어떤 경우든 지구온난화가 토종보다 외래 침입종의 생존에 더 유리하게 작용할 가능성이 있음을 이 연구 결과는 보여준다.

식물의 경우도 지구온난화가 외래 침입종의 생존에 더 유리하게 작용할 수 있다는 연구결과가 있다. 독일과 미국, 호주 공동연구팀이 최근 토양 생태학 저널Journal of Soil Ecology에 발표한 논문에 따르면 온대와 아한대 이행지역ecotone(두 생물군이 접하는 지역)에 뿌리내린 외래 침입종의 경우 지구온난화로 토양이 따듯해질수록 토종생물보다 성장을 더 빨리 하는 것으로 나타났다(Thakur et al, 2014). 토양이 따듯해지면 토양속의 미생물 활동이 활발해지면서 식물이 흡수해 활용할 수 있는 영양분이 늘어나는데 외래 침입종은 토종생물보다 영양분을 더 많이 흡수하기 때문이다. 토종생물보다 외래 침입종이 변화하는 환경에서 자신에게 조금이라도 유리한 환경을 만나면 급격하게 성장하거나 번식력이 강해지는 이른바 '기회종opportunistic species'이 되는 것이다. 밭에서 잡초가 기존 작물보다 영양분을 더 많이 빨아먹고 더 무성하게 자라는 것과 같은 원리다(Suding et al, 2004).

온난화가 진행되면서 한반도에 들어오는 외래 침입종은 만주나 시베리아에 살던 생물이 내려오는 것이 아니라 주로 아열대나 열대 지역에서 살던 생물들이 한반도 지역으로 올라오는 것이다. 지구온난화는 한반도에 들어온 외래 침입종에게 뜻하지 않은 행운을 가져다 줄 가능성이 있다. 지금보다 외래 침입종이 생존하기에 더 좋은 환경이 만들어 질 가능성이 있는 것이다. 토종생물을 지구온난화에 적응시키고 개량하는 노력과 함께 좋은 외래 침입종은 토종 생태계를 교란시키거나 파괴하지 않는 범위 안에서 귀화시키려는 노력이 필요하다. 지구온난화가 토종생물에 독이 되지 않을까 우려된다.

도롱뇽이 급격하게
작아지는 이유는?

열대지방을 여행하거나 열대지방에서 온 사람들을 보면 왠지 몸이 작아 보인다는 생각이 들 때가 있다. 실제로 대대로 열대지방에 사는 사람은 온대지방이나 한대지방에 사는 사람에 비해 몸이 작은 경향이 있다. 유전적인 영향일수도 있지만 주변 기후에 적응한 결과일 수도 있다.

더운 지방에 사는 사람의 몸이 작은 것은 몸의 부피를 줄이는 대신 상대적으로 피부가 차지하는 면적의 비율을 늘려 몸에서 열이 밖으로 잘 빠져 나가도록 변화된 것이고 반대로 추운 지방에 사는 사람의 몸이 큰 것은 몸의 부피대비 피부가 차지하는 면적의 비율을 줄여 밖으로 빠져 나가는 열을 줄일 수있도록 변화된 것으로 볼 수 있다. 크고 뚱뚱한 사람이 더위를 많이 타고, 마른 사람이 추위를 많이 타는 것은 이런 원리 때문이다.

체온을 늘 일정하게 유지하는 새나 포유동물 같은 항온동물은 같은 종일지라도 추운 지역인 고위도에 살수록 몸이 크고 더운 지역인 저위도에 살수록 대

체로 몸이 작다는 이론이 있다. 19세기 독일의 생물학자인 베르그만이 주장한 이른바 '베르그만의 법칙Bergmann's Rule'이다(Wikipedia). 사람도 물론 예외는 아니다.

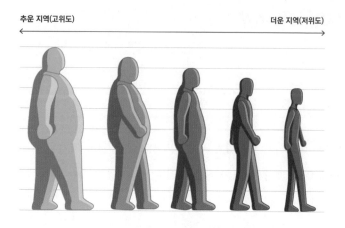

추운 지역(고위도)　　　　　　　　　　　　　더운 지역(저위도)

〈베르그만의 법칙 삽화〉

그렇다면 위도가 다르지 않고 일정한 지역에서 조상 대대로 오랫동안 살고 있는 가운데 그 지역의 기온이 계속해서 올라간다면 동물 몸의 크기는 어떻게 달라질까?

미국 메릴랜드대학을 비롯한 4개 대학 공동연구팀은 지난 55년 동안 미국 애팔래치아 산맥에 있는 102개 도롱뇽 서식지에서 15종 9,450마리의 성체 도롱뇽의 몸길이를 비교한 연구 결과를 발표했다(Caruso et. al.,2014). 연구팀은 최근의 도롱뇽 크기는 서식지에서 직접 채집해 몸의 크기(SVL;코에서 항문까지 길이)를 측정했고 예전 것은 박물관에 있는 표본 등을 이용해 몸의 크기를 측정했다.

측정 결과 15종 가운데 6종의 경우 지난 55년 동안 평균적으로 길이가 8%나 줄어든 것으로 나타났다. 한 세대에 평균 약 1%씩 몸의 크기가 작아진 것이다. 몸의 크기가 커진 경우는 단 1종에 불과했다. 도롱뇽을 비롯한 양서류의 경우 생존에 가장 중요한 것이 바로 몸의 크기다. 몸의 크기가 큰 것이 서식지에서 대장 노릇을 하고 심지어 천적이 다가올 때는 몸을 크게 부풀려 천적을 위협하기도 한다.

그런데 도롱뇽이 이렇게 생존에 절대적으로 중요한 몸의 크기를 줄이는 이유는 무엇일까? 유전적인 요인인지 아니면 환경적인 요인인지 아직 정확하게 밝혀진 것은 없다. 하지만 연구팀은 몸이 점점 작아지는 도롱뇽이 사는 지역은 지난 55년 동안 온난화의 영향으로 기온이 지속적으로 올라갔고 강수량이 줄어 건조해진 지역이라는 것을 확인했다.

특히 몸집이 줄어든 도롱뇽의 경우 연평균 활동 기간은 변하지 않았지만 호흡과 혈액순환, 소화, 체온 유지 같은 기초 대사에 들어가는 에너지 소비량은 평균적으로 7.1~7.9%나 증가한 것으로 나타났다. 각각의 도롱뇽이 흡수한 에너지원 가운데 기본적인 생명을 유지하기 위해 예전보다 더 많은 에너지를 할당하고 있다는 것이다. 결국 흡수하는 영양분이 일정하다면 기본 생명을 유지하는데 들어가는 에너지가 늘어나는 만큼 몸을 불리는데 사용할 수 있는 영양분은 줄어드는 것이다. 연 평균 기온이 지속적으로 올라가고 건조해 질 경우 변화하는 환경에 적응하며 살아가는데 기본적으로 더 많은 에너지가 들어가는 만큼 몸은 작아질 수밖에 없다는 것이다.

특히 기후변화가 진행될수록 도롱뇽이 먹이를 늘리는 것은 더욱 더 어려워질 수 있다. 도롱뇽의 먹이가 되는 생물 역시 온난화로 몸집이 작아진다면 예전과 같은 먹이 활동을 하더라도 예전만큼 많은 영양분을 흡수할 수 없기 때문이다.

온난화로 인한 영양분 부족 현상은 먹이 사슬을 고려할 경우 먹이 사슬 상에 있는 모든 생물에 적용될 수 있다. 1차 생산자인 플랑크톤부터 몸집이 작아진다면 플랑크톤을 먹고 사는 1차 소비자, 그리고 1차 소비자를 먹고 사는 2차 소비자, 그리고 최종 소비자까지도 예전과 같은 먹이 활동으로는 예전만큼 충분한 양의 영양분을 흡수할 수 없는 상황에 빠질 수 있다. 한 세대가 길어 상대적으로 영향이 적거나 영향이 나타나는데 오랜 시간이 걸릴 수 있지만 최종 소비자인 인간도 예외가 아니다. 결국 다른 모든 조건이 일정하다면 온난화가 진행될수록 전반적으로 동물의 몸집이 줄어들 가능성이 있는 것이다.

온난화로 동물의 몸이 작아진다는 연구 결과는 이번이 처음이 아니다. 최근 들어 양서류와 어류, 조류, 포유류까지 다양한 동물의 몸 크기가 점점 작아지고 있다는 연구 결과가 잇따라 나오고 있다(참고 문헌 참조).

화석 연구에서는 과거 온난화 시기에 실제로 다양한 동물의 몸 크기가 작아졌다는 연구결과도 있다(Univ. Michigan, 2013). 신생대 제3기 온난화 시기의 화석을 연구한 미국 미시간대학과 뉴햄프셔대학, 캘리포니아공과대학Caltech 등 공통 연구팀은 2013년 열린 척추동물 고생물학회에서 말의 오래된 조상으로 알려진 히라코테륨Hyracotherium의 몸의 크기가 약 5천5백 만 년 전인 팔라오세-에오세 온난화 시기에는 30%나 작아졌고 2백만 년 뒤인 5천 3백만 년 전에 나타났던 에오세 온난화 시기에도 19%나 작아졌다는 것을 확인했다고 밝혔다. 2차례의 큰 온난화 시기에 동물의 몸이 크게 작아졌던 것이다.

온난화로 지구 생태계 모든 생물의 종이 일정하게 같은 비율로 몸이 작아지면 별 문제가 없을 수도 있다. 작은 동물이 작아진 먹이를 먹으면 현재 이루고 있는 생태계 균형이 그대로 유지될 수 있기 때문이다. 하지만 지구온난화의 영향은 세계적으로 모든 종에 대해 균일하게 나타나지 않는다. 어느 곳은 크게 어느 곳은 작게, 또 어떤 생물 종은 크게 어떤 생물 종은 작게, 심지어 어떤 종은 다른 종과 정반대의 영향이 나타나는 경우도 있을 수 있다. 영향이 매우 불규칙적으로 나타난다는 것이다. 균일하지 않게 들쑥날쑥 생태계가 변한다는 것은 현재 이루고 있는 먹이 사슬을 비롯한 생태계 균형이 깨질 수 있다는 것을 의미한다. 지구온난화로 인한 기후변화가 21세기 지구 생태계에 심각한 위협으로 다가오고 있다.

'적자생존'…
도마뱀의 적응

적자생존適者生存, survival of the fittest, 환경에 잘 적응하는 생물이 살아남는다.

지구온난화로 계속해서 기온이 올라가면서 많은 사람들이 걱정하는 것은 혹시 적응하지 못하는 생물이 멸종하지 않을까 하는 것이다. 어떤 생물이든 환경이 급격하게 변하면 생존에 큰 어려움을 겪게 되고 변화의 폭이 일정 수준 즉, 임계점을 넘어서면 지구상에서 사라질 가능성도 있다.

IPCC기후변화에 관한 정부 간 협의체 제5차 평가보고서에 따르면 지난 133년 동안(1880~2012) 지구 평균기온은 0.85℃나 높아졌다. 특히 한반도 지역은 기온이 더욱 급격하게 올라가 서울의 경우 1908~2007년까지 즉, 100년 동안 2.4℃나 상승했다.

모든 생물은 자신이 편하게 살 수 있는 기온 범위가 있게 마련인데 온난화로 기온이 변하게 되면 스트레스heat stress를 받게 마련이다. 지속적으로 일정 수준 이상 스트레스를 받게 되면 생존에 큰 문제가 될 수밖에 없다.

그런데 많은 사람들의 걱정과 달리 온난화에 빠르게 적응하는 생물도 있다.

미국 다트머스대학과 버지니아대학 공동 연구팀이 바하마 제도에 사는 도마뱀anolis sagrei lizards을 대상으로 실험을 했다(Logan et al, 2014). 열대지역에 사는 도마뱀은 그들이 생존할 수 있는 온도 범위가 매우 좁기 때문에 온난화로 기온이 지속적으로 상승할 경우 멸종이 우려되는 동물이다.

연구팀은 한 집단은 현재 살고 있는 상대적으로 시원한 숲속에 그대로 두고 다른 한 집단은 원래 살던 숲보다 평균 기온이 2~3℃ 정도 높고 일교차나 계절별 기온 변화가 심한 주변 지역으로 옮겼다. 도마뱀이 급격한 온난화와 비슷한 환경에 노출되도록 서식지를 옮긴 것이다. 연구팀은 번식기가 시작되는 5월과 번식기가 끝나는 8월말 등 2차례에 걸쳐 두 서식지에 사는 도마뱀의 체온과 달리는 속도(운동 능력)가 어떻게 달라졌는지 측정했다.

측정결과 기온이 높고 기온 변화가 심한 거친 환경에 노출된 도마뱀의 체온은 원래 서식지에 사는 도마뱀의 체온보다 평균 1.5℃나 높았다. 도마뱀은 변온동물인 만큼 고온 환경에 적응하기 위해 체온이 높아진 것이다. 특히 기온이 높고 기온 변화가 심한 환경에서 살아남은 도마뱀은 원래 살던 서식지 기온이 아니라 높아진 기온에서 가장 빨리 달릴 수 있는 것으로 나타났다. 높아진 기온에 스트레스는 받았겠지만 운동 능력을 최고로 발휘할 수 있는 온도가 몇 달 만에 바뀐 것이다. 고온 환경에서 살아남은 도마뱀은 원래 서식지에서보다 보다 빨리 달리면서 먹이를 보다 많이 얻을 수 있었고 천적도 피한 것으로 볼 수 있다. 고온 환경에 빠르게 적응함으로써 경쟁에서도 이기고 멸종도 피한 것이다.

물론 온난화는 기온이 한번 상승하고 멈추는 것이 아니다. 지속적으로 상승한다. 이런 상황에서 살아남기 위해서는 기온변화에 적응하는 능력이 여러 세대에 걸쳐 지속적으로 나타나야 한다. 온난화에 대한 적응능력이 대대손손 자손에게 이어져야 한다는 뜻이다. 앞선 세대의 적응력을 바탕으로 다음 세대는 조금 더 높은 기온에도 적응할 수 있어야 지속적으로 살아남을 수 있는 것이다.

이번 연구에서 도마뱀의 적응 능력이 자손으로 이어지면서 높아진다는 증거는 없다. 적응 능력이 대대손손 이어지면서 높아질 지는 좀 더 두고 봐야 한다. 또 현재 온난화로 인한 기온 변화의 폭이 도마뱀이 살아남을 수 있는 한계치보다 낮아 빨리 적응했을 가능성도 있다. 하지만 기온이 조금만 변해도 멸종될 가능성이 있다는 당초 많은 사람들의 우려와는 달리 생물들이 온난화에 아주 빠르게 적응해 살아남을 가능성도 있다는 것을 실증적으로 보여준 것이다.

빠르게 진행되는 지구온난화 시대, 강한 자가 살아남는 것이 아니라 변화에 적응을 잘 할 뿐 아니라 그 적응 능력을 대대손손 전할 수 있는 종이 살아남는다.

1만 년대를 이어온
석회동굴 송사리… 멸종 위기

미국 캘리포니아 주와 네바다 주, 애리조나 주에 걸쳐 있는 해발 1000m가 넘는 고지대에는 사막이 하나 있다. 자동차 이름으로도 알려진 '모하비' 사막이다. 라스베이거스는 이 사막의 한가운데에 있는데 라스베이거스에서 멀지 않은 곳에 환경보존 문제로 아주 유명한 석회동굴이 하나 있다.

바로 '데빌스 홀Devils Hole'이다. 입구가 1.8m X 5.5m 크기에 깊이가 152m가 넘는 이 석회동굴은 지하수 층에서 흘러나오는 33℃가 조금 넘고 염분이 일정한 물이 차 있는데 이곳에 송사리 과에 속하는 작은 물고기 한 종이 살고 있다. 보는 각도에 따라 색깔이 달라지고 무지갯빛 색깔이 나기도 하는 2.5cm 정도의 물고기인데 동굴 이름을 따라 Devils Hole Pupfish(데빌스 홀 송사리)라는 이름이 붙었다.

데빌스 홀이 생긴 것은 약 50만 년 전으로 추정된다. 데빌스 홀 송사리가 언제부터 어떻게 이 석회동굴에서 살게 됐는지 정확하게 밝혀진 것은 없다. 다만 수 만 년 전 이 지역에 비가 많이 내려 홍수가 났던 시기에 들어왔다가 이후 비가 적게 내리고 주변이 사막으로 변하면서 동굴에 고립된 것으로 추정하고 있다. 1967년 멸종 위기종으로 지정된 데빌스 홀 송사리는 현재 미국 환경보호 운동의 아이콘이다(자료: Wikipedia, National Park Services).

이 석회동굴에서 1만년 이상 대를 이어 살아온 이 작은 물고기가 최근 들어

〈데빌스 홀과 데빌스 홀 송사리, 자료: Death Valley National Park, National Wildlife Refuge System〉

급격하게 줄어들고 있다. 1990년대 중반까지만 해도 가을에는 최고 500마리 이상, 봄에도 최고 200마리가 넘는 물고기가 발견됐지만 1995년 이후 급격하게 감소해 2013년 봄에는 관측사상 가장 적은 35마리가 발견됐고 2014년에는 92마리가 살고 있는 것으로 확인됐다. 1970년대 주변지역 개발과 지하수 사용으로 개체수가 100마리 정도까지 떨어지면서 1차 멸종 위기를 맞았던 데빌스 홀 송사리가 최근 들어 또 한 차례 멸종 위기를 맞고 있는 것이다.

개체수가 줄어드는 원인으로는 지금까지 여러 가지가 제시됐다. 우선 동굴에 갇혀 있는 만큼 근친교배로 인해 좋은 형질보다 대를 거듭할수록 나쁜 형질이 나타나면서 번식력이나 부화율, 몸 상태가 나빠져 개체수가 줄어들었다는 주장부터 세균이나 조류algae, 藻類, 퇴적물, 그리고 주요 먹잇감의 감소, 수위가 낮아지는 문제까지 나왔다. 데빌스 홀 송사리의 수명은 10~14개월 정도, 알을 낳는 과정이나 수정, 부화, 치어가 성체로 자라는 과정 등 어느 한 과정이라도 문제가 생기면 개체 수는 급격하게 감소할 수 있다. 아니 1년 안에 멸종될 가능성도 있다.

미국 네바다 주에 있는 사막연구소DRI, Desert Research Institute에서 급격하게 감소하고 있는 데빌스 홀 송사리에 대한 연구 결과를 발표했다(Hausner et al, 2014). 연구 결과는 최근 진행되고 있는 기후변화가 이 물고기 생존에 또 하나의 치명적인 요소로 작용한다는 것이다.

데빌스 홀 송사리는 봄철에 알을 낳고 부화해 치어가 성체로 자라게 되는데 약 10주 정도의 이 증식 기간에는 수온이 절대로 33.5℃를 넘어서면 안 된다. 그런데 조사결과 이 지역 연평균 기온이 1℃ 정도 상승한 최근 30년 동안 데빌스 홀 수면의 낮 최고 온도가 평균 0.1℃ 높아진 것으로 나타났다.

보통 1월 평균 수면 온도가 33.2℃ 정도인 데빌스 홀의 표층 수온은 여름이 가까워질수록 점점 올라가 5월이 되면 33.5℃를 넘어서게 된다. 평균적으로 5월 이후에는 알을 낳고 부화할 수 없다는 뜻이다. 결국 기후변화로 수온이 예전보다 일찍 높아진다는 것은 33.5℃ 아래의 증식 가능 기간이 그만큼 짧아진다는 것을 의미한다.

데빌스 홀 송사리가 알을 낳고 부화하고 먹이를 얻는 장소는 수면에서 약 35cm 아래에 있는 바위 턱이다. 그런데 수면 온도가 올라가면 수면 바로 아래에 있는 바위 턱 산란 장소의 수온 또한 올라가기 때문에 표층 수온 상승은 증식에 직접적인 영향을 미칠 수밖에 없다. 산란하고 부화하는 장소의 수온이 예전보다 일찍 한계치인 33.5℃를 넘어서면서 증식 기간이 짧아지고 있는 것이다. 개체수가 줄어들 수밖에 없는 것이다.

연구팀은 현재보다 평균 수온이 0.4℃나 높아질 것으로 예상되는 2050년쯤에는 봄철 증식 가능 기간이 2주는 더 짧아질 것으로 전망했다. 현재 데빌스 홀의 연평균 수온은 33℃를 조금 넘어서고 있다. 종족 번식이 가능한 한계 수온은 33.5℃다. 기후 변화로 나타나는 0.1℃ 정도의 수온 변화는 사람들은 전혀 느낄 수도 없는 변화지만 데빌스 홀 송사리에게는 생존을 위협하는 변화가 아닐 수 없다.

사막 한 가운데 마치 어항 같은 동굴에 갇혀 1만년 이상 대를 이어 살아온 데빌스 홀 송사리, 기후가 변하고 먹잇감이 줄어든다고 해서 스스로 서식지를 다른 곳으로 옮겨갈 수도 없다. 이 멸종 위기종을 살리기 위해 다양한 노력을 하고 있지만 지금까지는 모두 만족스럽지 못한 상태다.

현재로서는 데빌스 홀 송사리가 살아남기 위해서는 가혹하지만 스스로 끝까지 버티고 변화에 적응하는 수밖에 없다. 현재로서는 기후변화를 당장 멈추게 할 수 있는 현실적인 방법도 없다. 수만 년 동안의 변화를 견디면서 당당히 지구 생태계를 구성하고 있을 뿐 아니라 인간으로 하여금 홍수가 나거나 비가 많이 내리는 사막의 옛 모습을 상상할 수 있는 기회를 제공해 왔지만 현재는 종의 운명이 마감될 위기를 맞고 있는 것이다. 더 이상 적응하지 못하는 것은 곧 멸종을 의미한다.

동굴에 사는 송사리 몇 마리가 뭐 그리 중요한가 생각할 수도 있다. 하지만 미국 모하비 사막의 데빌스 홀 송사리뿐 아니라 세계적으로 아니 국내에도 얼마나 많은 데빌스 홀 송사리가 있는지 모른다. 온난화로 기후가 변하면 모든 생물들은 나름대로 변화에 적응을 할 것이다.

하지만 변화가 생물이 견딜 수 있는 한계를 넘어서면 생물은 죽음으로 내몰릴 수밖에 없다. 물론 기후변화가 전적으로 생물을 멸종 위기로 몰고 가는 것은 아니다. 하지만 데빌스 홀 송사리처럼 이미 생존 한계에서 버티고 있는 생물의 경우 기후변화가 멸종에 이르게 하는 결정적인 요소로 작용할 가능성이 높다.

적도를 떠나는
물고기

"살아있는 국산 명태를 가져오면 50만 원, 죽은 명태를 가져와도 5만 원을 드립니다."

국산 명태에 현상금이 걸렸다. 국산 명태의 대를 이을 수정란을 구하기 위해서 해양수산부가 추진한 '국산 명태 되살리기 프로젝트' 중 일부다.

1970~80년대까지만 해도 동해에서 잡힌 명태는 연간 7만 톤이 넘었다. 1990년대부터 급격하게 줄기 시작했다. 2000년대 중반에는 명태 어획량이 연간 100톤 미만으로 떨어졌고 2010년부터는 한해에 1톤을 채우기도 쉽지 않은 상황이다. 2016년에 6톤, 2018년에는 9톤으로 반짝 늘어나기도 했지만 2019년에는 다시 0톤으로 내려앉고 말았다. 어획량이 뚝 떨어지면서 최근 동해 전체 어획량 가운데 명태가 차지하는 비율도 '0'%다. 1990년대부터 어획량이 급

자료: 국립수산과학원

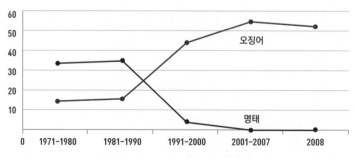

〈연도별 동해 명태와 오징어 어획량 비율(%)〉

격하게 늘어나 한때 전체 어획량의 절반 정도까지 차지했던 오징어와는 정반대다(그림 참고). 최근 들어 동해에서의 오징어 어획량도 감소하고는 있지만 여전히 매년 수만 톤 이상의 오징어가 잡히고 있다.

동해에서 한류성 어종인 명태 어획량이 급감하고 난류성 어종인 오징어 어획량이 급증한 가장 큰 이유는 바로 온난화다. 온난화로 수온이 상승하면서 한반도 주변 해양의 어종에 큰 변화가 생기고 있는 것이다.

이 같은 현상은 동해뿐 아니라 세계적으로 나타나고 있다. 온난화로 수온이 상승하면서 해양생물이 육상생물보다도 빠르게 고위도로 이동하고 있는 것으로 나타났다.

호주와 미국, 영국, 독일, 덴마크, 스페인, 남아프리카공화국 등 국제공동연구팀이 1950년부터 2009년까지 50년 동안 기후변화가 해양 생물에 미친 영향을 평가한 논문 208편을 종합 분석했다(Poloczanska et al. 2013). 208편의 논문에서는 세계 1,735 지점에서 모두 857개 어종의 변화를 분석했다.

분석결과 온난화에 민감하게 반응해 빠르게 이동하는 어종의 경우 평균적으로 10년에 72km씩 수온이 상대적으로 낮은 고위도 지역으로 이동한 것으로 나타났다. 기후변화가 진행되면서 육상생물이 평균적으로 10년에 6.1km씩 고위도로 이동한 것과 비교하면 해양생물이 10배 이상 빠르게 고위도로 이동한 것이다. 특히 물고기의 먹이가 되는 식물성 플랑크톤은 10년에 469.9km, 무척추 동물성 플랑크톤은 10년에 142.1km씩 고위도로 이동한 것으로 나타났다.

수온이 상승하면서 살기가 어려워진 것도 이유겠지만 먹이인 플랑크톤이 빠르게 고위도로 이동하면서 플랑크톤을 먹고 사는 다른 생물도 먹이를 따라 연쇄적으로 이동할 수밖에 없는 상황이 된 것이다. 실제로 뼈가 단단한 대부분의 어류는 10년에 277.5km씩 고위도로 이동한 것으로 분석됐다. 명태가 다른 어종과 비슷한 속도로 고위도로 이동했다고 보면 90년대부터 지난 20여 년 동안 적어도 500km이상 북쪽으로 이동한 것으로 추정된다. 동해에서 명태를 잡을 수 없고 대신 오징어가 많이 잡히는 것은 바로 이 때문인 것이다. 느리게 아주 서서히 고위도로 이동하는 행렬의 마지막 열차를 타는 어종은 평균적으로 10년에 15.4km씩 이동하는 것으로 분석됐다.

각종 어류가 고위도로 이동하고 있는 가운데 21세기에는 각 지역별로 어종이나 어장에 어떤 변화가 나타날까?

IPCC정부간 기후변화 협의체 보고서에 따르면 온실가스 배출이 현재와 같은 추세로 계속해서 진행될 경우 21세기말 해수면 온도는 1986~2005년 평균 해수면 온도보다 3℃는 더 올라갈 것으로 전망된다. 온실가스 감축방안을 적극적으로 실행하더라도 21세기말 해수면 온도는 지금보다 평균 1℃는 더 올라갈 것으로 예상된다.

최근 캐나다와 영국 공동연구팀이 기후변화가 해양 어종 분포에 어떤 영향을 미칠 것인지 분석했다(Jones and Cheung, 2014). 분석결과 현재 추세대로 온실가스를 배출할 경우 해양 생물은 10년에 평균 25.6km씩 고위도로 이동할 것으로 전망됐다. 적극적으로 온실가스를 감축하더라도 10년에 평균 15.5km씩 고위도로 이동할 것으로 예측됐다.

온난화가 진행될수록 극에 가까운 고위도 지역은 어종이 더욱 풍부해질 가능성이 높은 것이다. 실제로 2050년까지 북위 약 60도 이상에서는 위도가 1도 높아질 때마다 4종의 물고기가 늘어나고 남위 60도 이상에서도 위도 1도씩 극에 다가갈수록 3종의 물고기가 늘어날 것으로 전망됐다. 예를 들어 위도가 60도보다 10도 높은 70도인 지역은 21세기 중반까지 어종이 30~40종 늘어난다는 뜻이다. 저위도에서 고위도로 올라가는 것이다. 해양 생태계에 새로운 경쟁이 생기겠지만 극 지역에 사는 사람에게는 새로운 기회가 주어질 가능성이 높다.

문제는 적도지역이다. 각종 해양 생물이 점점 고위도로 이동하면서 적도지역은 멸종 아닌 멸종 현상이 나타나게 된다. 실제로 21세기에는 적도를 중심으로 남쪽과 북쪽 위도 10도 이내의 해양에서는 위도가 1도 높아질 때마다 평균적으로 13종의 물고기가 사라질 것으로 예측됐다. 수백 종의 어류가 적도 해양을 떠나는 것이다. 다음 그림은 2050년까지 20%이상의 어종이 감소하는 지역을 나타낸 것으로 적도지역에서 어종이 크게 감소할 가능성이 매우 높다는 것을 보여준다(Jones and Cheung, 2014).

자료: Jones and Cheung, 2014

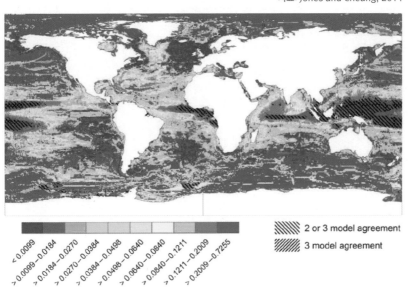

〈2050년까지 어종이 20%이상 감소하는 지역〉

적도지역에서 어종이 줄어드는 것은 또 다른 문제를 일으킬 수 있다. 어종이 크게 줄어드는 만큼 어장에 큰 변화가 생기고 결국은 어업관련 산업이 큰 타격을 입을 수밖에 없게 된다. 많은 어종이 사라지면서 열대지역에서는 식량 문제도 생길 수 있다. 열대지역에서는 해산물이 식량자원에서 큰 비중을 차지할 수 있기 때문이다. 식량이 줄어들 경우 영양 섭취가 줄어들어 건강까지도 위협받을 가능성이 있다.

지구온난화로 기온이 가장 크게 올라가는 지역은 열대지역이다. 열대지역은 폭염과 폭우 등 각종 재해가 가장 크게 증가할 것으로 우려되는 지역이다. 기상재해와 해양 식량 자원 감소, 영양 부족, 그리고 건강 문제까지 열대지역은 지구온난화로 인해 이중 삼중의 고통을 겪을 가능성이 높다.

사라지는
바다표범의 보호막

아이시 베이Icy Bay, 캐나다와 알래스카 국경 부근의 태평양 연안에 있는 만灣이
다. 이름에서도 알 수 있듯이 빙하가 바다 속으로 무너져 내려 녹아 들어가고
후퇴하면서 만들어진 만이다. 특히 이 지역은 점박이 바다표범harbor seal의 대표
적인 서식지로도 유명하다.

　끊임없이 빙하가 녹아 들어가는 아이시 베이 바다 속에서는 어떤 소리가 날
까? 폭풍이 지나가면 거센 물결이 부서지는 소리가 바다 속으로 퍼져나갈 것
이고 배가 지나가도 엔진 소리가 퍼져 나갈 것이다. 물론 해양 동물이 이동할
때도 소리가 나고 서로 신호를 주고받을 때도 소리를 이용하기도 한다. 어찌
보면 바다 속은 결코 조용한 곳이 아니다.

　그렇다면 바다 속에서 소음이 가장 심한 곳은 어디일까? 아이시 베이처럼
빙하가 바다 속으로 녹아들어가는 좁고 깊은 곳인 피오르fjord가 바다에서 소
음이 가장 심하다는 연구 결과가 나왔다(Pettit et al. 2015).

　미국 알래스카대학교와 텍사스대학교, 워싱턴대학교, 미국 지질조사소 공
동연구팀은 알래스카 아이시 베이와 남극 등 3곳의 피오르에서 바다 속 소음
을 측정했다. 3곳 모두 빙하가 무너져 내리고 해빙海氷이 떠다니는 곳이다. 피오
르에서 소음을 측정한 결과 바다 속에서 나는 소리는 바로 빙하가 녹으면서 나
는 소리인 것으로 나타났다. 빙하가 녹으면서 나는 소리는 특히 잠시 발생했다

사라지는 폭풍이나 배가 통과할 때 발생하는 소리와 달리 끊임없이 이어지고 다른 소리에 비해 매우 큰 것으로 나타났다.

바다 속에서 빙하가 녹을 때 소리가 나는 것은 빙하가 녹으면서 빙하 속에 갇혀 있던 공기 방울이 끊임없이 터져 나오기 때문이다. 특히 빙하가 녹을 때 나는 소리의 주파수는 100 ~ 20,000Hz^{헤르츠} 정도로 저음이나 고음이 아닌 1,000 ~ 3,000Hz 사이의 중음역대 소음이 가장 강한 것으로 나타났다. 사람이 들을 수 있는 주파수가 20~20,000Hz인 점을 고려하면 바다 속에서 빙하가 녹을 때 나는 소리는 모두 사람이 들을 수 있는 소리다. 실제로 빙하가 녹을 때 나는 소리는 수영장 물속에 들어갔을 때 공기방울이 보글보글 올라가면서 내는 소리나 계곡에서 물이 졸졸졸 흘러내릴 때 나는 소리와 비슷했다.

바다와 맞닿아 있는 빙하가 중요한 것은 이 지역이 해양 생태계의 보고寶庫이기 때문이다. 각종 새들이 먹이를 얻고 점박이 바다표범이 새끼를 낳고 기르는 곳도 바로 여기다. 바다표범이 서식하는 만큼 바다표범을 사냥하는 범고래killer whale도 모여든다. 실제로 미 서부 연안에서 알래스카까지 북미 태평양 연안의 바다표범 서식지는 고래의 이동 경로와 일치한다.

문제는 지구온난화로 바다와 맞닿아 있던 빙하가 점점 육상으로 후퇴한다는 점이다. 빙하가 육상으로 물러가는 지역에서는 물속에서 빙하가 녹으면서 내던 소리는 더 이상 들을 수 없게 된다. 바다에서 소음이 가장 심했던 곳이 조용해지는 것이다. 바다에서 빙하가 녹는 소리가 사라지는 것이 대수냐 할 수 있지만 사실은 이때부터 더 큰 문제가 발생하게 된다. 바다 속이 조용해지면 지금과 같은 피오르 생태계의 균형은 유지될 수 없기 때문이다. 연구팀이 피오르 바다 속에서 빙하가 녹을 때 나는 소리를 측정한 것은 빙하가 녹는 속도를 측정하기 위한 목적도 있지만 더 큰 목적은 피오르 생태계의 변화를 감시하기 위한 것이다.

대표적인 예로 알래스카 피오르에서 서식하는 점박이 바다표범이 최근 들어 급격하게 줄어들고 있다. 미국 국립공원관리국^{National Park Service} 등에 따르면 지난 90년대 초부터 최근까지 약 20년 동안 알래스카 피오르 지역의 점박이 바다표범 개체 수는 절반 이하로 급격하게 감소했다(Womble et al, 2010).

점박이 바다표범의 개체수가 줄어드는 이유는 여러 가지가 있을 수 있겠지만 연구팀이 주목한 것은 빙하가 바다로 녹아 들어갈 때 나던 소음이다. 고래는 보통 멀리 떨어져 있는 먹잇감을 소리로 확인하는데 지금까지는 바다 속에서 빙하가 녹을 때 나는 크고 지속적인 소리와 바다표범이 이동할 때 나는 소리가 서로 섞이면서 바다표범이 포식자인 고래로부터 보호를 받을 수 있었다는 것이다. 그러나 지구온난화로 빙하가 육상으로 점점 후퇴하면서 바다표범의 보호막도 사라지게 된 것이다. 빙하가 녹을 때 나는 소리가 사라지면서 바다표범의 움직임이 고래의 안테나에 그대로 걸리게 된 것이다.

피오르 생태계에서 포식자이자 피식자 위치에 있는 바다표범이 계속해서 급격하게 줄어들 경우 피오르 생태계의 균형은 깨질 수밖에 없다. 빙하가 녹으면서 내는 소음이 사라지면서 당장은 먹이를 조금 쉽게 얻을 수 있는 고래도 끝내는 피해자가 되고 최종적으로는 문제의 근본 원인을 제공한 인간 또한 피해자가 될 수 밖에 없다.

바다거북 성비가 깨진다.
암컷이 수컷보다 3~4배 많아

미국 캘리포니아 남부 해안지역은 거의 1년 내내 푸른 하늘과 푸른 바다를 볼 수 있고 따뜻한 햇볕이 내리쬐는 곳으로 유명하다. 사람이 살기 좋은 만큼 해양 동물에게도 천국이나 마찬가지다. 해안가에 나가면 무리를 지어 쉬고 있는 물범이나 바다거북 심지어 이동하는 멸치 떼와 고래까지도 쉽게 볼 수 있다. 당연히 멋진 해안과 바다, 사람과 함께 살아가고 있는 물범과 고래, 바다거북을 보기 위해 해마다 전 세계에서 수많은 사람들이 모여 든다.

미 국립해양대기청NOAA과 야생생물보호국USFWS 연구팀은 미국 캘리포니아 남부 샌디에이고 만㵈에서 서식하는 푸른바다거북Chelonia mydas; green sea turtle의 성비에 대한 연구결과를 발표했다(Allen et al.,2015). 멸종 위기종으로 지정된 이 바다거북은 성비가 점차 깨지면서 상대적으로 암컷이 크게 늘어나고 있는 대표적인 동물이다.

바다거북은 보통 다 자라기 전까지는 암수를 구별하는 것이 쉽지 않은데 연구팀은 혈액을 이용해 성별을 알아낼 수 있는 효소면역측정법ELISA, enzyme-linked immunosorbent assay을 이용했다. 효소면역측정법은 기존 방법에 비해 방사선이나 상처를 내는 복강경을 이용하지 않으면서도 빠르고 효과적으로 암수를 구별할 수 있는 장점이 있다. 바다거북은 특히 성장기간이 상대적으로 길어 부화기부터 성장기, 성체까지 시기별로 성비 변화를 볼 수 있는 것이 장점이다.

조사결과 샌디에이고 만에서 자연 상태로 서식하는 다 자란 바다거북의 암컷과 수컷의 비는 2.83(암컷):1(수컷)로 암컷이 전체의 74%를 차지하고 있는 것으로 나타났다. 성비는 성장기 바다거북에서 조금 더 차이가 났다. 성장기 바다거북의 암수 비는 3.5:1로 전체 가운데 78%가 암컷인 것으로 나타났다.

연구팀에 따르면 다른 연구 결과에서도 바다거북의 성비 차이가 뚜렷해지고 있는 것을 확인할 수 있다. 성장기 바다거북의 암컷과 수컷의 비가 최고 4.2(암컷):1(수컷)까지 보고되고 있다. 야생에서 서식하는 바다거북의 81%가 암컷인 것이다. 성비는 당연히 부화단계에서도 크게 차이가 나타나고 있다. 조사 방법과 조사 시기, 알을 낳는 장소의 온도, 연구자 등에 따라 다르지만 부화기 암컷의 비율은 최고 99.8%까지 높게 나타났다. 거의 대부분이 암컷이라는 뜻이다.

왜 이렇게 바다거북의 성비가 깨지는 것일까? 하필이면 암컷 비율이 높아지는 이유는 무엇일까?

바다거북의 성은 유전자로 결정되는 것이 아니라 부화기 배아가 발달하는 단계에서 주변 환경에 의해 결정되는 것으로 알려져 있다. 특히 부화기 해변 모래 온도에 영향을 크게 받는데 온도가 섭씨 27.7도에서 31도 사이에서는 암컷과 수컷의 비율이 1:1로 태어나는 것으로 알려져 있다. 일반적으로 부화하는 해변 모래 온도가 높으면 높을수록 암컷이 많이 태어나고 상대적으로 온도가 낮으면 낮을수록 수컷이 많이 태어난다.

문제는 지구온난화로 인한 기후변화로 바다거북이 알을 낳고 부화하는 해안 모래의 온도가 점점 올라간다는 것이다. 결과적으로 바다거북이 서식하는 지역이 따뜻해지면서 암컷의 비율이 지속적으로 높아지고 있다는 것이다. 서식지가 점점 따뜻해지는 상황에서 바다거북이 기존의 성비를 유지하기 위해서는 알을 낳고 부화하는 장소를 온도가 낮은 곳으로 이동해야 한다. 기후변화에 맞춰 조상 대대로 내려온 기존의 생존방식을 바꿔야 성비를 유지하며 살아갈 수 있다는 것이다.

　적정 수준의 수컷이 있을 경우 암컷이 늘어나면 새끼를 낳을 수 있는 암컷
이 늘어나면서 결과적으로 개체 수가 늘어나 멸종 위기를 벗어날 가능성도 있
다. 하지만 수컷이 감소하면 감소할수록 유전자의 다양성은 훼손될 수밖에 없
다. 다행히 물려주는 유전자가 질병이나 기후변화 등 각종 환경변화에 최적이
라면 큰 문제가 없을 수도 있지만 그렇지 않을 경우 종 보존에 문제가 생길 가
능성이 크다.

　앞으로가 더 문제다. 지구온난화로 기온이 상승하고 수온도 상승하면서 서
식지 해안 모래의 온도가 계속해서 올라갈 가능성이 크기 때문이다. 연구팀은
현재의 기후변화 시나리오대로 지구 기온이 계속해서 상승하고 이에 대한 적
절한 보호 대책이 없을 경우 앞으로 10~15년 정도 뒤에는 바다거북의 성비가
완전히 깨지면서 일부 서식지에서는 수컷을 찾아보기 힘든 기현상도 나타날

수 있을 것으로 예상하고 있다. 기후변화가 종의 멸종을 재촉하고 나아가 먹이사슬을 붕괴시켜 지구생태계에 큰 혼란을 초래하는 것은 아닌지 우려하는 목소리가 나오고 있다.

다람쥐가 산 정상을 향해
올라가는 이유는?

사과라는 말을 들으면 자동적으로 대구가 떠오르던 때가 있었다. 인삼하면 금산, 감귤이라는 말을 들으면 공식처럼 제주가 떠올랐다. 하지만 이 같은 공식이 깨진 지 이미 오래다.

사과 재배적지는 이제 대구나 영천이 아니라 강원도 정선이나 영월, 양구다. 감귤 재배적지는 제주에서 전남 고흥이나 경남 거제로, 인삼 재배적지는 경기도 이천과 연천, 강원도 횡성과 홍천까지 북상했다. 하우스 재배지만 한라봉은 충북 충주에서도 재배하고 있고 경남 산청에서는 바나나 재배가 한창이다. 지구온난화로 기온이 올라가면서 농작물 주산지가 점점 북쪽으로 북쪽으로 올라가고 있는 것이다(그림 참고).

동물이나 식물의 서식지는 전적으로 환경에 의해 결정된다. 대표적인 것이 바로 기온이나 강수량 같은 기후다. 일반적으로 기후는 위도에 따라 크게 달라지는데 지구온난화로 기온이 상승할수록 동물과 식물의 서식지 또한 보다 선선한 고위도 지역으로 그리고 산에서는 보다 더 높은 곳으로 점차 이동하고 있다.

그렇다면 지구온난화로 인한 기온 상승으로 지금까지 동물과 식물의 서식지가 얼마나 어떻게 달라졌을까? 산에 서식하는 동물과 식물은 지금까지 산 정상을 향해 구체적으로 얼마나 올라갔을까?

자료: 통계청 1970~2015년 농림어업총조사

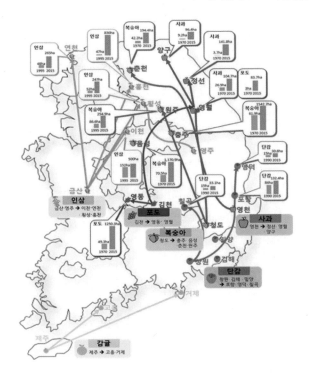

〈온난화로 인한 농작물 주산지 변화〉

　캐나다 연구팀이 전 세계 32개 산 정상 부근에 서식하는 975종의 식물과 항온동물, 변온동물의 서식지가 기온 변화에 따라 얼마나 어떻게 달라졌는지 분석했다(Freeman et al., 2018). 기온이 상승하면 서식지의 고도는 점점 올라가게 되는데 연구팀은 서식지 가운데 고도가 가장 낮은 곳warm limit, 온난한계, 그리고 서식지 가운데 고도가 가장 높은 곳cold limit, 한랭한계이 어떻게 달라졌고 서식지 크기가 어떻게 달라졌는지 분석했다.

　연구팀은 1802년부터 2012년까지 기온 변화와 서식지 이동 관련 23개 연구보고서 자료를 종합 분석했다. 분석결과 지구온난화로 기온이 상승하면서 한랭한계나 온난한계 모두 산 정상을 향해 올라간 것으로 나타났다. 산 아래쪽에 있는 동·식물의 온난한계는 기온이 1℃ 상승함에 따라 92m씩 높아지고 산 위쪽에 있는 한랭한계는 131m씩 높아지는 것으로 나타났다. 특히 온도변화에 따라 한랭한계가 더 직접적으로 영향을 받는다는 지금까지 학설과는 달리 온도 변화가 온난한계나 한랭한계에 미치는 영향에는 큰 차이가 나타나지 않았다.

문제는 기온이 올라갈수록 온난한계나 한랭한계 모두 고도가 높아지면서 동·식물이 서식할 수 있는 영역이 급격하게 줄어든다는 데 있다. 서식지가 감소하면 동·식물의 개체 수 역시 줄어들 수밖에 없다. 동·식물이 보다 선선한 곳을 찾아 점점 산 정상 쪽으로 올라가다가 더 이상 올라갈 곳이 없을 때는 바로 멸종을 의미한다.

실제로 미국 네바다 주 루비산맥에 사는 땅 다람쥐pocket gopher는 기온이 1.1℃ 상승한 지난 80년 동안 서식지가 70%나 줄어든 것으로 나타났다. 기온 상승에 맞춰 산 정상 쪽으로 조금씩 올라가다 보니 서식지가 크게 줄어든 것이다.

〈미국 네바다 주 루비산맥에 사는 땅 다람쥐〉

히말라야 산맥에 서식하는 들꽃alpine meadow flower은 기온이 2.2℃나 상승한 지난 150년 동안 서식지가 산 정상 쪽으로 600m나 올라갔고 서식지 면적도 29%나 감소한 것으로 나타났다. 프랑스 피레네 산맥에 사는 한 나비는mountain burnet butterfly 지난 50년 동안 기온이 1℃ 올라가면서 서식지가 산 정상 쪽으로 430m나 올라갔고 서식지는 79%나 감소한 것으로 나타났다.

기온이 올라가면 올라갈수록 동·식물은 자신이 살아남을 수 있는 선선한 지역으로 서식지를 옮기기 마련이다. 하지만 스스로 서식지를 옮길 수 없다거나 더 이상 높이 올라갈 산도 없다면 그 동물이나 식물은 올라가는 기온을 견디지 못하고 지구상에서 사라질 수밖에 없다. 특히 한반도 지역의 기온 상승 속도는 전 지구 평균보다 2배 이상 빠르다. 우리나라 산악지역에 사는 동·식물의 서식지가 전 지구 평균보다 빠르게 감소할 수 있고 보다 일찍 멸종으로 내몰릴 가능성이 크다는 뜻이다.

지난 1880년부터 2012년까지 133년 동안 전 지구 평균 기온은 0.85℃ 상승했다. 한반도는 기온이 더욱 더 빠른 속도로 올라가 1911년부터 2010년까지 100년 동안 1.88℃나 상승했다. 지금처럼 온실가스를 계속해서 배출할 경우(RCP8.5) 21세기 후반기 우리나라는 5.3℃나 상승할 것으로 기상청은 예상하고 있다. 평균적으로 볼 때 지금처럼 온실가스를 배출하면 산 정상에서 500m 이내에 살고 있는 동·식물은 서식지를 잃을 수 있다는 뜻이다.

점점 산 정상을 향해 올라가는 동·식물, 앞으로는 동물이나 식물뿐 아니라 사람도 점점 산 정상을 향해 올라가야 할지도 모를 일이다. 실제로 역대 최악의 폭염으로 기록된 지난여름 대관령에는 단 하루의 폭염(최고기온 33℃ 이상)이나 열대야(최저기온 25℃ 이상)도 나타나지 않았다.

나비가 급격하게 사라진다.
연평균 2%씩 21년 동안 1/3 사라져

나비야 나비야 이리 날아오너라

노랑나비 흰 나비 춤을 추며 오너라

봄바람에 꽃잎도 방긋방긋 웃으며

참새도 짹짹짹 노래하며 춤춘다

누구나 수없이 부르고 듣고 자란 동요 '나비야'다.

나비는 사람들이 좋아하는 곤충 가운데 대표적인 곤충이다. 나비는 봄의 전령이다. 이른 봄 나비는 숲을 돌아다니며 잠을 자고 있는 생명체를 깨운다. 꽃가루를 옮겨 생명체가 열매를 맺게도 한다. 또 스스로는 다른 동물의 먹이가 돼서 지구 생태계를 유지하는 데 기여한다.

만약 지구상에서 나비가 사라진다면 어떤 일이 벌어질까? 우선 야생 생태계의 꽃가루받이에 문제가 생길 수 있다. 그뿐만 아니라 지구 생태계의 먹이사슬에도 큰 구멍이 뚫리는 등 파장이 커질 가능성이 크다. 나비를 보며 자유롭게 하늘을 훨훨 나는 모습을 그리던 많은 사람들의 상상의 나래도 꺾일 가능성이 있다.

나비가 급격하게 감소하고 있다는 연구결과가 속속 나오고 있다. 최근 들어 나비 개체 수가 매년 2%씩 급격하게 감소해 지난 21년 동안 총 개체 수가 1/3

이나 줄어들었다는 미국 오리건 주립대학교 등 미국 연구팀의 연구 결과가 발표됐다. 연구팀은 지난 1996년부터 2016년까지 21년 동안 미국 오하이오주에서 나비 개체 수가 어떻게 달라졌는지 집중적으로 조사했다.

이번 연구에는 훈련을 받은 시민 과학자와 나비 연구자 2만 4천여 명이 참여해 오하이오주 전역에 퍼져 있는 104개 관측 지점에서 매주 한 차례씩 나비의 개체 수를 조사했다. 특히 이번 연구는 멸종 위기종 같은 1~2개 특정 종을 대상으로 한 것이 아니라 81개나 되는 다양한 종을 대상으로 동시에 조사를 한 것으로 나비 전체의 개체 수가 최근 어떻게 달라지고 있는 지 그 경향을 볼 수 있는 것이 특징이다.

조사 결과 나비 81개 종 가운데 40개 종은 개체 수에 큰 변화가 없었지만 32개 종은 통계적으로 의미가 있을 정도로 개체 수가 크게 감소했고 9개 종은 개체 수가 늘어난 것으로 나타났다. 개체 수가 감소한 종(32종)이 늘어난 종(9종)

보다 3.5배나 많은 것이다. 개체 수가 가장 많이 감소한 종은 표범나비Aphrodite Fritillary, Speyeria aphrodite인 것으로 나타났다. 결과적으로 오하이오주에 서식하는 나비의 총 개체 수는 연평균 2% 정도씩 줄어 21년 동안 33%나 감소한 것으로 나타났다.

최근 들어 나비 개체 수가 급격하게 줄어드는 것은 단지 미국 오하이오주만의 일이 아니다. 지금까지 나비 개체 수가 크게 감소한다는 연구는 영국을 비롯한 유럽에서 많이 발표됐다. 한 예로 지난 2017년 발표된 영국의 조사 결과를 보면 1995년부터 2014년까지 20년 동안 도시 지역에서는 나비 개체 수가 무려 69%나 감소했고 시골에서도 45%나 감소한 것으로 나타났다.

우리나라도 예외가 아니다. 지난 2017년 국립산림과학원과 목포대학교 등이 발표한 연구 결과를 보면 강원도 영월군의 한 석회암 지대에 서식하는 나비는 최근 15년 동안 34%나 감소한 것으로 나타났다.

미국 오하이오주뿐 아니라 영국과 우리나라 등 전 세계 곳곳에서 나비 개체 수가 급격하게 줄어들고 있다는 것은 나비 개체 수가 감소하는 것이 어느 특정 지역, 특정 종만의 문제가 아니라 보통의 나비를 사라지게 하는 충분한 이유가 이미 전 세계에 널리 퍼져 있다는 것을 의미한다.

연구팀은 최근 전 세계에서 나비가 급격하게 사라지는 이유를 도시 팽창과 개발 등으로 인한 서식지 파괴와 지구온난화로 인한 기온 상승과 강수량 변화 같은 기후변화, 그리고 살충제나 제초제, 비료 사용으로 상징되는 최근 농업 형태의 변화 등에서 찾고 있다. 모두가 인간이 하고 있는 일이다. 결국 인간 활동으로 인해 나비의 개체 수가 급격하게 감소하고 있다는 것이다. 하지만 나비가 살기 어려운 지구촌, 나비가 점점 사라지는 세상에서는 사람도 살기가 어렵다.

가뭄이 발생하면서 시리아 농업 생산량의 2/3나 담당하던 곡창지대에서는
곡물을 제대로 수확할 수가 없었고 농사를 짓던 150만 명의 농민들은
농촌을 떠나 도시로 몰려들었다.
농업의 붕괴와 150만 명의 도시 빈민층을 만들어낸 3년 동안의 기록적인 가뭄이
시리아 반정부 시위에 영향을 주었다고 할 수 있다.

기후변화… 사회갈등 부추기나?

기아인구 10% 이상 늘어날 수 있다

기후변화… 사회갈등 부추기나?

식량안보 위협하는 기후변화… 생산량 얼마나 줄어들까?

불공평한 기후변화… 가난한 나라에 더욱 혹독한 폭염이 몰려온다

온난화로 왕성해지는 해충의 식욕과 번식력, 식량안보를 위협한다

기후변화, 정신건강 위협… 저소득 여성, 고소득 남성보다 2배 더 위험

지구를 구하는데 '부자들의 자비'를 기대할 수는 없는 것일까?

급증하는 상품 소비가 '미세먼지 불평등'을 강화한다면?

미세먼지로 인한 사망률 지역에 따라 천차만별

빈곤도, 스모그도 민주적이지 않다. 취약 계층, 발암물질에 더 많이 노출

기아^{Hunger}인구 10% 이상
늘어날 수 있다

유엔세계식량계획^{WFP}에 따르면 2015년 기준 전 세계에서 기아로 고통 받고 있는 인구는 7억 9천 5백만 명이나 된다. 전 세계인구가 75억 명 정도인 점을 고려하면 9명 가운데 한 명 정도가 먹을 것이 충분하지 못해 생활에 필요한 영양분을 제대로 얻지 못하고 있는 것이다.

앞으로 지구온난화로 인한 기후변화가 지속되는 가운데 각국이 기후변화를 억제하기 위해 온실가스 배출을 줄이고 배출한 온실가스를 포집하는 각종 정책을 시행할 경우 기아인구수는 과연 늘어날까 아니면 줄어들까? 기후변화를 완화시키려는 노력과 기아가 무슨 관련이 있는 것일까?

한국과 일본 공동 연구팀은 지구온난화로 인한 기후변화가 지속되는 가운데 앞으로 세계 각국이 기후변화를 누그러뜨리기 위해 온실가스 배출을 적극적으로 감축하는 정책을 시행할 경우(RCP2.6)와 감축 없이 온실가스를 현재 추세대로 계속해서 배출하는 경우(RCP8.5) 각각에 대해 기아로 고통 받는 인구수가 어떻게 달라지고 또 1인당 섭취하는 열량은 어떻게 달라질 수 있는지 정량적으로 산출하는 연구를 했다. 연구결과를 담은 논문은 과학저널 '환경 과학과 기술^{Environmental Science & Technology}'에 실렸다.

연구팀은 기후변화와 기후변화를 완화시키려는 노력이 기아인구수와 영양 섭취에 미치는 영향을 조사하기 위해 기후변화가 전 세계 곡물 생산량에 미치는 영향, 곡물가격이나 곡물 재배지에 영향을 미칠 수 있는 바이오 연료의 수요, 그리고 온실가스 배출을 억제하고 배출된 온실가스를 포집하는 데 추가로 들어가는 비용 등을 따져보는 연구를 했다.

연구팀이 곡물 생산량을 우선 따져본 것은 곡물 생산량이 곧바로 기아인구 수에 영향을 미칠 수 있기 때문이다. 전반적으로 지구온난화로 인한 기후변화는 농업 생산성에 부정적인 영향을 미치는 것으로 알려져 있다. 모든 작물은 생육에 적당한 온도가 있는데 기온이 올라갈 경우 작물이 고온으로 인해 스트레스를 많이 받게 될 뿐만 아니라 자라는 동안 폭염이나 가뭄, 집중호우, 슈퍼태풍 같은 각종 재앙에 직격탄을 맞을 가능성도 커지기 때문이다.

두 번째는 바이오 연료에 대한 문제다. 바이오 연료는 당초 온실가스를 많이 배출하는 화석연료를 대체할 수 있을 뿐 아니라 신재생 에너지 체제로 넘어가는 중간다리 역할을 해줄 것으로 기대를 모은 연료다. 하지만 현재 생산되고 있는 바이오 연료는 콩과 옥수수 같은 곡물을 이용해 생산하는 바이오 연료가 대부분을 차지하고 있다는 것이 문제다. 때문에 바이오 연료에 대한 수요가 늘어나면 늘어날수록 식량을 생산할 수 있는 농경지가 줄어들고 식량 가격 또한 상승시킬 가능성이 있는 것이다.

기후변화를 억제하는데 들어가는 비용도 문제다. 온실가스 배출을 줄이거나 배출된 온실가스를 포집하기 위해서는 새로운 기술을 개발하거나 현재 사용 중인 시설이나 장비에 새로운 기능을 추가해야 한다. 그만큼 추가 비용이 들어간다는 것이다. 비용이 늘어나는 만큼 물건 값이 올라갈 가능성이 높다. 단적인 예로 화력발전소에서 배출되는 온실가스를 포집하기 위해 특수 장치를 부착한다면 전기 생산 비용은 늘어나게 된다. 전기료가 올라갈 가능성이 있는 것이다.

기후변화로 인해 농업 생산성이 떨어지고 바이오 연료 수요 증가로 인해 먹을 수 있는 곡물이 줄어들거나 가격이 상승하고 기후변화 억제를 위한 기술이

도입되면서 각종 비용이 늘어날 가능성이 있는 것이다. 늘어나는 비용과 상승하는 곡물 가격, 떨어지는 농업 생산성을 충분히 감당할 능력이 있다면 별 문제가 없겠지만 부족하고 한정된 재원으로 살아가는 경우라면 늘어난 비용을 지불하고 나면 식량을 구입할 수 있는 재원은 줄어들게 된다. 특히 곡물 가격이 상승하는 것까지 고려하면 구입할 수 있는 식량은 더욱 줄어들 수밖에 없다. 결국 기아로 고통 받는 인구가 늘어날 가능성이 있다는 뜻이다.

실제로 연구팀이 모형을 이용해 시뮬레이션을 한 결과 기후변화로 인한 농업 생산성 감소와 바이오 연료의 수요 증가, 온실가스를 감축하는데 들어가는 각종 비용이 늘어나면서 온실가스를 적극적으로 감축하면 감축할수록 기아인구수는 더 늘어나고 1인당 하루에 섭취할 수 있는 열량도 줄어드는 것으로 나타났다.

특히 온실가스 감축 정책 실행으로 인한 각종 비용 상승이 기아에 미치는 영향이 가장 크게 나타났는데 2050년에는 온실가스를 적극적으로 감축할 경우 온실가스 배출을 방치할 때보다 기아인구수가 12%나 더 늘어날 것으로 전망됐다. 온실가스를 적극적으로 감축하는 정책을 실행할 경우 한 사람이 하루에 섭취할 수 있는 열량도 온실가스 배출을 방치할 때보다 23킬로칼로리kcal나 줄어들 것으로 예상됐다. 특히 개발도상국이 많이 있는 아시아와 아프리카, 중동, 그리고 인도에서 기아인구수가 크게 늘어나고 영양 섭취에도 어려움을 겪게 될 것으로 전망됐다.

지구온난화로 인한 기후변화가 인간 활동의 영향이라고 해서 모든 사람이 비난을 받아야 되는 것은 아니다. 지구온난화의 원인인 온실가스를 많이 배출하는 국가나 사람이 있고 상대적으로 적게 배출하는 국가와 사람이 있다. 온실가스를 거의 배출하지 않고 기후변화나 온실가스가 무엇인지도 모르고 들어본 적이 없는 사람도 있을 것이다.

하지만 기후변화로 인한 재앙은 반드시 온실가스를 많이 배출한 국가나 사람에게 더 많이 나타나는 것은 아니다. 오히려 온실가스 배출과는 별 관계없이 살아온 사람들에게 더 가혹하게 다가올 수 있다. 남태평양 작은 섬이나 아시아, 아프리카 어느 시골 마을에서 하루하루 어렵게 살아가는 사람들에게 더욱더 가혹하게 다가오는 것이 현실이다. 비용 상승을 비롯해 기후변화를 완화시키기 위해 실행하는 정책 때문에 발생하는 부정적인 영향 또한 어려운 사람들을 더욱 어렵게 만들 가능성이 있다. 우리나라의 경우도 물론 예외가 아니다.

지구 생태계를 보존하기 위해서 온실가스 배출을 줄이고 기후변화를 완화시켜야 하는 것은 당연하다. 기후변화 완화 정책으로 인해 기아인구수가 늘어날 가능성이 있다고 해서 기후변화를 방치할 수는 없다. 하지만 중요한 것은 기후변화 완화 정책과 함께 그 정책으로 인해 어려움을 겪을 수 있는 사람들을 위한 또 다른 정책이 반드시 필요하다는 것이다. 굳이 '기후 정의'라는 말을 끌어오지 않더라도 온실가스 감축을 비롯한 기후변화 완화 정책은 반드시 기후변화 완화 정책으로 인해 어려움에 처할 수 있는 사람들을 보살필 수 있는 정책과 함께 시행돼야 한다.

기후변화…
사회갈등 부추기나?

아시리아 제국은 기원전 2,000년 전부터 1천년 이상 현재의 이라크와 시리아, 터키, 이집트 일부 지역까지 이른바 근동Near East 지역의 광대한 영토를 다스렸던 나라다. 기원전 9세기부터는 영토를 크게 확장하면서 기원전 7세기 초 역사상 가장 큰 제국을 건설했다. 하지만 아시리아 제국은 기원전 612년 수도 니네베Nineveh 함락과 함께 멸망했다. 역사상 가장 큰 제국 건설과 함께 곧바로 멸망한 것이다. 역사학자들은 아시리아 제국이 멸망한 것은 기원전 7세기 중엽부터 시작된 반란과 봉기, 아슈르바니팔(BC 669-627 재위)왕이 죽은 뒤 발생한 내분, 그리고 바빌로니아와 메디아인 동맹군의 공격 때문이라고 설명하고 있다 (자료: 두산백과). 그럼에도 불구하고 의문이 남는 것은 근동지역에서 당시까지만 해도 역사상 최대 제국이었던 아시리아가 그리 짧은 기간에 그렇게 쉽게 무너졌을까 하는 점이다.

미국 캘리포니아대학교와 터키 코크대학교 공동연구팀은 아시리아 제국이 멸망한 것은 내분이나 외부의 침략뿐 아니라 기록적인 가뭄이 큰 영향을 미쳤다고 주장한 바 있다(Schneider and Adali, 2014). 당시 호수 퇴적물 등을 분석한 결과 기원전 657년 대가뭄을 비롯해 기원전 7세기 아시리아 제국에는 극단적으로 건조한 날씨가 나타났다는 것이다. 아시리아 제국 당시의 곡창지대Fertile Crescent에서 수집한 곡식의 탄소 동위원소 분석에서도 7세기 아시리아에는 극심한 가뭄이 발생했던 것으로 나타났다(Riehl et al, 2014). 연구팀은 특히 극단적인 가뭄이 발생했던 시기에 반란과 봉기, 그리고 속국들이 독립을 선언하고 나섰다는 점을 지적하고 있다. 가뭄이 극심했던 시기에 사회적으로나 정치적으로도 갈등이 심했다는 것이다.

가뭄과 같은 이상기후와 함께 연구팀이 주목한 것은 기원전 7세기에 영토가 급격하게 넓어지면서 정복지에서 인구가 급격하게 유입됐다는 점이다. 특히 급격하게 늘어난 인구는 국가가 가뭄에서 벗어날 수 있는 능력을 크게 약화시켰다는 것이다. 결국 가뭄이 지속되는 가운데 인구까지 급증하면서 국가가 국민들을 제대로 먹여 살릴 수 없는 상황이 됐고 이로 인해 정치적으로나 경제적으로 그리고 사회적으로 불안해지고 갈등이 커졌다는 주장이다. 이상기후와 급격한 인구 증가가 국가의 지배력을 약화시켰을 뿐 아니라 사회적으로도 갈등을 증폭시켜 제국의 멸망을 불러왔다는 주장이다.

연구팀이 또한 주목하는 것은 아시리아 제국 당시 발생했던 이상기후와 급작스런 인구 증가가 정치와 경제에 미친 영향이 현재 우리 시대에 같은 지역에서 또 다시 나타나고 있지 않느냐 하는 점이다. 최근 시리아와 이라크 북부지역에서 발생한 극심한 가뭄과 농촌에서 도시로의 대규모 인구 이동, 사회·정치적인 갈등이 기원전 7세기 아시리아에서 발생한 현상과 공통점이 있다는 것이다.

실제로 미국 캘리포니아대학교와 콜롬비아대학교 공동연구팀은 최근, 2011년부터 시리아에서 발생한 반정부 시위와 내전은 기후변화로 발생한 기록적인 가뭄의 영향이 크다는 연구결과를 발표했다(Kelley et al., 2015). 지난 2007년부터 2010년까지 시리아에서는 기상 관측사상 최악의 가뭄이 발생했다. 최근 100년 동안의 기상관측 자료와 비교해 볼 경우 최근 발생한 가뭄은 예전에 발생했던 다른 가뭄보다 2~3배나 심했다. 연구팀은 특히 최근의 기록적인 가뭄은 자연적인 변동뿐 아니라 인간 활동으로 인한 기후변화 때문에 발생했다는 점을 강조하고 있다.

가뭄이 발생하면서 시리아 농업 생산량의 2/3나 담당하던 곡창지대Fertile Crescent에서는 곡물을 제대로 수확할 수가 없었고 농사를 짓던 150만 명의 농민들은 농촌을 떠나 도시로 몰려들었다. 연구팀은 특히 수확량 급감으로 인한 농업의 붕괴와 150만 명의 도시 빈민층을 만들어낸 3년 동안의 기록적인 가뭄이 2011년부터 시작된 시리아 반정부 시위에 큰 영향을 준 것으로 평가했다. 기록적인 기후변화와 이에 적절히 대응하지 못한 정부의 무능력 때문에 사회적인 갈등과 정치적인 불안이 증폭됐다는 것이다.

연구팀은 기후변화가 지속될 경우 시리아를 비롯한 지중해 동부지역이 현재뿐 아니라 앞으로도 더욱 건조해지고 뜨거워질 가능성이 높은 것으로 보고 있다. 지중해 동부지역은 앞으로도 계속해서 기후변화가 사회나 정부의 무거운 짐이 될 수 있다는 뜻이다.

이 같은 주장에 동의하지 않는 경우도 물론 있다. 어디까지나 관련성을 추측한 것일 뿐 과학적으로 근거가 탄탄하지 못하다는 것이다. 사회적인 갈등은 기후변화의 영향보다는 가난이나 빈부격차, 정부의 무능 같은 다른 사회·정치적인 영향이 훨씬 더 크다는 것이다. 특히 21세기 많은 나라들은 기후변화에 직격탄을 맞는 예전의 농업 국가와는 다르고 기후변화에 대응하는 정부의 능력과 기술 발달 수준 또한 예전과는 비교할 수 없다고 주장한다.

사회적인 갈등이 발생하는 이유는 여러 가지가 있을 수 있다. 하지만 부인하기 어려운 것은 앞으로 지구온난화로 인한 기후변화가 지속될 경우 사회나 정부에 부담을 주는 일은 더욱 많이 발생할 수 있다는 것이다. 이제 시작에 불과할 수 있다는 것이다. 발등에 떨어진 사회적인 갈등을 정치·경제·사회적으로 해결하는 것은 매우 중요하다. 하지만 역사에서 배울 수 있는 것은 기후변화처럼 오랜 기간에 걸쳐 서서히 다가오지만 극단적으로 나타날 수 있는 위험에 대한 이해와 대비가 없으면 사회적인 갈등이 더욱더 증폭될 수 있고 결과적으로 국가의 운명에까지 영향을 미칠 수도 있다는 점이다.

식량안보 위협하는 기후변화…
생산량 얼마나 줄어들까?

장마가 끝난 뒤에는 볕이 쨍쨍 내리쬐는 게 농민들에게는 더 없이 고마운 일이다. 농작물이 하루가 다르게 성장하고 익어갈 수 있기 때문이다. 하지만 최근 들어 장마가 끝난 뒤에 비가 자주 내리는 경향이 나타나고 있다. 6~7월 장마 때보다 오히려 8월이나 9월에 비가 자주 내리거나 많이 내리는 경우까지 나타나면서 '장마'라는 말 대신에 8월과 9월까지도 포함하는 '우기'라는 말을 사용하자는 주장까지 나오고 있다.

보통 장마가 끝난 뒤 비가 자주 내리게 되면 과일이 제 맛을 내지 못할 뿐 아니라 썩거나 물러 떨어지는 경우도 많다. 포도는 껍질이 갈라지고 터지는 열과 현상이 나타나고 흰얼룩병이나 갈반brown spot병 같은 곰팡이병이 번지기도 한다. 복숭아는 당도가 떨어지게 된다.

과일 뿐 아니라 벼농사도 문제가 생길 수 있다. 비가 오래 이어지면 벼가 연약하게 웃자랄 수 있는데 이렇게 되면 바람이 강하게 불거나 이삭이 영글면 쓰러질 가능성이 크다. 또 습한 날씨에 통풍이 잘 안 돼 병충해까지 확산할 가능성도 있다.

문제는 앞으로 기후변화가 계속 진행될수록 호우나 폭염, 가뭄, 슈퍼 태풍 같은 이상 기상, 이상 기후는 더 자주 더 강하게 나타나고 그만큼 식량 안보에 큰 위협이 될 수 있다는 사실이다. 기후변화가 진행될 경우 지구촌 식량 생산에는 어느 정도나 영향을 미칠까? 어떤 작물에 어느 정도의 영향이 있을까? 지금까지 각국의 연구팀이 다양한 방법으로 산출한 전망을 내놨지만 연구 방법이나 연구팀에 따라 조금씩 다른 결과를 내놨다.

지금까지의 다양한 연구 결과를 종합한 연구 결과가 최근 미국과학원회보 PNAS에 발표됐다(Zhao et al., 2017). 연구팀은 지금까지 발표된 기후변화와 주요 곡물 생산량에 대한 다양한 논문 70여 편을 종합 분석했다. 분석 결과 전 지구 평균 기온이 1℃ 상승할 때마다 전 세계 밀 생산량은 평균 6.0% 감소하고 쌀은 3.2%, 옥수수는 7.4%, 콩 생산량은 3.1% 줄어드는 것으로 나타났다.

문제는 앞으로 지구온난화로 상승하는 기온이 단지 1℃에 머물지 않을 것이라는 데 있다. 인류는 산업화 이전과 대비해 2100년까지 지구 평균 기온 상승폭을 2℃ 이내, 특히 1.5℃ 이내로 묶어 두기를 희망한다. 하지만 말처럼 쉽지 않다. 이미 실현 불가능한 시나리오로 알려져 있지만 온실가스를 당장 적극적으로 감축을 할 경우(RCP2.6) 2100년 지구 평균 기온은 산업화 이전보다 0.3~1.7℃ 상승하고 지금 현재 추세대로 계속해서 온실가스를 배출할 경우(RCP8.5) 지구촌 평균 기온은 2.6~4.8℃나 상승할 전망이다.

연구팀은 이 같은 기후변화 시나리오에 분석 결과를 적용할 경우 당장 온실가스를 적극적으로 줄일 경우(RCP2.6) 21세기 말 전 지구 주요 곡물 생산량은 5.6% 줄어들 것으로 예측됐다. 하지만 지금처럼 계속해서 온실가스를 배출할 경우(RCP8.5) 전 세계 곡물 생산량은 18.2%나 줄어들 것으로 전망됐다. 옥수수의 경우 27.8%가 감소해 가장 크게 줄었고 밀은 22.4%, 콩은 11.6%, 쌀은 생산량이 10.8% 줄어들 것으로 예상됐다. 다른 요소는 변함이 없다고 볼 때 오르지 기온 상승으로 인한 기후변화로 주요 곡물의 생산량이 이 만큼이나 줄어든다는 것이다.

물론 지구 기온이 올라갈 경우 지역에 따라 또 특정 곡물에 대해서는 생산량이 증가하는 경우가 있는 것도 사실이지만 전 지구 평균적으로 볼 때 기온이 올라가면 올라갈수록 전반적으로 곡물 생산량이 크게 감소한다는 뜻이다. 얼핏 생각하기에 현재 우리나라는 쌀이 남아 고민인 것 같은데 뭐가 걱정이냐 할 수도 있지만 쌀을 제외한 밀, 콩, 옥수수의 자급률은 매우 낮다. 농림축산식품부의 2016년 식량자급률(잠정)을 보면 전체 식량자급률은 절반 정도인 50.9%다.

곡물별 식량자급률을 보면 쌀은 104.7%지만 밀은 1.8%, 옥수수는 3.7%, 콩은 24.6%다. 사료용까지 포함하는 개념인 곡물자급률은 더 떨어진다. 전체 곡물자급률이 23.8%에 불과하다. 곡물별로는 밀의 자급률이 0.9%, 옥수수는 0.8%, 콩은 7%에 불과하다. 기후변화로 전 세계 주요 곡물의 생산량이 감소하면 우리나라도 직격탄을 맞을 수밖에 없는 상황인 것이다.

뿐 만 아니라 2015년 UN 식량농업기구FAO가 밝힌 전 세계 기아 인구를 보면 전체 인구 9명 가운데 한 명꼴인 7억 9천5백만 명이나 된다. 호세 그라지아노 다 실바 FAO 사무총장은 줄어들던 지구촌 기아 인구가 2015년 이후 다시 증가하고 있다고 밝힌 바 있다(자료: dpa). 2015~2016년 발생한 강한 엘니뇨로 인한 기상 이변 증가와 소말리아, 남수단, 콩고민주공화국 등에서의 분쟁과 갈등으로 기아 인구가 늘고 있다는 것이다.

기후변화에 따라 주요 곡물의 생산량이 어느 정도 줄어들 것인지 구체적인 수치로 제시하는 것은 매우 중요하다. 특히 정책을 결정하는 사람이나 농업 관계자에게는 더없이 중요한 자료다. 전 지구적으로 인구가 급증하고 기아 인구까지 늘어나고 있는 가운데 앞으로 식량이 얼마나 부족할 수 있고 또 부족한 식량에 대해 어떤 전략을 세우고 어떻게 대처해야 하는지를 알려주기 때문이다. 식량안보를 위협하는 기후변화, 우리나라도 결코 예외일 수 없다.

불공평한 기후변화…
가난한 나라에 더욱 혹독한 폭염이 몰려온다

폭염은 흔히 침묵의 살인자라 불린다. 40℃를 오르내리는 기록적인 폭염이 기승을 부린 지난 2018년 국내에서는 모두 4,526명의 온열질환자가 발생해 이 가운데 48명이 목숨을 잃었다. 지난 2016년에도 2,125명의 온열질환자가 발생해 17명이 목숨을 잃는 등 2011년부터 2020년까지 10년 동안 국내에서는 모두 15,373명의 온열질환자가 발생해 안타깝게도 143명이 유명을 달리했다 (자료: 질병관리본부).

지구온난화가 진행될수록 폭염은 점점 더 극심해지는 경향을 보이고 있다. 지구온난화로 전 지구 평균 기온이 올라가고 있지만 국지적으로는 극단적이고 기록적인 폭염이 늘어나고 있다. 지구온난화로 인해 지구 평균 기온이 어느 정도나 상승할 것인가 예측하는 것도 중요하지만 국지적으로 기온 변동 폭이 얼마나 커질 것인가를 예측하는 것이 중용한 이유다. 국지적으로 기온 변동 폭이 커지면 커질수록 기록적인 폭염이 나타날 가능성은 커지게 되기 때문이다.

네덜란드와 프랑스, 영국 공동연구팀이 지구온난화에 따라 2100년까지 지역별로 기온 변동 폭이 얼마나 커질 것인지 조사했다. 연구팀은 기온의 월평균 표준편차가 얼마나 커지는가를 산출해 기온 변동 폭이 커지는 정도를 산출했다. 2100년까지 전 지구 각 지역별 기온 예측자료는 기후변화에 관한 정부 간 협의체IPCC 제5차 평가보고서 작성에 이용된 37개 기후모델이 산출한 자료를 사용했다. 연구팀은 기후변화 시나리오 가운데 온실가스를 감축하지 않고 지금처럼 계속해서 배출하는 경우(RCP8.5)를 가정했다.

조사결과 북반구 여름철의 경우 남미 대륙 남부와 남극을 제외한 전 지구 대부분 육상에서 여름철 기온 변동 폭이 커지는 것으로 나타났다(그림 참고). 지구온난화가 지속될수록 전반적으로 기록적인 폭염이 나타날 가능성이 커진다는 뜻이다. 특이한 것은 유럽이나 동남아시아, 북미 같은 북반구 지역뿐 아니라 남미 대륙과 아프리카 등 남반구 지역에서도 고온현상과 기록적인 폭염이 나타날 가능성이 커진다는 것이다.

자료: Bathiany et al., 2018

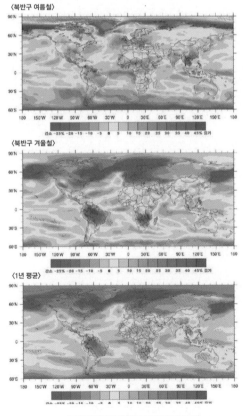

〈2100년까지 월평균 기온의 변동 폭〉

반면 북반구 겨울철의 경우는 아프리카 남부와 남미 대륙 중북부 지역, 아프리카 사하라 사막, 동남아시아 지역의 변동성이 커지는 것으로 나타났다. 특히 아프리카 남부와 남미 대륙 중북부 지역, 동남아시아 지역 등에서는 변동성이 적어도 20%에서 크게는 40% 이상 커지는 것으로 나타났다. 적도와 그 주변지역으로 이들 지역에서 기온 변동 폭이 커진다는 것은 단순히 따뜻해지는 정도가 아니라 북반구 겨울철에도 여전히 기록적인 폭염이 나타날 가능성이 커진다는 것을 의미한다. 하지만 한반도나 미국, 유럽 등 북반구 중위도 지역이나 고위도 지역의 경우는 기온 변동 폭이 오히려 작아지는 것으로 나타났다. 겨울철인 만큼 당연히 폭염이 나타날 가능성이 적을 뿐 아니라 지구온난화가 진행될 경우 기온이 크게 떨어지는 기록적인 한파 가능성도 줄어드는 것이 아닌가 하는 해석이 나올 수 있는 부분이다.

연 평균 기온 변동 폭을 보면 적도 주변과 주로 남반구 지역에서 변동 폭이 커지는 것으로 나타나고 있다. 대부분의 북반구 중위도 지역과 고위도 지역은 1년 평균으로 봤을 때 기온 변동 폭이 오히려 줄어드는 것으로 나타나고 있다. 연평균으로 봤을 때 상대적으로 국민 소득이 낮은 나라가 많은 적도 주변과 남반구 지역에서 기온 변동 폭이 커지고 상대적으로 국민 소득이 높은 나라가 많은 북반구 중위도와 고위도 지역은 기온 변동 폭이 작아질 가능성이 있는 것이다. 지구온난화가 진행될수록 살기 어려운 지역에서 기록적인 폭염이 나타날 가능성이 더 커진다는 뜻이다.

선진국들이 많은 북반구 중위도나 고위도 지역은 그동안 지구온난화를 일으키는 온실가스를 상대적으로 많이 배출한 지역이다. 반면에 적도 부근이나 남미, 아프리카 지역은 그동안 온실가스 배출이 상대적으로 적었던 지역이다. 온실가스 배출이 적었던 지역이 점점 더 극심해지는 지구온난화로 인한 기록적인 폭염의 직격탄을 맞는 것이다.

혹독해지는 것은 단지 폭염만이 아니다. 연구팀은 기록적인 폭염이 나타나는 이들 지역에는 가뭄 또한 더욱더 혹독해질 것으로 보고 있다. 기록적인 폭염에 가뭄까지, 먹을 물이 없어지고 곡물 생산량 또한 줄어들 가능성이 큰 것이다. 그동안 온실가스를 많이 배출하지는 않았지만 기록적인 폭염에 가뭄, 물 부족, 식량 부족까지 3중고, 4중고를 겪게 되는 것이다. 지구온난화로 인한 기후변화 재앙이 가장 심할 것으로 예상되는 적도와 그 주변 지역에는 현재 지구촌 인류의 절반 이상이 살고 있다.

온난화로 왕성해지는 해충의 식욕과 번식력,
식량안보를 위협한다

인류가 농사를 짓기 시작한 이후 지금까지 인류는 잡초, 그리고 해충과의 전쟁을 벌이고 있다. 잡초와 해충과의 전쟁에서 들이는 품은 줄이면서도 곡물 생산량은 최대로 늘리기 위해 온갖 제초제가 나왔고 각종 살충제와 살균제가 등장했다. 병충해에 강한 품종도 끊임없이 개발되고 있다.

잡초와 병충해뿐 아니라 점점 뜨거워지고 있는 지구도 문제다. 지구온난화로 인한 기후변화로 곡물 생산량이 줄어들 것이라는 연구 결과는 이미 많이 나와 있다. 대표적인 예로 중국과 미국, 프랑스, 스페인, 필리핀, 독일, 벨기에 등 국제 공동연구팀은 지금까지 발표된 논문 70여 편을 종합 분석해 지구 평균 기온이 1℃ 상승할 때마다 밀 생산량은 평균 6.0%, 쌀 생산량은 3.2%, 옥수수 생산량은 7.4%, 콩 생산량은 3.1%나 줄어들 것으로 예상된다고 보고한 바 있다(Zhao et al., 2017).

그렇다면 온난화로 지구가 점점 뜨거워질 때 해충은 지금보다 더 늘어날까? 아니면 더 줄어들까? 해충이 곡물을 먹어 치우는 양은 어떻게 변할까? 혹시 해충이 창궐하면서 식량 안보에 큰 문제가 생기는 것은 아닐까?

미국 워싱턴 대학교와 콜로라도 대학교, 버몬트 대학교, 스탠퍼드 대학교 공동연구팀이 온난화로 기온이 상승할 경우 해충의 개체 수는 어떻게 달라지고 해충의 대사율이 어떻게 변하는 지, 이런 해충 활동의 변화가 주요 곡물의 수확량에는 어떤 영향을 미칠 것인지 조사했다(Deutsch et al., 2018).

연구팀은 이번 연구를 위해 지난 수십 년 동안 38종의 해충을 대상으로 실험실과 야생에서 실험한 기온 상승에 따른 해충의 대사율과 번식률 변화를 분석하고 이를 이용해 앞으로 온난화가 진행되면서 기온이 상승할 경우 해충의 대사율과 번식률에 어떤 변화가 생길 것인지 산출했다. 또 해충 활동의 변화가 지구촌 각 지역의 밀과 옥수수, 쌀 생산량 손실에 어떤 영향을 미칠 것인지 분석했다.

해충은 외부 온도에 따라 체온이 변하는 변온동물로, 기온이 올라가면 체온도 올라가게 된다. 특히 체온이 올라간다는 것은 산소 소비량이 증가하고 에너지 요구량이 늘어나는 등 신진대사율도 높아진다는 것을 의미한다. 기온이 올라가면 올라갈수록 해충은 필요한 에너지를 보충하기 위해 먹이를 더 많이 먹어야 한다는 뜻이다. 다른 조건이 동일하다면 기온이 올라갈수록 해충이 보다 많은 것을 먹어치우게 되고 결국 곡물 수확량 손실은 늘어나고 생산량은 그만큼 줄어들 수밖에 없다.

연구팀은 실제로 지금까지의 실험실과 야생 실험에서, 기온이 올라갈수록 해충의 대사율이 높아지면서 식욕이 급증하고 번식력도 왕성해지는 것을 확인했다. 연구팀은 각 지역의 기온이 현재의 열대지방 기온과 비슷해질 때 까지는 신진 대사율이 기하급수적으로 높아지고 번식률도 높아진다는 것을 확인했다.

연구팀은 이같은 실험 결과를 바탕으로 앞으로 온난화로 기온이 올라갈수록 해충의 대사율과 번식률이 더욱더 높아진다는 것을 확인할 수 있었다. 특히 지구 평균기온이 1℃ 상승할 때마다 해충이 크게 늘어나면서 전 세계 쌀과 옥수수, 밀의 수확량 손실이 10~25%나 증가할 것으로 예상했다. 지금까지 해충으로 인한 주요 곡물의 수확량 손실이 5%에서 최고 20% 정도 되는 것으로 알려져 있는데, 지구온난화가 진행될수록 해충이 더 많은 곡물을 먹어 치워 곡물 수확량 손실이 크게 늘어날 것이라는 뜻이다.

만약 21세기 말 지구 평균 기온이 파리기후변화협정의 1차 목표인 2℃ 상승할 경우 전 세계 밀과 쌀, 옥수수 생산은 지역에 따라 적게는 20% 안팎에서 많게는 50% 이상 수확량 손실이 늘어날 것으로 연구팀은 추정했다. 실제로 남아시아와 동남아시아 지역에서는 2℃가 올라갈 경우 쌀의 수확량 손실은 59%나 증가하는 것으로 예측됐다(그림 참고).

자료: Deutsch et al., 2018

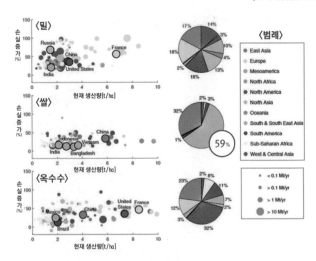

〈기온 2℃ 상승 시 국가별·지역별 곡물 수확량 손실 증가〉

기온 2℃ 상승 시 해충으로 인해 감소하는 주요 곡물의 양은 2억 1,300만 톤이나 될 것으로 연구팀은 예상했다. 연구팀은 특히 서부 유럽과 중국, 미국 등 중위도 곡창지대에서 해충으로 인한 피해가 크게 늘어날 것으로 분석했다. 중위도 지역은 바로 기온이 상승하면서 해충의 개체 수가 크게 늘어나고 해충의 대사율 또한 크게 높아질 것으로 예상되는 지역이다.

UN 보고서에 따르면 2016년 기준 전 세계적으로 8억 명 정도가 만성적으로 충분한 영양을 공급받지 못하고 있다. UN 식량기구FAO는 현재 전 세계 인구 76억 명 가운데 절반이 넘는 약 40억 명이 쌀과 옥수수, 밀을 주식으로 하고 있는 것으로 보고 있다. 특히 이들은 필요한 에너지의 3분의 2를 쌀과 옥수수, 밀 같은 주곡에서 얻고 있다. 결국 온난화로 해충이 창궐하면서 주곡의 수확량 손실이 급증하고 생산량이 감소한다는 것은 인류가 섭취하는 에너지가 급격하게 줄고 기아 인구 또한 크게 늘어날 수 있다는 것을 의미한다.

안정적인 식량 확보를 위해 인류는 해충에 강한 작물을 개발하고 살충제를 보다 많이 사용하고 해충 피해를 줄일 수 있는 새로운 농법도 활용할 것으로 연구팀은 보고 있다. 하지만 연구팀은 앞으로 지구온난화가 어떤 시나리오를 따라 진행하든 지구온난화가 지속되면 인류와 해충과의 싸움에서의 승자는 인류가 아니라 해충이 될 것이라는 점을 강조하고 있다. 인간 활동으로 발생한 지구온난화가 인류 자신의 식량안보를 위협하고 있다.

기후변화, 정신건강 위협…
저소득 여성, 고소득 남성보다 2배 더 위험

2018년 여름, 우리나라 기상 관측 사상 최고의 기록적인 폭염이 한반도를 강타했다. 그해 10월 태풍 '콩레이'는 경남 통영에 상륙해 남부지방에 큰 상처를 남겼다. 우리나라뿐 아니다. 그해 여름 기록적인 폭염이 지구촌 곳곳을 강타하더니 일본에는 12호 태풍 '종다리', 15호 '리피', 20호 '시마론', 21호 '제비', 24호 '짜미'까지 5개의 태풍이 잇따라 상륙했고 미국도 괴물 허리케인 '플로렌스'와 '마이클'이 잇따라 상륙하면서 큰 피해가 발생했다.

기록적인 폭염이나 가뭄, 한파, 폭우, 괴물 태풍 같은 기상 현상은 기후변화가 진행될수록 더욱더 기승을 부릴 것으로 학계는 보고 있다. 특히 이 같은 기록적인 기상 현상은 물질적인 피해뿐 아니라 불안이나 우울, 외상 후 스트레스 등 정신건강에도 악영향을 미칠 가능성이 크다. 이런 가운데 기후변화가 육체적인 건강뿐 아니라 정신건강을 크게 위협할 수 있다는 연구결과가 발표됐다(Obradovich et al., 2018).

미국 매사추세츠공과대학교MIT와 하버드대학교, 에디스 너스 로저스 메모리얼 병원, 캘리포니아대학교UCSD 공동 연구팀은 2002년부터 2012년까지 미국 질병통제예방센터CDC가 미국인 약 200만 명을 대상으로 실시한 정신건강 조사 결과와 같은 기간 지역별 기온 변화와 비오는 일수, 초강력 허리케인 같은 자연 재난 영향 등 기상자료의 연관성을 비교 분석했다.

분석 결과 기후변화로 낮 최고 기온이 30℃ 넘어서는 날이 급격하게 증가할 것으로 예상되는 가운데 월평균 최고 기온이 10℃를 넘어서면서부터 정신질환을 호소하는 사람이 조금씩 늘어나기 시작해 월평균 최고 기온이 30℃가 되면 정신질환을 호소하는 사람이 0.5% 포인트 증가하는 것으로 나타났다. 또 월평균 최고 기온이 30℃를 넘어서면 정신질환을 호소하는 사람이 1% 포인트 늘어나는 것으로 조사됐다.

또 비 오는 날이 늘어날수록 정신질환을 호소하는 사람 또한 늘어나는 것으로 나타났다. 1년에 비 오는 날이 20일을 넘어서면서부터 정신질환을 호소하는 사람이 크게 늘어나기 시작했는데 1년에 비 오는 날이 25일을 넘어서면 정신질환을 호소하는 사람이 1.5~2% 포인트나 늘어나는 것으로 나타났다.

또 여러 해 동안의 기온 상승이 정신건강에 미치는 영향을 알아보기 위해 2002~2006년까지 5년과 2007~2012년까지 5년 동안의 기온 변화와 같은 기간의 정신질환 유병률을 분석한 결과 5년 동안 기온이 1℃ 상승한 지역의 경우 정신질환 유병률이 2% 포인트 높아지는 것으로 나타났다. 특히 가을철이나 겨울철보다는 봄철과 여름철에 기온이 높아질 때 정신질환 유병률이 더 크게 높아지는 것으로 나타났다. 기후변화가 정신건강에 미치는 영향은 초강력 허리케인 카트리나와 같은 자연재해를 겪을 때 가장 크게 나타났는데 카트리나 같은 재난을 겪게 되면 정신질환을 호소하는 사람이 4% 포인트 급증하는 것으로 나타났다.

특히 기후변화가 정신건강을 위협하는 정도는 경제적으로 어려운 계층 그리고 남성보다는 여성에서 더 큰 것으로 나타났다. 같은 기후변화라도 소득이 하위 25%에 속하는 그룹은 소득이 상위 25%에 속하는 그룹보다 정신질환을 호소하는 경우가 60%나 더 많았다. 또 같은 기후변화에 대해 여성 역시 남성보다 정신질환을 호소하는 사람이 60%나 더 많은 것으로 조사됐다.

소득이 낮은 여성의 경우 정신적으로 기후변화에 더욱더 취약한 것으로 분석됐는데 기후변화가 소득이 낮은 여성에 가하는 정신적인 위협은 소득이 높은 남성이 받는 위협에 비해 2배나 더 큰 것으로 나타났다고 연구팀은 밝히고 있다. 기후변화가 경제적으로 소외된 계층을 더욱더 소외시키고 정신건강 불평등을 더욱더 악화시킬 수 있다고 해석할 수 있는 부분이다.

실업이나 일자리 부족, 각종 질병 등 사회적으로나 경제적으로 인류의 정신건강을 위협하는 요소는 한 두 가지가 아니다. 이런 가운데 기후변화가 인류의 정신건강을 위협하는 새로운 요소로 이미 우리 앞에 다가와 있다. 기후변화를 억제할 수 있는 근본적인 대책뿐 아니라 기후변화에 무방비로 노출될 수밖에 없는 사회·경제적으로 취약한 계층을 보호할 수 있는 대책 마련이 시급하다.

지구를 구하는데 '부자들의 자비'를
기대할 수는 없는 것일까?

기후변화 재앙이라는 말이 나오면 제일 먼저 떠오르는 나라가 있다. 바로 해수면이 상승하면서 나라 전체가 물에 잠길 위기에 처해 있는 남태평양의 섬나라 투발루다.

수몰 위기에 처한 투발루를 구할 수 있는 근본적인 방법은 지구온난화를 억제하는 것이다. 하지만 말처럼 쉽지가 않다. 지구온난화로 인한 기후변화가 투발루 한 나라로 인해 발생한 문제가 아니기 때문이다. 전 지구적인 문제, 특히 이미 발전한 선진국들의 책임이 오히려 훨씬 더 크다. 그렇다면 어떻게 하면 지구온난화를 억제해 앞으로 발생할 수 있는 기후변화 재앙을 예방할 수 있을까? 기후변화 재앙 예방이라는 '공공의 이익public goods'을 달성하기 위해 인류는, 또 각각의 국가와 개인은 어떻게 해야 할까?

최근 재미있는 연구결과가 하나 발표됐다. 스페인과 영국, 이탈리아, 미국 공동연구팀은 스페인 바르셀로나 시민 324명을 대상으로 게임 같은 실험을 했다 (Vicens et al., 2018).

대상자를 6명씩 54개 그룹으로 나눈 연구팀은 각 그룹에 240유로 지급하고 각 그룹에서 기후변화 예방이라는 '공공의 이익'을 달성하는데 필요한 기금을 모으는 실험을 했다. 연구팀은 각 그룹에서 120유로씩 모금해 기후변화를 예방하는데 필요한 나무를 심는 것을 '공공의 선'으로 가정하고 각 그룹의 구성원들이 120유로를 만들기 위해 각각 얼마씩 기부할 것인지 실험을 했다.

54개 그룹 가운데 절반인 27개 그룹은 돈을 6명 각각의 구성원에게 40유로씩 균등 지급하고 나머지 절반은 각각의 구성원에게 적게는 20유로에서 많게는 60유로까지 차등 지급하고 실험을 진행했다. 모금은 6명의 구성원이 돌아가며 한 번씩 모두 10차례(10라운드) 돈을 내도록 했다. 게임이 진행되는 동안 한 라운드에서 각 구성원이 낼 수 있는 돈은 0~4유로로 한정했다. 각 라운드마다 4유로씩 낼 경우 10라운드 동안 한 사람이 최대 40유로를 기부할 수 있는 것이다.

그룹의 구성원들은 실험을 시작할 때 상대방이 얼마나 많은 돈을 갖고 있는지 알 수 있도록 했고 한 차례 라운드가 끝날 때마다 각 구성원들이 돈을 얼마나 냈는지 알 수 있도록 했다. 목표인 120유로를 모금하기 위해 얼마를 더 내야 하는지를 알려주기 위해서다. 물론 기부금을 내고 남은 돈은 자기 것이 된다. 기부금을 적게 내면 적게 낼수록 많은 돈을 남길 수 있는 방식이다.

실험 결과 그룹 구성원 6명이 120유로를 만드는 방법은 매우 다양하게 나타났는데 전반적으로 돈을 적게 지급받은 구성원이 돈을 많이 지급받은 구성원보다 기부금을 더 많이 낸 것으로 나타났다. 특히 돈을 적게 지급받은 구성원이 많이 지급받은 구성원보다 최고 2배나 더 많은 돈을 낸 것으로 나타났다. 일반적인 기대와는 정반대로 돈을 적게 지급받은, 그러니까 상대적으로 가난한 사람들이 '공공의 이익'을 위해 부자보다 훨씬 더 많은 기부금을 냈다는 뜻이다. 상대적으로 돈이 많을수록 이기심이 발동됐다고 해석할 수 있는 부분이다.

이번 연구결과에 대해 다양한 의견이 나올 수 있다. 실험 설계에 문제가 있다는 의견부터 연구결과는 실험에 참여한 사람에 대한 결과로 국한해야 한다는 주장도 나올 수 있다. 아무리 넓게 봐 줘도 스페인 바르셀로나 지역 사람들의 얘기일 뿐 다른 지역이나 사회, 다른 국가로 확대 해석할 경우 오류에 빠질 수 있다는 주장도 할 수 있을 것이다.

하지만 이 같은 연구 결과는 이번이 처음이 아니다. 지난 6월 런던퀸메리대학교 연구팀도 자원(돈)을 많이 가진high status 사람에 비해서 자원을 적게 가진low status 사람들이 공공의 이익을 위해 협력을 보다 더 잘한다는 연구결과를 발표한 바 있다(Osman et al., 2018). 공공의 이익을 달성하는데 자원을 많이 가진 사람의 동정이나 자비가 생각만큼 역할을 하지 못한다는 것이다.

특히 이번 연구에서 주장하는 것은 단순히 부자가 기후변화 대응에 소극적이라는 것만이 아니다. 단순히 '공공의 이익'을 달성하는데 부자에게 자비를 베풀 것을 기대해서는 안 된다는 것만을 주장하는 것은 아니다. 앞으로 기후변화를 얘기할 때는 기후변화에 대한 원리나 전망, 재앙만을 강조할 것이 아니라 기후 정의나 불평등, 약자에 대한 배려, 그리고 기후변화 억제와 대응에 적게 가진 자나 국가, 많이 가진 자와 국가 모두가 적극적으로 참여할 수 있도록 사전에 충분한 교육과 철저한 계획이 필요하다는 점을 강조하고 있다.

2017년 6월 1일 도널드 트럼프 미국 대통령은 백악관에서 기자회견을 열고 파리 기후변화협정 탈퇴를 공식 선언했다. 하지만 아이러니하게도 기후변화로 인한 피해는 미국처럼 지금까지 온실가스를 많이 배출한 나라에서 많이 발생하는 것이 아니라 경제적으로 어려운 개발도상국에서 많이 발생하고 있다. 이들 개발도상국의 피해는 기후변화가 진행될수록 더욱더 커질 가능성이 크다. 지구와 인류를 구하는데 정녕 '부자富者의 자비慈悲'를 기대할 수는 없는 것일까?

급증하는 상품 소비가
'미세먼지 불평등'을 강화한다면?

엘리베이터를 타고 내려오다 중간에서 초등학교 저학년으로 보이는 2명의 여자 어린이를 만난 적이 있다. 남매 같아 보이는데 두 명 모두 마스크를 착용하고 있었다. 식약처 인증을 받은 마스크를 빈틈없이 완벽하게 착용한 모습. 이것은 분명 200% 아이들 엄마의 작품일 것이다.

"너희들 왜 마스크 썼어?" "엄마가 미세먼지 '나쁨'이라 했어요."

"답답하지는 않니?" "괜찮아요."

미세먼지뿐 아니라 코로나19가 전 세계를 강타하면서 마스크는 이제 생활 필수품이 됐다. 미세먼지 때문에 공기청정기를 마련한 가정도 많다. 공기청정

기가 없는 집은 적어도 한 번쯤은 공기청정기를 생각해 본 적이 있을 것이다. 하지만 다른 한편에는 공기청정기는 고사하고 마스크조차 마련하기 어려운 사람이 있는 것도 사실이다.

미국 대학 연구팀이 최근 미국에 거주하는 흑인과 히스패닉, 백인 등 각각의 인종이 평균적으로 거주 지역에서 초미세먼지PM2.5에 노출되는 정도와 또 각각의 인종이 평소에 상품과 서비스를 이용하면서 배출하는 초미세먼지가 어느 정도나 되는지 조사했다(Tessum et al., 2019).

연구팀은 특히 한 인종이 평균적으로 노출되는 초미세먼지와 그들이 배출하는 초미세먼지의 차이를 '미세먼지 불평등pollution inequity'이라고 정의하고 인종별 미세먼지 불평등을 구체적인 수치로 산출했다.

한 인종의 미세먼지 불평등 값이 양+인 경우는 그 인종이 평균적으로 배출하는 초미세먼지보다 더 많은 초미세먼지에 노출된다는 것을 의미한다. 자신들이 배출하는 것보다 더 많은 양의 초미세먼지에 노출되는 만큼 미세먼지에 대해서는 평소에 늘 '부담pollution burden'을 안고 사는 것이다. 반대로 미세먼지 불평등 값이 음-인 경우는 자신들이 배출하는 초미세먼지보다 적은 양의 초미세먼지에 노출된다는 의미한다. 미세먼지에 대해서 평소에 '이득pollution advantage'을

보고 산다는 것이다.

조사결과 흑인의 경우 미세먼지 불평등 값이 +56%, 히스패닉의 경우는 +63%인 것으로 나타났다.

흑인의 경우 자신들이 배출하는 초미세먼지보다 평균적으로 56%나 초과 노출되고 히스패닉의 경우는 자신들이 배출하는 초미세먼지보다 63%나 더 많이 노출된다는 뜻이다. 반면에 백인과 다른 인종의 경우는 미세먼지 불평등 값이 −17%인 것으로 나타났다. 백인의 경우는 자신들이 상품이나 서비스를 이용하면서 배출하는 초미세먼지보다 평균적으로 17% 적은 양의 초미세먼지에 노출된다는 뜻이다. 백인과 다른 인종이 상대적으로 많이 배출하는 초미세먼지를 흑인과 히스패닉이 나눠 마시고 있는 것이다. 초미세먼지를 적게 배출하는 인종이 오히려 더 많이 마시는 것이다. 아래 그림은 인종별 초미세먼지 배출과 노출 요인을 분류한 것이다. 연구팀은 다양한 배출과 노출 과정에 대해 조사했다(표 참고).

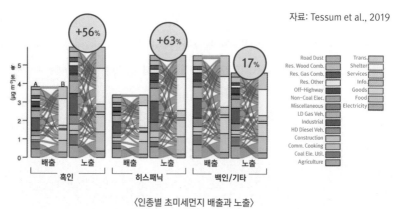

자료: Tessum et al., 2019

〈인종별 초미세먼지 배출과 노출〉

여기서 또 한 가지 주의 깊게 봐야 하는 것은 각 인종의 미세먼지 불평등이 시간이 지남에 따라 어떻게 변했는가 하는 점이다. 지난 2003년부터 2015년까지 각 인종별 초미세먼지 배출과 노출의 변화를 보면 배출과 노출 농도는 시간이 흐름에 따라 전반적으로 감소하고 있다. 하지만 미세먼지 불평등 즉, 배출과 노출의 차이는 예상만큼 큰 폭으로 감소하지 않는 것으로 나타나고 있다. 시간이 흘러 미세먼지 농도가 절대적으로 줄어들더라도 흑인과 히스패닉은 여전히 자신들이 배출하는 미세먼지보다 고농도 미세먼지에 노출되고 있고 백인은 자신들이 배출하는 미세먼지보다 적은 양의 미세먼지를 마시고 산다는 것이다. 미세먼지 불평등이 쉽게 해소되지 않고 있다는 것이다. 그림에서 실선은 노출, 점선은 배출하는 초미세먼지 농도를 의미한다(표 참고).

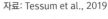
자료: Tessum et al., 2019

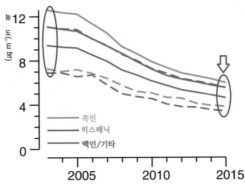

〈연도별·인종별 초미세먼지 배출과 노출〉

각 인종별 미세먼지 불평등은 어제 오늘 일이 아니다. 오랜 기간 이어지고 있다. 특히 이 같은 미세먼지 불평등은 경제적인 불평등과도 궤를 같이하고 있다고 볼 수 있다. 경제적인 불평등이 미세먼지 불평등으로 이어졌다는 것이다.

중요한 것은 이 같은 미세먼지 불평등이 단지 미국 사회에서만 나타나는 현상이 아닐 수 있다는 것이다. 우리나라에서도 경제적인 불평등이 얼마든지 미세먼지 불평등으로 이어질 가능성이 크다. 평소에 각종 상품이나 서비스를 적게 이용해 미세먼지를 적게 배출하고 있지만 실제로 그들이 공기를 통해 마시는 미세먼지는 평소에 미세먼지를 많이 배출하며 생활하는 사람과 별반 다를

게 없는 경우가 많다는 것이다. 특히 미세먼지를 적게 배출하는 사람들이 미세먼지를 많이 배출하는 사람보다 오히려 고농도 미세먼지에 더 많이 노출될 가능성도 얼마든지 있다.

고농도 미세먼지가 자주 나타나면서 미세먼지를 차단하는 제품이 이제 생활 필수품이 된 것이 사실이다. 하지만 미세먼지 차단 제품을 비롯해 생활에서 이용하는 많은 상품과 서비스가 한편으로는 미세먼지 불평등을 강화시킬 수 있다는 점도 부인할 수 없는 사실이다. 각종 상품과 서비스를 많이 이용하면 이용할수록, 특히 과다하게 이용할 경우 미세먼지 불평등은 더욱더 커질 수밖에 없을 것이다. 상품과 서비스를 만드는 과정에서는 언제나 미세먼지가 배출되기 때문이다.

누구나 맘 놓고 편히 숨을 쉬기 위해서는 배출량을 줄여 대기 중 미세먼지 농도를 낮추는 것이 대책의 기본이고 핵심이다. 하지만 거기서 멈춰서는 안 된다. 미세먼지 농도가 낮아져도 미세먼지 불평등은 여전히 크게 남아 있을 수 있기 때문이다. 미세먼지 배출량 감축 대책은 미세먼지 불평등을 해소할 수 있는 대책과 함께 시행할 때 더욱 빛이 날 수 있다.

미세먼지로 인한 사망률
지역에 따라 천차만별

보통 여름이 되면 겨울철과 봄철 내내 기승을 부리던 미세먼지가 마치 모두 사라진 듯 자취를 감추게 된다. '나쁨' 수준을 오르내리던 미세먼지 농도도 '좋음~보통'을 오간다. 여름철에는 미세먼지가 발생하지 않는 것일까? 당연히 여름철에도 미세먼지는 발생한다. 여름철이라고 해서 자동차나 화력발전소, 각종 산업체가 가동을 멈추는 것이 아니기 때문이다. 여름철에 미세먼지 농도가 뚝 떨어지는 것은 미세먼지 발생 자체가 크게 줄었기보다는 바람 방향이 북서풍에서 남서풍 계열로 바뀌면서 중국발 미세먼지가 적게 들어오고 대기 확산이 원활해지고 비까지 자주 내리면서 미세먼지가 쌓이지 않고 빠르게 확산하기 때문이다.

매일매일 예보나 관측 자료를 통해서 접하게 되는 미세먼지 농도는 일정한 부피의 공기 속에 들어 있는 미세먼지의 총 질량을 표시한 것이다. 단위는 세제곱미터 당 마이크로그램이다$\mu g/m^3$. 미세먼지 농도만 보고 곧바로 건강에 미치는 영향을 단정하는 경우가 있지만 사실 미세먼지 농도에는 미세먼지를 구성하는 주요 성분이나 입자의 크기, 미세먼지 입자의 독성 등을 나타내는 정보는 포함돼 있지 않다.

그렇다면 미세먼지 농도만으로 곧바로 건강에 대한 영향을 평가할 수 있을까? 미세먼지 농도가 같으면 건강에 미치는 영향도 같게 나타날까? 당연히 미세먼지 농도가 높을수록 건강에 미치는 영향이 크기는 하겠지만 주요 성분이 경유나 휘발유 같은 화석연료가 연소할 때 만들어진 미세먼지인지 아니면 주로 흙먼지인지 등에 따라 건강에 미치는 영향도 크게 달라질 수밖에 없다.

고려대학교 보건과학대학 이종태 교수 연구팀이 서울과 부산, 대구, 인천, 광주, 대전, 울산 등 7개 대도시를 대상으로 2006년부터 2013년까지 각 도시별 미세먼지 노출과 사망률 사이에 어떤 연관성이 있는지 분석했다.

연구팀은 특히 미세먼지와 사망률의 연관성이 각 도시의 대기 특성에 따라 어떻게 다르게 나타나는지 분석했다. 이를 위해 연구팀은 각 도시별 통계청의 사망자료, 미세먼지PM10와 이산화황S02, 이산화질소S02, 오존03 등 국립환경과학원이 측정한 대기오염물질 농도, 기상청의 일평균 기온과 습도, 기압 자료 등을 활용했다.

분석 결과 특정 시점을 기준으로 과거 46일 동안 노출된 미세먼지PM10 농도가 $10\mu g/m^3$ 증가할 때, 사고사 같은 외인사外因死를 제외한 총 사망률 증가는 도시에 따라 크게 다른 것으로 나타났다. 울산의 경우 미세먼지 노출이 $10\mu g/m^3$ 증가하면 총 사망률은 7개 대도시 가운데 가장 높은 4.9%나 높아지는 것으로 나타났다. 이어 인천의 총 사망률이 2.3% 높아졌고, 부산은 1.5%, 대구와 서울은 0.6% 높아지는 것으로 나타났다.

연구팀은 같은 크기의 미세먼지 농도가 증가할 때 도시별로 사망률이 크게 달라지는 이유를 그 도시의 대기 중 이산화황S02 농도에서 찾았다. 실제로 7개 도시 가운데 울산의 대기 중 이산화황 농도는 연구 기간 평균 8ppb로 가장 높았고 이어 인천, 부산 순으로 나타났다. 총 사망률이 증가하는 정도와 같은 순서로 대기 중 이산화황 농도가 높은 것이다. 단순히 미세먼지 농도뿐 아니라 또 다른 대기 오염물질인 이산화황 농도가 높을 때 사망률이 크게 높아졌다는 뜻이다. 대전과 광주의 경우는 미세먼지 노출 증가가 곧바로 통계적으로 의미 있는 사망률의 변화로 나타나지는 않았는데 이 지역의 대기 중 이산화황 농도는 4ppb로 울산 지역 이산화황 농도의 절반에 불과한 것으로 분석됐다.

이산화황은 석탄 같은 화석연료가 연소할 때 배출되는 대표적인 가스 상태의 오염물질로 자체가 대기 오염물질이면서 대기 중에서 크기가 작은 미세먼지로 전환되는 물질이기도 하다. 특정 지역의 대기 중 이산화황 농도에 따라 그 지역의 미세먼지 독성이 달라질 수 있다는 뜻이다. 실제로 울산과 인천, 부산은 다른 도시보다 화석연료를 많이 사용하는 대표적인 산업단지이자 항만에 해당한다.

미세먼지와 이산화황 농도에 따라 총 사망률뿐 아니라 심혈관질환으로 인한 사망률이나 호흡기질환으로 인한 사망률에도 차이가 났다. 노출되는 미세먼지 농도가 $10\mu g/m^3$ 증가할 때 총 사망률이 가장 높은 4.9%나 증가한 울산의 경우 심혈관질환으로 인한 사망률이 4.3%나 높아지는 것으로 나타났다. 반면에 부산의 경우는 호흡기질환으로 인한 사망률이 8.2%나 높아지는 것으로 조사됐다.

결국 노출되는 미세먼지 농도가 높아질수록 건강에 미치는 영향이 크게 나타나기는 하지만 미세먼지 입자의 크기와 조성 성분, 그리고 그 지역의 대기오염 특성에 따라 인체에 미치는 미세먼지의 독성, 즉 건강에 미치는 영향이 크게 달라진다는 것을 이번 연구 결과는 보여주고 있다.

미세먼지가 건강에 미치는 영향을 최소화하기 위해서는 단순히 미세먼지 농도를 줄이기 위한 노력뿐 아니라 독성이 큰 미세먼지 입자와 대기 오염물질에 대한 관리가 함께 진행되어야 한다는 것을 이번 연구 결과는 보여준다. 특히 화석연료가 연소할 때 발생하는 독성이 강한 물질에 대한 관리가 매우 중요하다는 것을 연구팀은 강조하고 있다. 미세먼지를 관리하는 데 있어서 단순히 농도를 중심으로 한 양적인 관리뿐 아니라 인체 위해성을 고려한 질적인 관리도 반드시 병행해야 한다는 뜻이다.

빈곤도, 스모그도 민주적이지 않다.
취약 계층, 발암물질에 더 많이 노출

"빈곤은 위계적이지만 스모그는 민주적이다poverty is hierarchic, while smog is democratic." 독일의 사회학자 울리히 벡Ulrich Beck이 그의 유명 저서에서 쓴 표현이다. 현대 사회에 빈부 격차나 계층은 있지만 현대 사회의 위험은 빈부나 계층, 지역에 관계없이 평등하게 영향을 미친다는 뜻이다. 하지만 울리히 벡의 표현 그대로 스모그 같은 환경 위험은 모든 사람에게 똑같이 영향을 미치고 있을까? 모든 사람이 환경 위험에 똑같은 수준으로 노출되고 똑같은 영향을 받고 있을까? 울리히 벡의 표현은 환경 위험에 대해서는 어울리지 않는 부분이 있다. 지금까지의 많은 연구결과는 인종이나 소득 수준, 교육 정도 등 사람들의 사회경제적 수준에 따라 환경 위험에 노출되는 정도도 크게 달라진다는 것을 보여주고 있다. 환경부정의環境不正義, Environmental Injustice가 존재한다는 것이다.

계명대학교 박정일 교수와 환경과교육연구소 권혜선 박사팀은 경기도를 대상으로 개인과 지역의 사회경제적 특성과 발암물질에 노출되는 수준 사이에 어떤 상관관계가 있는지 환경정의 차원에서 실증적으로 분석했다. 경기도는 면적이 국토의 10% 정도에 불과하지만 인구는 우리나라 전체 인구의 약 25%가 거주하고 있는 대표적인 인구 밀집지역이다.

연구팀은 우선 2000년부터 화학물질 배출량 조사PRTR, Pollutant Release and Transfer Register 제도를 통해 공개하고 있는 산업시설의 화학물질 배출과 화학물질 이동량 자료, 그리고 경기연구원이 도민들의 삶의 질을 측정하고 그 변화를 추적할 목적으로 2만 명을 대상으로 가족과 주거, 고용, 환경 등 다양한 영역에 대해 실시한 '경기도민 삶의 질 조사' 결과 자료를 이용했다.

연구팀은 두 자료와 지리정보시스템GIS 분석을 통해 발암물질 배출시설의 지역별 분포를 파악하고 다층모형을 이용해 발암물질에 많이 노출되는 개인과 지역의 사회경제적 특성을 분석했다. 연구결과는 환경 분야 저명 국제학술지인 '지속가능성sustainability' 최근호에 실렸다(Park and Kwon, 2019).

논문에 따르면 우선 경기도 내 전체 553개 읍면동 가운데 반경 2km 이내에 발암물질 배출시설이 하나 이상 있는 지역은 전체의 17.5%인 97개 지역인 것으로 나타났다. 발암물질 배출 시설은 주로 경기도 남서부에 많이 분포하고 경기 동부와 경기 북부 지역은 시설이 상대적으로 적은 것으로 나타났다. 분석 반경을 5km로 확대할 경우 발암물질에 노출되는 지역이 크게 늘어났는데 반경 5km 이내에 최소 1개 이상의 배출시설이 위치한 읍면동은 총 250개로 전체의 45.2%에 달했다. 발암물질 노출지역은 경기 남서부지역뿐만 아니라 북부와 남동부 지역으로 크게 확대됐다. 특히 남서부 일부 지역에는 발암물질 배출 시설이 집중적으로 분포하는 것으로 나타났다(그림 참고).

자료: Park and Kwon, 2019

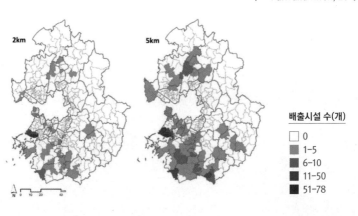

배출시설 수(개)
☐ 0
▨ 1-5
▨ 6-10
▨ 11-50
▨ 51-78

〈경기도 발암물질 배출시설 분포〉

다층모형을 이용한 분석에서는 사회경제적으로 취약계층이 발암물질에 더 많이 노출되는 것으로 나타났다. 개인 수준에서는 기초생활수급자가 그렇지 않은 사람보다 발암물질에 더 많이 노출되는 것으로 나타났고, 일자리가 있는 사람보다는 일자리가 없는 사람이, 자영업자보다는 월급 받는 사람이, 그리고 자택에 사는 사람보다는 전세나 월세로 사는 사람 등 경제적으로 취약한 집단이 그렇지 않은 집단에 비해 발암물질에 더 많이 노출되는 것으로 분석됐다.

지역별로는 사회경제적으로 취약한 지자체가 발암물질에 더 많이 노출되는 것으로 나타났다. 전체 면적 중 공업용지 비율이 높은 지역, 특히 경기도 남서부지역처럼 대규모 공단이 형성된 지역이 발암물질에 더 많이 노출되는 것으로 분석됐다.

또한 전체 인구 중 외국인 거주자 비율이 높은 지역이 발암물질에 더 많이 노출되는 것으로 조사됐다. 연구팀은 경기도 외국인의 다수가 제조업 공장에서 일하는 노동자와 그의 가족이라는 점을 고려하면 이들이 열악한 근로 여건과 발암물질 노출이라는 이중고를 겪고 있는 것으로 추정할 수 있다고 설명했다.

발암물질과 같은 환경 위험에 지속적으로 노출되면 개인의 삶의 질이 떨어질 뿐만 아니라 환경위험에 대한 방어 능력과 회복력이 떨어져 결과적으로 환경 위험에 더더욱 취약해질 가능성이 크다. 특히 이 같은 악순환이 이어질 경우 심각한 사회문제로 대두될 가능성도 없지 않다. 화학물질 배출량 조사PRTR와 같은 제도를 통해 유해물질 배출과 이동에 대한 정보를 공개하고 널리 알리는 것이 중요한 이유다. 그래야 배출시설에 대해 개선을 촉구하고 개인과 지역사회 또한 환경 위험에 대응할 수 있는 힘을 키울 수 있기 때문이다.

　연구팀은 이번 연구를 통해 기존 연구와 달리 산업시설에서 배출된 발암물질이라는 환경 위험이 사회경제적 약자를 중심으로 불공평하게 분배되고 있는 것이 실증적으로 밝혀졌다면서 환경부정의를 예방할 수 있는 교육과 정책을 시급히 마련하고 적극적으로 시행하여야 한다고 강조했다.

21세기에는 적도를 중심으로
남쪽과 북쪽 위도 10도 이내의 해양에서는 위도가 1도 높아질 때마다
평균적으로 13종의 물고기가 사라질 것으로 예측됐다.
수백 종의 어류가 적도 해양을 떠나는 것이다.

6차 대멸종이 시작됐다.
그 원인은 인간

1945년 첫 핵실험과 함께 등장한 새로운 지질시대, '인류세'

야크가 티베트 정상을 향해 올라가는 이유

해양 생태계… 붕괴엔 수십 년, 회복엔 수천 년

빠르게 진행되는 해양산성화… 대멸종 부르나

2100년 생물 6종 가운데 1종 멸종, 취약 지역은?

지구온난화 때문에 식물이 자랄 수 있는 시간이 사라진다

현실로 바짝 다가선 인공식물

6차 대멸종이 시작됐다. 그 원인은 인간

도미노 멸종을 부르는 온난화… 기온 5~6℃ 상승하면 생태계 전멸할 수도

2100년 한반도 기온 최대 7℃ 상승

1945년 첫 핵실험과 함께 등장한
새로운 지질시대, '인류세'Anthropocene'

고생대, 중생대, 신생대. 중생대 트라이아스기, 쥐라기, 백악기. 신생대 제3기, 제4기. 신생대 제4기 플라이스토세, 홀로세. 이 같은 지질시대 즉, 지구역사는 지질학적으로 큰 변동이 있거나 생물학적으로 큰 변화나 특정 생물의 멸종을 기준으로 구분한다. 공룡이 멸종한 것을 기준으로 멸종 이전을 중생대 백악기, 멸종 이후를 신생대 제3기 팔레오세로 나눈 것이 대표적인 예다.

인류는 현재 지질시대 가운데 마지막인 신생대 제4기 홀로세Holocene Epoch에 살고 있다. 홀로세는 지금부터 약 1만 년 전 마지막 빙하기가 끝난 뒤부터 현재까지 인류 문명이 시작되고 급격하게 발달한 시기를 말한다.

성층권 오존층이 파괴되는 메커니즘을 밝혀 노벨상을 수상한 네덜란드의 대기 화학자 폴 크루첸Paul J. Crutzen과 미국 미시간대학교 유진 스토머Eugene F. Stoermer 교수는 지난 2000년 국제지권생물권연구IGBP, Internation Geosphere-Biosphere Programme 뉴스레터를 통해 인간 활동의 영향으로 예전과 다른 새로운 지질시대가 시작됐다는 주장을 했다. 이들은 새로운 지질시대를 '인류세Anthropocene'라고 이름 붙였다(Crutzen and Stoermer, 2000; IGBP, 2010).

지금까지의 지질시대와 다르게 인류가 지구 전체 시스템과 생태계에 막대한 영향력을 미치는 새로운 지질시대를 만들어 가고 있다는 주장이다. 아직은 비공식적인 지질시대지만 최근 들어 인류세에 대한 관심이 폭발적으로 증가하고 있다.

인류가 지구환경에 미치는 영향이 막대하다는 것을 주목한 것은 크루첸이 처음은 아니다. 미국의 외교관이었던 조지 퍼킨스 마쉬Gerge Perkins Marsh, 1801~1882 는 1864년 출판한 '인간과 자연Man and Nature'이라는 책과 1874년에 출판한 '인간 활동으로 변형된 지구The Earth as Modified by Human Action'에서 인간 활동이 자연을 변형 시키고 지구 시스템을 변화시키는 데 막대한 영향을 끼치고 있다고 주장한 바 있다(IGBP, 2010).

1873년 이탈리아의 가톨릭 성직자이자 지질학자인 안토니오 스토파니Antonio Stoppani, 1824~1891는 지구 시스템에 미치는 인류의 힘과 영향력이 막대함을 인식하고 '인류시대Anthropozoic era'에 들어섰다는 주장을 했지만 당시에는 그의 주장이 비과학적인 것으로 받아들여졌다고 한다(자료: Wikipedia).

그 이후에도 여러 사람들이 인간 활동의 영향으로 지구환경에 큰 변화가 나타나고 있다는 주장을 했지만 결정적으로 이런 생각이 널리 퍼진 것은 지난 2000년 크루첸의 인류세 주장 이후다.

그렇다면 인류세는 언제부터 시작된 것으로 봐야할까?

당초 크루첸은 18세기 후반부터 인류세가 시작됐다고 주장했다. 극지방의 빙하에 갇혀 있던 공기를 분석한 결과 18세기 후반부터 공기 중의 이산화탄소와 메탄의 농도가 증가하기 시작했는데 이때부터 인류세의 출발로 봐야 한다는 것이었다. 산업혁명부터를 인류세 출발로 본 것으로 영국의 제임스 와트 James Watt, 1736~1819가 증기기관차를 발명한 시기(1784년)와 대략 일치한다(Crutzen, 2002).

최근 크루첸을 포함한 12개국 과학자 26명은 본격적으로 인류세가 시작된 것은 20세기 중반으로 보는 것이 과학적으로나 층서학적으로 타당하다는 논문을 학회에 제출했다(Zalasiewicz et al, 2015). 학자들은 특히 1945년 7월 16일을 지구 역사의 새로운 시작인 인류세의 출발로 봐야한다고 주장했다.

1945년 7월 16일은 미국 뉴멕시코주 앨라모고도^{Alamorgordo} 사막에서 인류 최초의 핵실험이 실시된 날이다. 공룡 멸종과 마찬가지로 최초의 핵실험을 지질시대를 구분하는 대표적인 사건으로 봐야한다는 것이다. 첫 핵실험 이후 1988년까지 인류는 평균적으로 9.6일에 한번 꼴로 핵실험을 실시했다. 과거 지질시대에는 없던 세슘^{137Cs}과 플루토늄$^{239+240Pu}$ 같은 인공 방사성 물질이 급증한 시기다.

연구팀은 이 시기를 홀로세와는 구분되는 새로운 지질시대의 시작으로 본 것이다. 핵실험 이전의 인류는 상대적으로 힘이 약히고 지구환경에 미치는 영향도 크지 않았지만 핵실험 이후부터는 인류의 힘이 막강해졌을 뿐 아니라 지구환경에 미치는 영향도 커진 것으로 본 것이다.

실제로 20세기 중반은 핵실험만 시작한 시기가 아니다. 사회·경제적으로 인간의 힘이 급격하게 커졌을 뿐 아니라 지구환경측면에서도 기후변화와 환경 파괴 등 인간 활동의 영향이 크게 나타나기 시작한 시기다.

스웨덴과 호주 공동연구팀이 산업혁명이 일어난 시기인 1750년부터 2000년까지의 사회·경제적인 지표 12개(세계 인구수, 전 세계 국내총생산, 해외 직접투자액, 도시 인구수, 에너지 사용량, 비료 소비량, 거대 댐 건설 개수, 물 사용량, 종이 생산량, 차량 생산 대수, 전화 보급량, 해외여행자수)와 지구환경 지표 12개(대기 중 이산화탄소 농도, 아산화질소 농도, 메탄 농도, 성층권 오존층 파괴, 지표 온도, 해양 산성화 정도, 어획량, 새우 양식량, 해안 질소 유입량, 열대우림 파괴, 개간 토지 비율, 생물다양성 훼손)의 연도별 변화를 분석한 결과 거의 모든 지표가 1950년대부터 급격하게 증가하는 것으로 나타났다(Steffen et al. 2015).

세계적으로 인구가 급증하고 경제성장이 급격하게 진행되면서 지구환경 또한 급격하게 변하기 시작한 시기가 바로 1950년대인 것이다. 1950년대는 인류의 힘과 지구환경에 미치는 영향력이 폭발적으로 커진 이른바 '거대 가속^{Great} ^{Acceleration}' 시기인 것이다. 연구팀은 특히 1950년대 이후 지구환경 지표의 증가

폭이 과거 1만 2000년 홀로세 기간 동안에 나타났던 자연 변동 범위를 넘어선 것은 1950년대부터 이미 홀로세와는 다른 새로운 지질시대가 시작된 증거라고 주장하고 있다. 사회·경제적인 지표와 지구환경 지표 하나씩 예를 들면 다음과 같다(자료: Steffen et al, 2015).

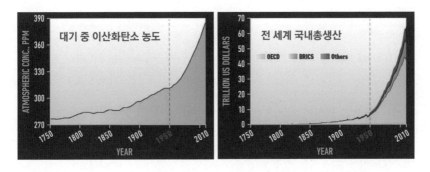

지구 역사상 단순히 자연에 순응하지 않고 맞서 싸우고 파괴하고 심지어 자연 변동까지 통제하려고 시도한 생명체는 현재의 인간이 유일하다. 그만큼 인류가 지구 역사에 미치는 영향, 지구 생태계에 미치는 영향이 막대한 시기가 된 것이다.

훗날 지질시대 이름을 정하는 '국제층서위원회International Commission on Stratigraphy'가 현 시대를 '인류세Anthropocene'라고 이름을 붙일지 아니면 다른 이름을 붙일지, 아니면 계속해서 홀로세라고 부를지는 알 수 없다. 하지만 과거에는 지질학적인 변동이나 생물학적인 사건으로 지질시대를 구분했다면 지금은 인류가 새로운 지질시대를 만들고 있는 것만은 분명해 보인다. 현재 우리는 자연이 아니라 인류의 활동과 생각이 지구의 역사와 운명을 결정하는 시대에 살고 있다.

야크가 티베트 정상을 향해
올라가는 이유

세계의 지붕인 티베트 고원과 히말라야 산맥의 비탈에 살고 있는 소와 비슷한 동물 야크^{Yak}, 고산지대에 사는 사람들의 짐을 운반해줄 뿐 아니라 젖과 고기, 털, 가죽까지도 남겨준다.

요즘은 길들여진 가축이 대부분이지만 아직도 티베트 고원 일대에는 야생 야크가 남아 있다. 멸종 위기에 처한 야생 야크가 점점 더 경사가 급하고 높은 지대로 올라가고 있다. 특히 수컷 야크보다도 암컷 야크가 점점 더 가파른 고산지대로 이동하고 있다. 야생 야크는 처음부터 이렇게 춥고 거친 고산지대 비탈진 곳을 좋아했던 것일까? 왜 유독 암컷 야크는 수컷 야크와 달리 상대적으로 경사가 급한 눈밭^{雪田, snow patch}이나 빙하 주변에 모여 사는 것일까?

야생 동물이 서식지를 옮기는 것은 먹이나 다른 동물과의 상호작용, 그리고 기후변화가 영향을 미쳤을 가능성이 크다. 실제로 야생 야크가 점점 더 가파른 고산지대로 이동하는 것은 우선 과거 밀렵꾼과 사냥꾼에 대한 아픈 기억이 만든 유산^{遺産}때문이라고 한다. 특히 최근 들어서는 지구온난화로 인한 기후변화가 야크를 더욱 더 높은 지역으로 내몰고 있다고 한다.

어딘가 과학적으로 탄탄하지 않은 부분이 있는 것 같기도 하지만 실제로 과학적으로 이를 증명하려고 노력한 사람들이 있다. 미국 몬태나대학교와 미국 야생동물보호협회, 그리고 부탄과 중국의 환경과 야생동물보호협회 사람들이다(Berger et al, 2015).

연구팀은 우선 티베트 고원에서 실제로 야생 암컷 야크가 수컷 야크와 달리 고산지대 눈밭 주변에 서식하는 지 직접 확인하는 작업을 했다. 2006년과 2012년 두 차례의 겨울철 탐험과 위성사진 등을 이용해 눈밭 주변에 사는 야크를 조사했다. 조사결과 눈밭 주변 200m 이내에서는 수컷 야크보다 암컷 야크가 20배나 더 많이 발견됐다. 수컷 야크는 상대적으로 눈밭에서 떨어져 사는 반면 암컷 야크는 눈밭 주변에 더 많이 살고 있는 것이다.

왜 수컷 야크와 암컷 야크의 서식지가 차이가 나게 됐는지 과학적으로 명쾌한 설명은 없다. 다만 연구팀은 암컷 야크가 눈밭 주변을 서식지로 택한 것은 겨울철에도 물을 쉽게 구하기 위한 선택이었을 것으로 추정했다. 눈밭 주변이 먹이를 구하고 새끼를 기르는데 상대적으로 용이했을 가능성이 있다는 것이다. 특히 연구팀은 야크가 겨울철에 젖을 많이 분비한다는 점에 주목했다. 젖을 많이 분비하기 위해서는 기본적으로 영양분과 물을 많이 섭취해야 하는데 혹한 속에서 그나마 물을 얻을 수 있는 것은 꽁꽁 얼어붙은 얼음이 아니라 바로 눈이었을 것이란 추정이다.

그러면 야생 야크가 언제부터 경사가 심한 고산지대 눈밭 주변에서 살게 된 것일까? 처음부터 춥고 척박한 환경에 적응해 살았던 것일까?

연구팀은 지난 1850년부터 1925년까지 티베트 지역을 탐험한 영국과 프랑스, 스웨덴, 독일, 러시아 등 약 60개의 원정대가 관측한 야생 야크의 기록을 분석했다. 분석결과 지금과는 다른 사실이 발견됐다. 1920년대까지만 해도 암컷 야크와 수컷 야크 모두 지금과 달리 초원지대에 같이 사는 경우가 많았던 것으로 확인됐다. 예전에는 암컷 야크의 서식지가 지금처럼 경사가 급한 고산지대 눈밭 주변에 있지 않았다는 뜻이다.

하지만 원정대가 다녀간 이후 상황은 달라졌다. 티베트와 히말라야 지역에 야생 야크가 산다는 사실이 세상에 알려지면서 1930년대부터는 야크 밀렵과 사냥이 무분별하게 진행됐다는 것이다. 문제는 오랜 기간 동안 지속된 인간과의 싸움에서 밀려난 야크는 밀렵꾼이나 사냥꾼이 접근하기 어려운 가파른 고산지대로 서식지를 옮길 수밖에 없었다는 것이다.

실제로 1920년대까지와 현재의 야생 야크 서식지를 비교 분석한 결과 현재의 야크는 예전에 비해 경사가 심한 지역에 서식하고 있는 것으로 나타났다. 특히 암컷 야크가 수컷 야크보다 더 경사진 지역에 사는 것으로 나타났다. 밀렵과 사냥이 지속되면서 야크는 기존의 살던 곳을 떠나 경사가 급한 고산지대를 피난처로 택한 것이다.

연구팀은 암컷 야크가 수컷 야크보다 상대적으로 가파른 고산지대를 서식처로 택한 것은 밀렵이나 사냥을 피할 뿐 아니라 새끼들을 보호하기 위한 모성 본능이 작용한 것이 아닌가 추정했다. 또 암컷 야크가 수컷 야크보다 밀렵이나 사냥에 더 민감하게 반응했을 가능성도 있고 당시 밀렵이나 사냥이 무리가 작은 수컷보다는 상대적으로 무리가 큰 암컷에 집중됐을 가능성도 연구팀은 제기했다.

아직 과학적으로 명확하게 설명하기 어려운 점이 있기는 하지만 과거 오랜기간에 걸쳐 인간이 야생 동물에 행한 행동 때문에 야생동물이 서식지를 옮기고 예전과 다른 행동을 하게 됐다는 것이다. 이른바 '유산효과遺産效果, legacy effects'가 나타났다는 것이다.

최근에는 인간 활동이 만들어내는 온실가스의 영향으로 야크 서식지의 기후가 변하면서 야크가 더 높은 지역으로 밀려 올라가고 있는 것으로 나타났다. 실제로 지구온난화가 급속하게 진행되면서 티베트나 히말라야 지역의 기온은 다른 지역보다 2~3배나 빨리 올라가고 있다. 기온이 올라갈수록 티베트나 히말라야 지역의 눈밭은 예전보다 더 높은 곳으로 후퇴하게 되고 눈밭 가장자리 지역의 추운 기후에 적응된 야생 야크는 물러나는 눈밭을 따라 서식지를 높은 곳으로 옮길 수밖에 없는 것이다.

지금은 야생 야크 밀렵꾼이나 사냥꾼은 없을 것이다. 하지만 조상 대대로 내려오는 밀렵꾼과 사냥꾼에 대한 아픈 기억이 만든 유산과 인간 활동이 만들어내는 온실가스로 인한 서식지의 기후변화가 야생 야크를, 특히 암컷 야크를 경사가 가파른 티베트 고원 정상으로 몰아가고 있다. 더 이상 올라갈 곳이 없을 때 야생 야크는 멸종한다.

해양 생태계… 붕괴엔 수십 년,
회복엔 수천 년

인간 활동의 결과로 나타나는 지구온난화는 단순히 기온만 올라가는 것이 아니다. 기온이 올라가면서 늘어나는 열량의 90% 이상은 공기와 맞닿아 있는 바다가 흡수한다. 지구온난화로 바다 역시 뜨거워지는 것이다. 특히 지구온난화가 지속될 수록 바다 표면의 온도뿐 아니라 수천 미터 깊이의 심해저 바닷물까지도 점점 더 뜨거워지게 된다.

실제로 일본 홋카이도대학 연구팀은 지구온난화로 1950년대 중반부터 50년 동안 북서태평양의 수온이 전반적으로 상승하고 있는 가운데 특히 오호츠크 해역 수백 미터 깊이에 있는 중층수의 수온이 최고 0.68℃나 올라간 것을 확인한 바 있다(Nakanowatari, 2007). 또 미국 워싱턴대학교와 미국 국립해양대기청NOAA 공동 연구팀은 남극 주변 수천 미터 깊이의 심해저도 지구온난화로 수온이 상승하고 있는 것을 확인했다(Purkey and Johnson, 2010).

점점 뜨거워지는 바닷물은 현재 균형을 이룬 채 크게 번성해 있는 해양 생태계에 커다란 위협이 될 수 있다. 수온이 올라가면 올라갈수록 먹이 사슬에도 변화가 생길 수 있을 뿐 아니라 바닷물 속에 녹아 있는 산소의 양이 크게 줄어들기 때문이다. 지구온난화로 바닷물이 뜨거워질 경우 산소 호흡을 하는 많은 해양 동물들이 생존에 어려움을 겪을 수밖에 없는 것이다.

그렇다면 실제로 지구 역사에서 온난화로 바닷물의 온도가 올라가면서 해양 생태계에 격변이 일어난 적이 있을까? 만약 온난화로 해양 생태계가 붕괴된다면 그 기간은 얼마나 걸릴까? 또 생태계가 다시 원래 모습을 되찾는 데는 얼마나 걸릴까?

미국 캘리포니아대학교와 캘리포니아 과학아카데미 공동연구팀이 미국 캘리포니아 연안에서 멀지 않은 깊이 418m 태평양 해저에서 시추한 퇴적층 코어Core를 분석했다. 길이가 약 9m 정도 되는 이 퇴적층 코어는 지금부터 1만 6천백 년 전부터 3천4백 년 전까지 즉, 마지막 빙하 극대기LGM: Last Glacial Maximum부터 지질학적으로 최근인 홀로세까지 쌓인 것이다. 분석 결과를 담은 논문은 미국국립과학원회보PNAS에 실렸다(Moffitt, 2015).

연구팀이 해저에서 시추한 퇴적층 코어를 분석한 것은 퇴적층 생성 당시 바다에서 살던 많은 생물들이 남긴 흔적이 시기별로 차곡차곡 쌓여 있기 때문이다. 퇴적층을 분석해 보면 퇴적층 생성 당시의 해양 환경이나 생태계에 대한 정보를 알 수 있다. 간단한 예로 특정 기간의 퇴적층에서 어떤 동물의 화석이 많이 발견된다면 그 시기에 그 동물이 많이 살았음을 의미하고 반대로 특정

기간에 쌓인 퇴적층에서 화석이 발견되지 않거나 적게 발견된다면 그 시기에는 그 동물이 번성하지 못했음을 알려주는 것이다.

분석 결과 퇴적물 코어에는 불가사리나 고둥, 성게 등 5천4백 개가 넘는 다세포 무척추동물의 화석이 있는 것으로 확인됐다. 특히 5천4백여 개의 화석을 생성 시기별로 분류한 결과 마지막 빙하기에 해당되는 기간인 1만 6천 년 전부터 1만 5천 년 전까지 약 천년 그리고 마지막 빙하기가 끝나기 직전인 1만 2천 년 전을 중심으로 한 약 천년 또 마지막 빙하기가 끝난 뒤 홀로세 시기인 7천5백 년 전부터 5천 년 전까지 2천5백 년 동안 등 3차례에 걸쳐 다양한 화석이 집중적으로 만들어진 것으로 나타났다. 1만 6천1백 년 전부터 3천4백 년 전까지 약 1만 3천 년 동안 3차례에 걸쳐 해양 생태계가 매우 다양하고 풍부하고 크게 번성했다가 쇠퇴했다는 것을 의미한다.

연구팀은 이어 해양 생태계의 번성과 쇠퇴하는 시기와 당시 기온 변화가 어떻게 나타나는 지 비교 분석했다. 분석 결과 기온이 올라가는 시기에 화석이 급격하게 사라지는 것을 확인했다. 첫 번째로 많이 발견되던 화석이 사라진 약 1만 5천 년 전은 기온이 가파르게 올라가면서 마지막 빙하기가 끝나기 시작하는 시기에 해당되고 1만 2천 년 전쯤 또 한 차례 화석이 급격하게 사라진 시기는 마지막 빙하기가 끝나는 과정에서 약 천년 정도 나타났던 소빙하기인 영거 드라이아스Younger Dryas기가 끝난 뒤 다시 기온이 올라가는 시기와 일치했다. 결국 크게 번성했던 해양 생태계는 온난화로 기온이 크게 올라가는 시기에 급격하게 붕괴됐다는 것을 의미한다.

특히 크게 번성했던 생태계가 붕괴되는 데는 짧게는 수십 년에서 길어도 수백 년이 채 걸리지 않은 반면에 한번 붕괴된 생태계가 다시 크게 번성하기까지는 수천 년이 걸린 것으로 나타났다. 마지막 빙하기가 끝나는 과정에서 나타났던 두 차례의 생태계 번성기 사이에는 약 2천년이라는 기간이 소요됐고 영거 드라이아스기 이후 약 7천5백 년 전 홀로세에 생태계가 다시 번성하기까지는 약 4천년이라는 긴 시간이 필요했다. 지금까지는 한번 붕괴된 해양 생태계가 회복되는데 수백 년 정도 걸릴 것으로 생각했지만 실제로는 이보다 훨씬 더 오래 걸린다는 것이 밝혀진 것이다.

연구팀은 특히 퇴적층의 산소 농도를 분석한 결과 산소 농도가 떨어지는 시기와 화석이 급격하게 사라지는 시기가 일치하는 것을 확인했다. 결국 온난화로 기온이 올라가면서 바닷물의 온도도 올라갔고 바닷물의 온도가 올라가면서 물속의 산소 농도가 떨어져 생태계가 급격하게 붕괴됐다는 것이다.

인간 활동의 결과로 나타나고 있는 지구온난화는 앞으로 당분간은 더욱더 가파르게 진행될 가능성이 크다. 지구온난화로 기온이 올라갈 경우 바닷물의 온도 또한 올라가고 그럴 경우 바닷물 속의 산소 농도는 떨어지게 마련이다. 마지막 빙하기가 끝나는 과정에서 나타났던 두 차례의 해양 생태계 붕괴와 같은 일이 다시는 일어나지 않는다는 보장은 없다. 지나온 과거를 보면 미래를 예측할 수 있다. 앞으로 만들어지는 해저 퇴적층에 다양한 화석이 얼마나 많이 쌓이고 또 얼마나 오랜 기간동안 퇴적층에서 화석이 발견되지 않을 것인지는 오늘을 사는 우리 인간의 행동에 달려 있다.

빠르게 진행되는 해양산성화…
대멸종 부르나

지구상에 동물이 출현한 이후 지금까지 적어도 10차례 이상 지질학적으로 거의 동시에 동물이 대량으로 멸종하는 사건이 발생했다. 이 가운데 크게 발생한 5차례의 멸종을 대멸종Mass Extinction이라고 하는데 사상 최대의 대멸종은 지금부터 2억 5천 만 년 전인 고생대 말기에 발생한 제3차 대멸종이다. 6만 년 동안 진행된 제3차 대멸종으로 당시 해양 동물의 90% 이상이 사라지고 육상 동물의 2/3가 멸종됐다.

고생대 초기부터 크게 번성해 바다 전체를 장악했던 삼엽충도 제1차와 제2차 대멸종에서는 살아남았지만 제3차 대멸종으로 지구상에서 완전히 사라졌다. 제3차 대멸종으로 인해 고생대가 막을 내리고 중생대가 시작됐다.

지금까지 제3차 대멸종은 시베리아 지역에서 발생한 거대한 화산 폭발이 원인인 것으로 알려져 있다. 고생대 페름기 말 약 6만 년에 걸쳐 시베리아지역에서 거대한 화산 폭발이 이어졌는데 거대한 화산 폭발로 막대한 양의 화산재와 탄소가 대기 중으로 분출되면서 기후가 변하고 바닷물이 뜨거워지면서 산소 농도가 떨어지고 독성이 강한 황까지 쌓이면서 많은 동물이 사라진 것으로 학계는 보고 있다.

이런 가운데 제3차 대멸종은 급격하게 진행된 해양산성화가 결정적인 역할을 했다는 연구 결과가 나왔다. 영국과 독일, 오스트리아 공동연구팀은 아랍

에미리트에서 발굴한 고생대 석회석을 붕소[B] 동위원소[11B, 10B]를 이용해 분석해 석회석이 만들어진 시기의 해양의 수소이온농도[pH]를 산출했다. 해양산성화 정도에 따라 두 붕소 동위원소의 비율이 달라지는 점을 이용한 것이다.

현재 아랍에미리트지역은 고생대에는 판게아[Pangaea]라는 거대한 대륙의 연안인 테티스 해[Tethys Sea]에 위치했던 지역으로 연구팀이 발굴한 석회석은 테티스 해의 바닥에서 만들어진 석회석이다. 연구결과를 담은 논문은 과학저널 사이언스[Science]에 실렸다(Clarkson et al., 2015).

논문에 따르면 석회석의 붕소 동위원소 측정결과 제3차 대멸종 마지막 1만 년 동안 해양의 수소이온농도[pH]가 0.6~0.7이나 급격하게 떨어진 것으로 확인됐다. 화산 폭발로 대기 중으로 분출된 엄청난 양의 탄소가 바다에 흡수되면서 해양의 수소이온농도가 크게 떨어진 것이다. 대멸종 마지막 1만 년 동안 해양산성화가 급격하게 진행된 것이다.

연구팀은 제3차 대멸종을 2단계로 나눠 설명하고 있다. 우선 멸종이 진행된 6만 년 가운데 처음 5만 년 동안은 화산 폭발과 함께 기후변화와 해양산성화, 바닷물의 온도 상승, 해양의 산소 농도 감소가 상대적으로 서서히 이뤄진 것으로 추정했다. 하지만 멸종이 진행된 6만 년 가운데 마지막 1만 년 동안은 해양산성화가 급격하게 진행되면서 이 시기에 많은 동물이 멸종된 것으로 연구팀은 분석했다.

대표적인 예로 소라나 고둥 같은 복족류나 조개나 대합 같은 조가비가 두 개인 동물(쌍각류)의 껍질은 주로 탄산칼슘으로 만들어지는데 바닷물이 산성화될수록 탄산칼슘이 굳어지지 않고 쉽게 녹아내리기 때문에 결국 껍질을 제대로 만들지 못해 멸종에 이르게 됐다는 것이다. 5만 년 동안 서서히 진행된 기후변화와 해수 온도 상승, 해양 산소 고갈, 독성 황의 증가 등으로 약해질 대로 약해진 생태계가 급격하게 진행된 해양산성화라는 결정타를 맞고 최종 무너져 내렸다는 것이다.

연구팀은 제3차 대멸종 당시 수소이온농도가 급격하게 떨어진 1만 년 동안 24조 톤의 탄소가 대기 중으로 분출된 것으로 보고 있다. 화산 폭발로 연평균 24억 톤의 탄소가 공기 중으로 배출됐다는 것이다. 다행이라면 다행인 것은 앞으로 인류가 화석연료 사용으로 배출될 수 있는 탄소는 제3차 대멸종 때보다는 적을 것으로 예상된다. 연구팀은 현재 경제적으로 개발이 가능한 모든 화석연료를 모두 사용할 경우 3조 톤 정도의 탄소가 공기 중으로 배출될 것으로 보고 있다. 결코 적은 양은 아니지만 고생대 말기에 화산 폭발로 배출된 탄소에 비하면 1/8에 불과한 것이다.

문제는 유례없이 빠르게 진행되고 있는 해양산성화의 속도다. 실제로 산업혁명 이전인 18세기 중엽 해양 표면의 평균 수소이온농도는 8.179이었다. 하지만 관측결과에 의하면 2000년대 현재 해양 표면의 평균 수소이온농도는 8.069다. 약 250년 만에 수소이온농도가 0.11이나 떨어진 것이다(자료: Wikipedia).

고생대 말기 사상 최대의 대멸종이 발생할 때 해양 표면의 수소이온농도가 0.6~0.7 정도 떨어지는데 1만 년이라는 기간이 흐른 것과 비교하면 최근에 진행되고 있는 해양산성화가 제3차 대멸종 때보다도 오히려 더 빠르게 진행되고 있는 것이다.

앞으로도 해양산성화는 더욱더 빠르게 진행될 것이라는 것이 학계의 일반적인 전망이다. 앞으로 인구증가와 경제성장, 온실가스 저감 노력 등 여러 가지 조건에 따라 온실가스 배출이 크게 달라지겠지만 가능성이 큰 온실가스 배출 시나리오를 가정할 경우 2050년 해양 표면의 수소이온농도는 7.949, 2100년에는 7.824까지 떨어질 것으로 학계는 전망하고 있다(Orr et al., 2005; Wikipedia). 2000년대 현재 산업혁명이전보다 0.1정도 떨어진 해양 표면 수소이온농도가 2050년에는 산업혁명 이전에 비에 0.24가 떨어지고 2100년에는 0.355나 떨어질 가능성이 있다는 뜻이다. 1만 년이 아니라 수백 년 만에 해양산성화가 급격하게 진행되는 것이다.

인류가 화석연료 사용으로 배출할 수 있는 탄소 총량만 고려할 경우 현재 진행되고 있는 해양산성화의 폭은 고생대 말기 대멸종 때보다는 크지 않을 가능성이 높다. 하지만 인간 활동의 영향으로 대멸종 때보다도 오히려 급격하게 진행되고 있는 해양산성화가 생태계에 격변을 초래하지는 않을까 학계는 우려하고 있다.

2100년 생물 6종 가운데 1종 멸종,
취약 지역은?

녹아내리는 해빙에서 먹이를 기다리는 북극곰Polar bear, 중앙아메리카 남부 코스타리카의 습기가 많은 열대지방에서 사는 황금두꺼비Golden toad, 북극 해빙 주변에서 살아가는 고리무늬물범ringed seal, 산호초에서 서식하는 오렌지색 점이 박힌 쥐치orange-spotted filefish, 호주 퀸스랜드 700m이상의 고산 지역에서 살고 있는 황금바우어새golden bowerbird, 이들의 공통점은 모두 기후변화로 인해 개체수가 급격하게 줄어들면서 멸종으로 내몰리고 있는 생물이다.

지구온난화로 인한 기후변화가 지속될 경우 금세기 말에는 얼마나 많은 생물이 멸종에 이르게 될까? 연구결과는 연구자나 연구 대상, 범위, 지역, 연구자에 의한 가정, 연구 방법 등에 따라 크게 차이가 나고 있다. 어느 한 연구 결과를 봐서는 현재 전 지구적으로 진행되고 있는 기후변화의 영향과 앞으로의 멸종 위험에 대한 전망을 종합적으로 파악하기 어려운 상황이다.

미국 코네티컷대학교 연구팀이 지금까지 발표된 지구온난화로 인한 기후변화와 생물의 멸종 위험을 다룬 131편의 논문을 종합적으로 분석한 논문을 발표했다. 논문은 과학저널 사이언스에 실렸다(Urban, 2015).

131편의 논문을 종합 분석한 결과 예상대로 금세기 말 기후변화로 인해 멸종에 이르게 될 생물의 종은 연구자나 연구 대상, 범위 등에 따라 천차만별이었다. 멸종할 것으로 예상되는 생물의 종이 몇 개 안된다는 연구에서부터 무려 생물종의 54%가 멸종할 것으로 예상된다는 연구 결과도 있었다. 131편의 논문이 제시한 생물종의 멸종 예상 비율을 평균한 결과 7.9%로 나타났다. 연구마다 예상 결과가 모두 다르지만 지금까지의 연구결과를 종합 평균해 볼 때 2100년쯤에는 현재 있는 생물종의 7.9%는 지구상에서 사라질 가능성이 있다는 뜻이다.

평균적으로 지구 기온이 1℃ 상승할 때마다 거의 3%의 생물종이 멸종되는 것으로 학계는 예상하고 있는 것으로 나타났다. 만약 2100년의 기온이 산업혁명 이전보다 3℃ 상승할 경우 전체 생물종의 8.5%가 멸종되고 특히 지금과 같은 추세로 온실가스가 배출돼 기온이 4.3℃ 상승할 경우 전체 생물종의 16%가 멸종될 수 있다는 뜻이다. 지구온난화를 억제하지 못할 경우 2100년에는 현재 있는 생물 6종 가운데 1종이 멸종될 가능성이 있다는 것이다.

지구온난화에 가장 취약한 지역은 남미와 호주, 뉴질랜드 지역인 것으로 나타났다. 기후변화에 대한 연구는 북미를 비롯한 북반구 중심으로 이뤄지고 있지만 실제로 위험에 가장 크게 노출되는 지역은 현재 별 관심을 끌지 못하는 지역이라는 뜻이다. 실제로 이들 지역은 마치 섬처럼 다른 큰 대륙과는 떨어져 있어 기후가 변할 경우 생물들이 새로운 서식지를 찾아 다른 지역으로 이동하기가 쉽지 않은 지역이다.

특히 미국과 영국, 캐나다, 노르웨이, 호주 공동연구팀은 지구온난화가 지속될 경우 열대 연안 해역에서 서식하는 생물이 멸종에 내몰릴 가능성이 가장 크다는 연구결과를 발표했다(Finnegan et al., 2015).

연구팀은 지난 2천3백만 년 동안 고래나 상어, 성게, 산호, 그리고 조개나 전복 같은 각종 해양 생물의 화석을 분석해 지구역사에서 기후가 변할 때 이들 화석이 어느 지역에서 가장 많이 사라졌는지를 분석했다. 분석 결과 열대 해양, 특히 대륙에서 멀지 않은 연안에 살던 생물의 화석이 가장 많이 사라지는 것을 확인했다. 앞으로 지구온난화로 인한 기후변화가 지속될 경우 열대 연안에 서식하는 생물이 우선적으로 멸종될 가능성이 크다는 뜻이다. 멸종 위기 생물종을 보호하기 위해 어느 지역에 관심을 집중해야 하는지 말해주는 대목이다.

지구온난화에 대한 1차적인 억제 목표는 2100년까지 전 지구 평균 기온 상승폭을 산업혁명 이전과 비교해 2℃ 이내로 묶어두는 것이다. 하지만 많은 전문가들은 이 목표에 도달하기 어려운 것으로 보고 있다. 지구가 이보다 더 뜨거워질 가능성이 크다는 것이다. 지구가 뜨거워지면 뜨거워질수록 당연히 멸종하는 생물의 종은 급증한다. 처음 한 두 종의 생물이 멸종할 때는 보통 많은 사람들이 관심을 갖는다. 하지만 멸종하는 생물의 종이 늘어나면 늘어날수록 멸종으로 받아들이는 것이 아니라 단순히 계속해서 늘어나는 통계상의 숫자로만 느낄 가능성이 커진다. 마치 늘 그랬던 것처럼 말이다.

지구온난화 때문에
식물이 자랄 수 있는 시간이 사라진다

지구온난화로 지구평균기온이 점점 상승할 경우 러시아나 캐나다 북부 지역에 있는 언 땅이 농작물이 잘 자랄 수 있는 기름진 땅으로 바뀔 수 있을까? 특히 온도가 올라가면서 식물이 자랄 수 있는 기간이 길어지고 대기 중 이산화탄소가 늘어나면서 광합성 작용이 활발해져 식물의 생산량이 늘어나는 것은 아닐까?

그럴 듯하게 들리지만 여러 가지로 조금 더 생각해야 할 것이 있다. 식물이 자라는데 꼭 필요한 것은 물과 햇빛, 토양 그리고 양분이다. 광합성을 하기 위해 이산화탄소도 필요하고 각각의 식물마다 성장에 알맞은 온도도 있다. 지구 평균기온이 점점 상승하고 이산화탄소 농도가 높아진다고 해서 곧바로 식물이 잘 자랄 수 있는 기간이 길어지고 생산량이 늘어난다고 보기 어렵다는 것이다.

특히 간과하기 쉬운 것이 햇빛이다. 지구온난화가 지속된다고 해서 식물이 자라는데 필수적인 햇빛의 양까지 늘어나는 것은 결코 아니다. 어떤 지역에서 햇빛을 받는 양은 그 지역에 끼는 구름의 영향을 받을 수도 있지만 무엇보다도 가장 큰 변수는 위도다. 근본적으로 태양에서 지구로 들어오는 햇빛의 양은 위도에 따라 결정된다. 저위도는 햇빛을 많이 받고 고위도 일수록 적게 받는다. 지구온난화로 고위도 지역의 언 땅이 녹더라도 부족한 햇빛이 식물이 성장하는데 걸림돌이 될 가능성이 있다는 뜻이다.

적도지역의 경우 지속적으로 상승하는 기온은 현재 살고 있는 식물이 견딜 수 있는 온도의 한계를 넘어설 수 있다는 것이 가장 큰 문제다. 특정 지역에서는 가뭄이 발생할 가능성도 커지고 집중호우나 홍수 같은 자연재해가 늘어날 가능성도 높아진다. 지구 전체적으로 봤을 경우 기온이 상승한다고 해서 곧바로 식물이 자랄 수 있는 기간이 길어지고 생산량이 늘어날 수 있다고 보기 어려운 이유다.

그렇다면 지구온난화가 지속되는 가운데 상승하는 기온뿐 아니라 들어오는 햇빛의 양과 토양수분 등을 종합적으로 고려할 때 식물이 자랄 수 있는 기간은 어느 정도나 늘어날까? 아니 어느 정도나 줄어들까?

미국 하와이대학교와 몬태나대학교 공동연구팀은 기온뿐 아니라 식물이 자라는데 필수적인 토양수분과 햇빛의 양 등을 종합적으로 고려해 2100년까지 식물이 성장할 수 있는 기간이 어떻게 달라질 것인지 연구했다. 연구 결과를 담은 논문은 '플로스 바이올로지PLOS Biology'에 실렸다(Mora et al., 2015).

논문에 따르면 현재와 같은 추세대로 온실가스를 배출할 경우(RCP8.5) 2100년까지 고위도 지역은 지구온난화로 인한 기온 상승으로 기온이 영하로 떨어지지 않고 영상에 머무는 기간이 7%정도 늘어날 것으로 전망됐다. 그럼에도 불구하고 지구 전체적으로 봤을 때 식물이 성장하는데 적합한 기간은 11%나 오히려 줄어들 것으로 전망됐다. 우선 고위도 지역에서 기온이 영상에 머무는 기간이 늘어나더라도 식물 성장에 필수적인 햇빛의 양은 변함이 없기 때문에 기온 상승효과가 제대로 나타나지 않는 것이다. 러시아와 중국북부, 캐나다의 경우 기온 상승으로 식물이 자랄 수 있는 기간이 조금 늘어나는 것은 사실이지만 들어오는 햇빛의 양에는 변화가 없어 기온 상승효과가 제한적일 수 있다는 뜻이다.

특히 문제가 되는 곳은 적도지역이다. 기온이 올라가면 현재 살고 있는 식물이 견딜 수 있는 온도의 한계를 넘어설 수 있는데 이 때문에 2100년까지 식물이 성장하기에 적합한 기간이 지금보다 평균적으로 30% 정도나 줄어들 것으로 전망됐다. 특히 일부 적도지역의 경우 2100년까지 식물이 성장하기에 적합한 기간이 1년에 최고 200일까지 줄어들 것으로 전망됐다. 1년 중 절반 이상이 기온 상승으로 인해 현재 살고 있는 식물이 성장하기에 적합하지 않은 기후가 된다는 것이다.

먹이사슬에서 가장 아래에 있는 식물은 생태계, 특히 인류 사회를 지탱하는 근간이다. 인류는 식물에서 식량과 연료를 얻고 일거리와 경제적인 수입까지도 얻는다. 하지만 이 모든 것은 식물이 성장하기에 적합한 기후가 보장될 때 가능한 것이다.

식물이 성장할 수 있는 기간이 급격하게 줄어들 경우 식물 생산량 또한 크게 줄어들 수 있기 때문에 지구상에서 식물 성장에 전적으로 의존해 살아가는 수십억 명에 달하는 사람들, 특히 생산량이 가장 크게 줄어들 것으로 예상되는 적도지역의 사람들은 큰 어려움에 빠질 가능성이 높다. 안타까운 것은 가장 큰 타격이 예상되는 이들의 경우 현재도 여러 가지 사정으로 어려운 경우가 많아 기후변화에 대응할 수 있는 아무런 힘도 없다는 사실이다.

물론 온실가스 배출을 당장 적극적으로 감축하거나(RCP2.6) 온실가스 저감 정책이 상당히 실현되는 경우(RCP4.5) 2100년에도 식물이 성장하기에 적합한 기간이 현재와 비교해 크게 줄어들지 않는 것으로 나타났다. 지구 생태계를 보존하기 위해서 특히 인류 사회를 유지하기 위해서 적극적인 온실가스 저감 정책이 시급하다는 것을 이번 연구결과는 다시 한 번 보여주고 있다.

현실로 바짝 다가선
인공식물

식물이 담당하는 가장 큰 역할은 지구상에 있는 모든 생명체가 필요로 하는 에너지를 끊임없이 만드는 일이다. 식물은 뿌리에서 빨아 올린 물과 공기 중의 이산화탄소 그리고 햇빛을 이용해 모든 생명체의 에너지원인 탄수화물을 만든다. 바로 광합성이다. 식물이 없다면, 빛 에너지를 직접 이용할 수 있는 식물이 없다면 지구상에는 생명체가 존재할 수 없다.

그렇다면 식물처럼 물과 이산화탄소, 햇빛을 이용해 필요한 에너지를 생산하는 인공식물이나 장치를 만들 수는 없는 것일까? 광합성을 하는 인공식물을 만들 수는 없을까?

현재 인류가 사용하고 있는 천연가스의 주성분은 탄소와 수소가 결합한 유기물인 메탄^{CH4}이다. 식물이 광합성을 통해 에너지원인 유기물을 만드는 것처럼 인공식물이 메탄을 직접 만들어 낼 수는 없을까?

광합성으로 메탄을 만드는 인공식물이 등장하게 되면 우선 인류는 에너지인 천연가스를 거의 한없이 얻을 수 있는 길이 열리게 된다. 특히 화석연료인 기존의 천연가스와는 달리 광합성을 통해 만든 천연가스는 지구온난화에서 자유로울 수 있다는 것이 큰 장점이다.

미국국립과학원회보^{PNAS}에는 햇빛을 이용해 천연가스를 만들 수 있는 새로운 방법이 소개됐다(Nichols et al., 2015).

미국 캘리포니아대학교(UC Berkeley)와 로렌스 버클리 국립연구소Lawrence Berkeley National Lab., 유타 주립대학교Utah State Univ. 공동연구팀은 물과 햇빛, 이산화탄소를 이용해 천연가스의 주성분인 메탄을 생산하는 새로운 방법을 개발했다.

연구팀이 개발한 새로운 방법은 두 단계로 우선 빛에너지를 이용해 물을 분해해서 수소를 만들고 이어서 만들어진 수소를 이산화탄소와 결합시켜 천연가스인 메탄을 만드는 것이다.

이를 화학반응식으로 쓰면 다음과 같다.

(1) $2H_2O$(물) + 빛에너지 → $2H_2$(수소)+ O_2(산소)

(2) $2H_2$(수소) + (박테리아) + CO_2(이산화탄소) → CH_4(메탄) + O_2(산소)

화학반응식을 보는 순간 어렵게 느껴질 수도 있지만 식물이 하고 있는 광합성을 그대로 흉내 낸 것이다. 물과 햇빛, 이산화탄소를 이용해 유기물인 메탄을 생산하는 과정이다. 특히 기존과 달리 나노 반도체 기술과 함께 생물체인 박테리아를 이용했다는 점이 특징이다. 보통 쓰레기 처리장에서는 유기물이 분해되는 과정에서 메탄이 만들어지는데 연구팀은 산소가 거의 없는 쓰레기 처리장에서 메탄을 만드는 박테리아M. barkeri를 이용해 효율적으로 메탄을 생산하는 인공식물을 만든 것이다.

최근 인공식물에 대한 관심이 커지는 것은 고갈되지 않는 에너지원을 찾을 수 있을 뿐 아니라 대기 중의 이산화탄소를 지속적으로 흡수해 지구온난화를 억제하는 일거양득의 효과를 기대할 수 있기 때문이다. 똑같은 메탄이더라도 인공식물이 만드는 메탄과 기존 천연가스의 주성분인 메탄 사이에는 큰 차이가 있다.

일반적으로 화석연료가 연소된다는 것은 석탄이나 원유, 천연가스 형태로 길게는 수억 년에서 짧게는 수백만 년 동안 땅속에 갇혀 있던 탄소가 온실가스인 이산화탄소 형태로 대기 중으로 배출되는 것을 의미한다. 최근 들어 화석연료 사용이 급증하면서 대기 중 이산화탄소가 크게 늘어나는 이유다.

하지만 인공식물이 만들어내는 메탄은 지구온난화를 걱정할 필요가 없다. 인공식물이 만들어낸 메탄이 연소될 때 배출되는 이산화탄소는 인공식물이 광합성으로 메탄을 만들 때 들어간 이산화탄소의 양과 같기 때문이다. 전체적으로 보면 인공식물이 현재 대기 중에 있는 이산화탄소를 잠시 잡았다가 다시 대기 중으로 배출하는 것인 만큼 인공식물이 메탄을 생산하고 생산된 메탄이 연소되는 과정을 함께 볼 경우 대기 중에 있는 온실가스의 총량에는 변함이 없다. 말 그대로 '탄소중립carbon neutral'인 것이다.

현실로 바짝 다가선 인공식물, 지구온난화로 인한 기후변화를 막을 수 있는 한 방안일 뿐 아니라 우주공간에서도 인간이 필요로 하는 에너지를 만들 수 있는 한 방법이 될 수 있다. 연구가 계속해서 진행될 경우 달이나 화성에 인공숲을 만드는 일도 불가능한 일만은 아닌 듯싶다.

6차 대멸종이 시작됐다.
그 원인은 인간

"인류의 생존까지도 위협할 수 있는 6번째 대멸종이 시작됐다. 6번째 대멸종
을 촉발한 것은 인간이다."

　동물의 멸종에 관한한 최고의 전문가 그룹으로 꼽히는 미국 스탠퍼드대학
교를 비롯한 미국과 멕시코 공동 연구팀이 현지 시간으로 2015년 6월 19일 과
학저널 사이언스 어드밴스Science Advances에 발표한 논문에서 주장한 내용이다
(Ceballos et al, 2015). 연구팀은 특히 1900년 이후 최근 100년, 평균 척추동물의
멸종속도는 과거 인간의 영향이 없었던 시기보다 최고 114배나 빠르다고 주장
했다. 연구팀은 최근 척추동물의 멸종속도를 산출하기 위해 세계자연보전연맹
International Union for Conservation of Nature의 멸종 통계 자료를 이용했고 과거 인간의 영향
이 없었던 시기의 멸종속도는 화석기록 등을 분석해 산출했다.

　산출결과 1900년 이후 최근 포유류의 멸종속도는 과거 인간의 영향이 없
었던 시기보다 55배나 빠르고 조류의 멸종속도는 34배, 파충류의 멸종속도는
24배, 양서류의 멸종속도는 100배, 어류의 멸종속도는 56배나 빠른 것으로
나타났다. 멸종속도가 100배나 빨라진 양서류를 예를 들면 과거 인간의 영향
이 없던 시기에는 1만종의 양서류가 있을 경우 100년에 2종씩 멸종됐는데
1900년 이후 현재는 과거 멸종속도의 100배인 100년에 200종씩 멸종이 진
행되고 있다는 뜻이다.

1900년 이후 척추동물의 멸종속도는 지금부터 6천 6백만 년 전 중생대 말기에 공룡이 지구상에서 완전히 사라진 5차 대멸종 이후 그 어느 시기와도 비교할 수 없을 정도로 빠른 것이다.

실제로 아래 그림은 세계자연보전연맹IUCN이 집계한 지구상에서 완전히 사라진 척추동물의 종을 나타난 것이다. 산업혁명 이후 특히 1900년 이후 멸종하는 척추동물이 급격하게 증가함을 볼 수 있다(그림 참고).

자료: 세계자연보전연맹(IUCN), 미국 스탠퍼드대학교

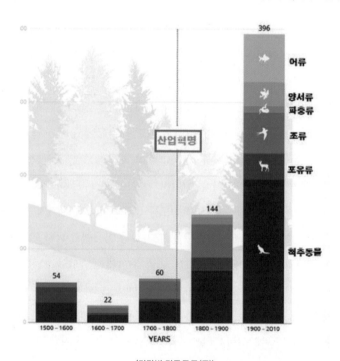

〈기간별 멸종동물(종)〉

연구팀은 최근 들어 척추동물의 멸종속도가 급격하게 빨라지고 있는 것은 인간의 영향 때문이라고 단언하고 있다. 인간이 6번째 대멸종을 촉발했다는 것이다. 연구팀은 산업혁명과 의학의 발달로 최근 들어 인구가 기하급수적으

로 늘어나면서 농지나 택지가 급격하게 늘어나고 이에 따라 동물의 서식지가 크게 파괴된 것을 멸종속도가 빨라진 가장 큰 원인으로 보고 있다. 또한 최근 들어 온실가스 급증으로 인해 기후변화와 해양 산성화가 빠르게 진행되고 있는 점, 각종 인간 활동으로 인한 환경오염과 산림파괴, 남획, 급격한 소비증가 등도 멸종속도를 증가시키는 큰 원인으로 보고 있다.

물론 이번 연구 결과에 대해 동의하지 않는 학자도 있다. 최근 들어 척추동물의 멸종 속도가 빨라지고 있는 것은 분명하지만 6번째 대멸종에 들어섰다고 판단하기는 어렵다는 입장이다.

연구팀은 이번 논문에서 멸종속도를 매우 보수적으로 산출했다는 점을 강조하고 있다. 현재 진행되고 있는 멸종속도의 하한선을 산출했다는 뜻이다. 실제로는 멸종속도가 이보다 빠르면 빨랐지 느릴 수는 없다는 뜻이다. 연구팀은 이 같은 속도로 동물의 멸종이 진행될 경우 생물의 다양성이 크게 파괴되면서 결국은 인간의 생존도 위협할 것으로 보고 있다.

연구팀은 진정으로 6번째 대멸종을 피하기 위해서는 발 빠르고 매우 강력한 조치가 시급하다고 강조하고 있다. 특히 6번째 대멸종을 피할 수 있는 기회의 창은 빠르게 닫히고 있다고 경고하고 있다. 서식지 파괴와 환경오염, 급속하게 진행되고 있는 기후변화, 6번째 대멸종을 피할 것인지 아니면 부를 것인지는 현재를 살고 있는 우리 인간의 행동에 달려 있다.

도미노 멸종을 부르는 온난화…
기온 5-6℃ 상승하면 생태계 전멸할 수도

지구 역사상 지금까지 5차례의 대멸종이 발생했다. 가장 최근에 발생한 대멸종은 지금부터 약 6천6백만 년 전에 발생했는데 이때 공룡이 지구 상에서 사라졌다.

최근에는 인간 활동으로 인한 지구온난화와 기후변화 등으로 길지 않은 시간에 많은 생물이 지구 상에서 사라지고 있는 데 이 때문에 현재 6차 대멸종이 진행되고 있다는 주장이 점점 설득력을 얻어가고 있다.

지구 상에 살고 있는 동물과 식물이 먹이 사슬로 복잡하게 얽혀 있어 기후변화 같은 극단적인 환경 변화가 나타나게 되면 마치 도미노 현상처럼 종의 멸종이 증폭될 수 있다는 연구 결과가 나왔다(Strona and Bradshaw, 2018). 특히 지구온난화로 인한 기후변화의 경우 멸종의 도미노 현상을 고려할 경우 생물의 멸종이 지금까지 예상했던 것보다 10배나 빨리 진행될 수 있는 것으로 나타났다.

유럽연합공동연구센터European Commission Joint Research Centre 연구팀은 먹이사슬로 서로 복잡하게 얽혀 있는 동물과 식물이 환경 변화로 어떻게 공멸co-extinction에 이르게 되는지 실험했다. 연구팀은 우선 가상의 지구Virtual earth를 만들었다. 가상의 지구에는 먹이 사슬로 복잡하게 얽혀 있는 동물과 식물 수천 종이 살고 있는 것으로 가정했다. 특히 가상의 지구 생태계에 지속적인 온난화 또는 지속적으로 기온이 떨어지는 이른바 '핵겨울' 등 극단적인 환경변화를 가정하고

420

이 같은 상황에서 지구 생태계에 어떤 변화가 나타나는지 조사했다.

연구팀은 두 종류의 실험을 했다. 우선 가상 지구에서 하나하나 각각의 동물이나 식물이 온도가 지속적으로 올라가거나 내려가 생존의 한계를 넘어설 때 어떻게 전멸에 이르는지 조사했다(1차 멸종). 두 번째는 특정 종이 기온 변화로 인해 멸종이 시작되는 순간부터 시작해 이 특정 종의 멸종이 먹이 사슬로 얽혀 있는 다른 종의 멸종에 어떤 영향을 미치는지 알 수 있는 실험을 했다(2차 멸종). 특정 먹이가 사라지면서 이를 먹던 소비자 또한 먹을 것이 부족해 멸종에 이르게 되는 이른바 멸종의 도미노 현상, 생태계의 공멸에 대한 실험을 한 것이다.

실험결과 기후변화가 지속될 경우 먹이사슬로 복잡하게 얽혀 있는 동물과 식물의 경우 멸종에 이르는 생물이 지금까지의 예상보다 최고 10배 정도나 증폭될 수 있는 것으로 나타났다. 멸종의 도미노 현상으로 기후변화로 인한 생물의 멸종이 지금까지의 예상보다 매우 빠르게 그리고 대규모로 광범위하게 진행될 수 있다는 뜻이다. 생태계가 공멸할 수 있다는 것이다.

연구팀은 특히 멸종의 도미노 현상을 고려할 경우 지구 평균 기온이 산업화 이전보다 5~6℃만 올라가도 가상 지구상에 있는 생물의 거의 대부분이 멸종에 이르는 것으로 나타났다는 점을 강조하고 있다. 가상 지구에서의 실험이지만 지구 평균 기온이 5~6℃ 올라가면 지구 생태계가 '싹쓸이'될 가능성이 있다는 뜻이다.

2015년 12월 파리에서 열린 유엔기후변화협약UNFCCC 당사국 총회COP21에서는 2100년까지 지구 평균 기온 상승폭을 산업화 이전 대비 1.5~2℃ 이내로 묶는다는데 합의했다. 특히 2018년 10월 인천 송도에서 열린 기후변화에 관한 정부 간 협의체IPCC 제48차 총회에서는 지구 평균 기온 상승폭을 1.5℃ 묶는다는 이른바 '지구온난화 1.5℃ 특별보고서'가 회원국의 만장일치로 승인됐다. 특별보고서에는 지구 평균 기온 상승 폭을 1.5℃ 이내로 제한하기 위해서는 2030

년까지 탄소 배출량을 2010년 대비 45%로 감축하고 2050년까지는 인간이 배출한 만큼 다시 흡수를 해서 실질적인 배출량을 순 제로net-zero로 만들어야 한다는 내용이 들어 있다.

하지만 최근 폴란드 카토비체에서 열린 유엔기후변화협약 당사국 총회COP24에서 미국과 러시아, 사우디아라비아, 쿠웨이트 등은 '지구온난화 1.5℃ 특별보고서'를 받아들일 수 없다는 입장을 분명히 했다. 지구 기온 상승폭을 1.5℃이내로 묶어 기후변화 위험을 줄여 지구 생태계를 보호하고자 하는 인류의 노력이 국제사회에서 외면당할 위기에 처해 있는 것이다.

인류가 온실가스 배출을 줄이지 않고 지금처럼 계속해서 배출할 경우(RCP 8.5) 2100년 지구 평균 기온은 1986~2005년 대비 2.6~4.8℃나 상승할 것으로 IPCC는 예상하고 있다. 이번 가상 지구 실험은 지구 평균 기온이 5~6℃ 상승하면 지구 생태계가 전멸할 가능성도 있다는 점을 보여주고 있다.

국제사회가 온실가스 감축방안과 목표를 두고 지금 당장 자국의 이익을 위해 논쟁을 벌이고 있는 사이 생태계가 점점 도미노 멸종으로 치닫고 있는 것은 아닌지 모를 일이다. 연구팀은 현재 지구 생태계가 마치 온도조절장치가 고장 난 수족관에 살고 있는 물고기와 같다는 점을 강조하고 있다.

2100년 한반도 기온
최대 7℃ 상승

코로나19가 전 세계를 강타하면서 모든 경제 활동이 위축되고 일상생활에서도 멈춤이 이어졌지만 뜨겁게 달아오르는 지구 기온은 좀처럼 멈추지 않고 있다.

세계기상기구WMO 발표에 따르면 2020년 지구 평균 기온은 14.9℃로 산업혁명 이전보다 1.2℃나 높았다. 역대 가장 더웠던 해인 2016년이나 2019년과 비슷한 수준이다.

우리나라는 세계 평균보다 더욱더 빠르게 뜨거워지고 있다. 2020년 우리나라 연평균 기온은 13.2℃를 기록했다. 2016년(연평균기온 13.6℃)과 2019년(13.5℃), 1998년(13.5℃), 2015년(13.4℃)에 이어 역대 5번째로 뜨거웠던 해가 됐다.

코로나19 팬데믹에도 불구하고 좀처럼 식지 않고 있는 한반도, 앞으로 얼마나 더 뜨거워질까?

기상청이 기후변화에 관한 정부 간 협의체IPCC 제6차 보고서의 온실가스 배출 경로를 기반으로 2100년까지의 한반도 기후변화 전망을 산출한 결과 연평균 기온이 최대 7℃나 상승하는 것으로 나타났다.

기상청이 산출한 2100년 한반도 기후변화 전망은 현재와 같은 수준으로 탄소를 지속적으로 배출하는 '고탄소 시나리오(SSP5-8.5)'와 화석연료 사용을 지금부터 최소한으로 줄여 탄소배출량을 급격하게 줄이는 '저탄소 시나리오(SSP1-2.6)'를 가정해 2100년까지의 지구촌 기후변화를 전망하고 분석한 결과다.

고탄소 시나리오(SSP5-8.5) 결과를 보면 현재(1995~2014년 평균) 11.2℃인 한반도 연평균 기온은 가까운 미래(2021~2040)에는 현재보다 기온이 1.8℃ 상승하고 중간 미래(2041~2060)에는 현재보다 기온이 3.3℃ 올라가는 것으로 나타났다. 특히 먼 미래(2081~2100)에는 한반도 연평균 기온이 현재보다 7.0℃나 올라갈 것으로 예측됐다. 현재 11.2℃인 한반도 연평균 기온이 18℃까지 올라갈 수 있다는 뜻이다.

이렇게 될 경우 온난일(일 최고기온이 같은 기간의 상위 10%를 초과한 날의 연중 일수)이 36.5일에서 가까운 미래에는 지금보다 26.4일이 늘어나고 중간 미래에는 현재보다 46.1일, 특히 먼 미래에는 현재보다 93.4일이나 증가할 것으로 전망됐다. 먼 미래에는 강수량도 현재보다 14% 늘어나는 것으로 나타났다. 기록적인 폭염이 기하급수적으로 늘어나는 가운데 집중호우 또한 늘어날 가능성이 커진다는 뜻이다. 각종 기상재해가 급증할 것이라는 의미다.

저탄소 시나리오(SSP1-2.6)에서는 가까운 미래에는 현재보다 연평균 기온이 1.6℃ 상승하고 중간 미래에는 1.8℃, 먼 미래에는 2.6℃ 올라가는 것으로 나타났다. 이렇게 될 경우 온난일은 가까운 미래에는 현재보다 24.4일 늘어나고 중간 미래에는 30.3일, 먼 미래에는 현재보다 온난일이 37.9일 늘어날 것으로 예측됐다. 반면 저탄소 시나리오에서 강수량 변화는 크지 않을 것으로 추정됐다. 먼 미래에도 강수량은 3% 증가하는데 그치는 것으로 나타났다. 아래 그림은 저탄소 시나리오와 고탄소 시나리오 별 한반도 연평균 기온과 강수량 전망을 나타낸 것이다(자료: 기상청).

자료: 기상청

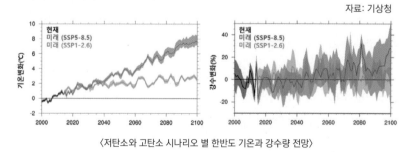

〈저탄소와 고탄소 시나리오 별 한반도 기온과 강수량 전망〉

기온이 1℃ 올라가는 게 뭐 그리 대단하냐 생각할 수도 있지만 기온 1℃ 상승은 폭염과 폭우, 태풍 등 각종 기상 재난 뿐 아니라 농업과 건강, 생태계, 산림 등 각 분야에 엄청난 영향을 미친다. 환경부 자료에 따르면 우리나라 기온이 1℃ 상승하면 농작물 재배지는 81km나 북상하고 벼나 감자 생산량은 줄어든다. 폭염으로 인한 사망 위험은 8% 증가하고 모기 개체 수는 27%나 늘어난다. 또 각종 나무의 고사율은 증가한다(표 참고).

자료: 환경부

분야	기온 상승(1℃)에 따른 영향
농업	농작물 재배적지 변경 및 생산량 감소 - 위도 81km 북상, 고도 154m 상승 - 벼 생산량 감소, 감자 생산량 11% 감소
건강	기저질환 취약성 증가 및 고온·저온으로 인한 사망 위험 증가 - 폭염으로 인한 사망위험 8% 증가 - 봄 꽃가루 환자 14% 증가 - 식중독 발생건수 5.27% 증가, 환자 6.18% 증가
생태계	수인성 및 식품 매개 감염병 발생률 증가 - 모기 성체 개체 수 27% 증가
산림	나무 고사율 증가 - 소나무 1.01%, 낙엽송 1.43%, 잣나무 2.26%

〈한반도 1℃ 상승에 따른 분야별 영향〉

기온 1℃ 상승에 따른 영향이 이렇게 큰데 만약 2100년경 현재보다 기온이 7℃나 올라갈 경우 각 분야에서 어떤 영향이 나타날지는 현재로서는 가늠하기 쉽지 않다. 2100년까지의 한반도 기후전망에서 보여주는 것은 지금과 같은 추세로 화석연료를 사용을 확대하고 무분별한 개발로 탄소를 지속적으로 배출할 경우(SSP5-8.5) 지구촌이 기후위기서 벗어날 방법이 없다는 것이다. 하지만 당장 화석연료 사용을 최소화하고 친환경적으로 지속가능한 경제성장을 하는 경우(SSP1-2.6) 2050년경까지 한반도 기온 상승폭을 2℃ 아래로 묶을 수 있다는 것을 보여주고 있다. 지금부터 당장 탄소 배출을 줄여야 한다는 뜻이다.

우리나라는 2021년 1월 10일 '2050년 탄소중립 비전'을 공식 선언했다. 우리나라 뿐 아니라 세계 각국이 앞다퉈 탄소중립을 선언하고 있다. 우루과이와 몰디브가 2030년까지 탄소중립을 달성하겠다고 선언을 했고 핀란드는 2035년, 오스트리아는 2040년, 스웨덴은 2045년, 우리나라를 비롯한 미국과 영국, 프랑스, 독일 등 많은 나라들은 2050년까지 탄소 중립을 달성하겠다고 선언했다. 중국과 브라질은 상대적으로 늦은 2060년까지 탄소중립을 달성하겠다고 밝혔다(표 참고).

자료: Wikipedia

탄소중립 달성 시기	국가
2030년	우루과이, 몰디브
2035년	핀란드
2040년	오스트리아, 핀란드
2045년	스웨덴
2050년	한국, 미국, 영국, 프랑스, 독일, 캐나다, 칠레, 덴마크, 헝가리, 일본, 네팔, 뉴질랜드, 포르투갈, 스페인, 남아프리카공화국, 피지
2060년	중국, 브라질, 카자흐스탄

〈국가별 탄소중립 선언과 달성 시기〉

탄소 중립 목표 해인 2050년, 30년이 채 남지 않았다. 우리 생활과 산업 전체를 바꾸는데 결코 충분한 시간이 아니다. 특히 우리나라뿐 아니라, 탄소중립을 선언한 나라, 나아가 전 세계가 당장 탄소 배출량을 줄이는데 적극적으로 동참해야 겨우 목표를 달성할 수 있을까 말까 하는 시간이다. 강력한 행동이 필요한 시점이다. 그래야 한반도와 지구촌이 기후위기에서 살아남을 수 있다. 인류가 맞닥뜨린 최고의 비상사태는 팬데믹도 핵무기도 아닌 바로 기후 비상사태다.

REFERENCE /

기후의 경고 1 | 기후변화, 감염병 팬데믹 잦아지나?

중국 아궁이 검댕이 심혈관 질환을 일으킨다
* Baumgartner, J., Y. Zhang, J.-J. Schauer, W. Huang, Y. Wang and Ezzati, 2014 : Highway proximity and black carbon from cookstoves as a risk factor for higher blood pressure in rural China. Proceedings of the National Academy of Sciences. doi/10.1073/pnas.1317176111

"무릎이 쑤셔, 비가 오려나" 과학인가? 짐작인가?
* Abasolo L, A. Tobias, L. Leon, L. Carmona, JL Fernandez-Rueda, AB Rodrigues, 2013 : Weather conditions may worsen symptoms in rheumatoid arthritis patients : the possible effect of temperature. Rheumatol. Cli. 9, 226-8.
* Jamison, R., K. Anderson, M. Slater, 1995 : Weather changes and pain : perceived influence of local climate on pain complaint in chronic pain patients. Pain 61, 309-15
* Patberg, W. and J. Rasker, 2004 : Weather effects in rheumatoid arthritis : from controversy to consensus. A review. J. Rheumatol. 31, 1327-34.
* Sato J., 2003 : Possible mechanism of weather related pain. Japanese Journal of Biometeorology 40(4), 219-224.
* Smedslund, G., P. Mowinckel, T. Heoberg, T. Kvien, K. Hagen, 2009 : Does the weather really matter? A cohort study of influences of weather and solar conditions on daily variations of joint pain in patients with rheumatoid arthritis. Arthritis Rheum. 61 1243-7.
* Steffens, D.,C. Maher, Q. Li, M. Ferreira, L. Pereira, B. Koes and J. Lattimer, 2014 : Weather does not affect back pain : results from a case-crossover study. Arthritis Care & Research, Accepted article, doi 10.1002/acr.22378.

알레르기 유발하는 꽃가루가 두 배 늘어난다
* Albertine, J., W. Manning, M. DaCosta, K. Stinson, M. Muilenberg and C. Rogers, 2014 : Projected Carbon Dioxide to Increase Grass Pollen and Allergen Exposure Despite Higher Ozone Levels. PLoS ONE 9, DOI:10.1371/journal.pone.0111712.
* G. Canonica, S. Holgate and R. Lockey, 2011 : World Allergy Organization white book on Allergy 2011-2012 : Executive Summary. World Allergy Organization.

지카 바이러스와 엘니뇨, 그리고 기후변화
* 이근화, 제주대학교 의학전문대학원 미생물학교실(개인 교신)
* Micha Bar-Zeev, 1958 : The Effect of Temperature on the Growth Rate and Survival of the Immature Stages of Aedes aegypti. Bulletin of Entomological Research, Vol 49, pp 157-163
* W. Tun-Lin, T.R. Burkot and B.H. Kay, 2000 : Effects of temperature and Larval diet on development rates and survival of the dengue vector Aedes aegypti in north Queensland, Australia, pp 31-37
* C. W. Morin, A. C. Comrie. 2013 : Regional and seasonal response of a West Nile virus vector to climate change. Proceedings of the National Academy of Sciences, DOI:10.1073/pnas.1307135110

우리 모두는 매일 담배 1개비씩 피운다?
* Richard A. Muller and Elizabeth A. Muller, Air Pollution and Cigarette Equivalence. http://berkeleyearth.org/air-pollution-and-cigarette-equivalence/

2050년대 우리나라 폭염 사망자 한 해 최고 250명
* Do-Woo Kim, Ravinesh C. Deo, Jea-Hak Chung and Jong-Seol Lee, 2016: Projection of heat wave mortality related to climate change in Korea, Natural Hazards, DOI 10.1007/s11069-015-1987-0

폭염 속 차량에 방치된 아이, 그늘에 주차해도 위험하다
* Jennifer K. Vanos, Ariane Middel, Michelle N. Poletti, Nancy J. Selover. Evaluating the impact of solar radiation on pediatric heat balance within enclosed, hot vehicles. Temperature, 2018; 1 DOI: 10.1080/2 3328940.2018.1468205

석탄화력발전소 대기오염으로 신생아 '텔로미어' 길이 짧아진다
* Frederica Perera, Chia-jung Lin, Lirong Qu, Deliang Tang. Shorter telomere length in cord blood

associated with prenatal air pollution exposure: Benefits of intervention. Environment International, 2018; DOI: 10.1016/j.envint.2018.01.005

코로나19, 팬데믹의 원인은?
* WHO Coronavirus Disease (COVID-19) Dashboard, https://covid19.who.int/
* 복지부, 코로나바이러스감염증-19(COVID-19), http://ncov.mohw.go.kr/
* Chengxin Zhang, Wei Zheng, Xiaoqiang Huang, Eric W. Bell, Xiaogen Zhou, Yang Zhang, 2020; Protein Structure and Sequence Reanalysis of 2019-nCoV Genome Refutes Snakes as Its Intermediate Host and the Unique Similarity between Its Spike Protein Insertions and HIV-1, Journal of Proteome Research, DOI: 10.1021/acs.jproteome.0c00129
* Tommy Tsan-Yuk Lam, Marcus Ho-Hin Shum, Hua-Chen Zhu, Yi-Gang Tong, Xue-Bing Ni, Yun-Shi Liao, Wei Wei, William Yiu-Man Cheung, Wen-Juan Li, Lian-Feng Li, Gabriel M. Leung, Edward C. Holmes, Yan-Ling Hu, Yi Guan. 2020: Identifying SARS-CoV-2 related coronaviruses in Malayan pangolins. Nature, DOI: 10.1038/s41586-020-2169-0
* 고규영, 명경재, 김호민, 심시보, 2020 : [IBS 코로나19 리포트] 천산갑 코로나바이러스는 어떻게 인간에게 옮겨왔나 (2020.4.3.)
* Ye Yi, Philip N.P. Lagniton, Sen Ye, Enqin Li and Ren-He Xu, 2020: COVID-19: what has been learned and to be learned about the novel coronavirus disease. International Journal of Biological Sciences, 16(10): 1753-1766. doi: 10.7150/ijbs.45134

기후변화, 감염병 팬데믹 잦아지나?
* 최우리, 2020:전문가들 "새 감염병 발생 주기, 3년 이내로 단축될 것", 한겨레(2020.5.19.)
* Robert Shope, 1991: Global Climate Change and Infectious Diseases, Environmental Health Perspectives, Vol., 96, pp.171-174
* Catherine A. Bradley and Sonia Altizer, 2006:Urbanization and the ecology of wildlife diseases, TRENDS in Ecology and Evolution, Vol. 22, DOI: 10.1016/j.tree.2006.11.001
* Shaghayegh Gorgi and Ali Goji, 2021: COVID-19 pandemic: the possible influence of the long-term ignorance about climate change, Environmental Science and pollution Research, https://doi.org/10.1007/s11356-020-12167-z
* Botzen W, Duijndam S, van Beukering P, 2021: Lessons for climate policy from behavioral biases towards COVID-19 and climate change risks. World Develoment 137:105214, https://doi.org/10.1016/j.worlddev.2020.105214

기후의 경고 2 | 스모그 겨울이 올까?

미세먼지, 죽음의 바다를 부르나
* Takamitsu Ito, Athanasios Nenes, Matthew Johnson, Nicholas Meskhidze, and Curtis Deutsch. Acceleration of oxygen decline in the tropical Pacific over the past decades by aerosol pollutants. Nature Geoscience, 2016 DOI: 10.1038/ngeo2717

OECD 국가 중 최악 초미세먼지⋯ 더 이상 중국 탓만 할 수 있을까?
* WHO, 2020 : The Global Health Observatory, Concentrations of fine particulate matter (PM2.5) https://www.who.int/data/gho/data/indicators/indicator-details/GHO/concentrations-of-fine-particulate-matter-(pm2-5)

전기자동차는 얼마나 친환경적일까?
* Christopher Kennedy. 2015: Key threshold for electricity emissions. Nature Climate Change, DOI:10.1038/nclimate2494
* 이개명, 2014: 전기차 보급이 제주 전력계통에 미치는 영향, Journal of the Electric World /Monthly Magazine Special Issues _ 5, 75-81

스모그 겨울(Smog Winter)이 올까?
* 정유림, 심성보, 부경온, 이종호(2014). "에어로졸 강제력이 동아시아 여름 몬순에 미치는 영향". 한국기후변화학회

2014년 기후변화연구 공동학술대회, 2014년 6월 19~20일, 세종대학교.
* Crutzen, Paul J.; Birks, John W. (1982). "The Atmosphere After a Nuclear War: Twilight at Noon". Ambio 11 (2-3):114).
* Turco, R.P.; Toon, O.B.; Ackerman, T.P.; Pollack, J.B.; Saan, C.(December 23, 1983). "Nuclear Winter: Global Consequences of Multiple Nuclear Explosions". Science 222(4630):1283-92.
* South China Morning Post (2월 25일).
* 이 글은 2014년 6월21일자 한국과학기자협회보에 기고한 글을 수정, 보완한 것임을 밝힙니다.

사하라 황사, 아마존 열대우림에 필수 영양소 공급한다

* Hongbin Yu, Mian Chin, Tianle Yuan, Huisheng Bian, Lorraine A. Remer, Joseph M. Prospero, Ali Omar, David Winker, Yuekui Yang, Yan Zhang, Zhibo Zhang, Chun Zhao. 2015: The Fertilizing Role of African Dust in the Amazon Rainforest: A First Multiyear Assessment Based on CALIPSO Lidar Observations. Geophysical Research Letters, DOI:10.1002/2015GL063040

조기사망률 세계 최고인 북한의 대기오염… 우리나라 영향은?

* 배민아, 김현철, 김병욱, 김순태, 2018 : 수도권 초미세먼지 농도모사: (V) 북한 배출량 영향 추정, 한국대기환경학회지, 제34권, 제2호, pp294~305
* Watts, N. et al., 2017 : The Lancet Countdown on health and climate change: from 25 years of inaction to a global transformation for public health, The Lancet.

전기차 보급과 걷고 자전거 타기, 미세먼지 해결에 어느 것이 도움될까?

* Christian Brand, Jillian Anable, Craig Morton. Lifestyle, efficiency and limits: modelling transport energy and emissions using a socio-technical approach. Energy Efficiency, 2018; DOI: 10.1007/s12053-018-9678-9

미세먼지, 전 세계 '핫 스폿(Hot spot)'은 어디?

* C. Oberschelp, S. Pfister, C. E. Raptis, S. Hellweg. Global emission hotspots of coal power generation. Nature Subtainability, 2019; 2(2): 113 DOI:10.1038/s41893-019-0221-6

중국발 미세먼지와 국내 발생 미세먼지, 어느 것이 더 해로울까?

* Minhan Park, Hung Soo Joo, Kwangyul Lee, Myoseon Jang, Sang Don Kim, Injeong Kim, Lucille Joanna S. Borlaza, Heungbin Lim, Hanjae Shin, Kyu Hyuck Chung, Yoon-Hyeong Choi, Sun Gu Park, Min-Suk Bae, Jiyi Lee, Hangyul Song & Kihong Park, Differential toxicities of fine particulate matters from various sources, DOI:10.1038/s41598-018-35398-0, Scientific Reports, 2018, vol. 8:17007
* Joshua S. Apte, Julian D. Marshall, Aaron J. Cohen, and Michael Brauer, Addressing Global Mortality from Ambient PM2.5, DOI:10.1021/acs.est.5b01236, Environ. Sci. Technol. 2015, 49, 8057—8066
* 임영욱 연세대 환경공해연구소 교수(개인 교신) * 김용표 이화여대 환경공학과 교수(개인 교신)

기후의 경고 3 | 환경파괴 지구위험한계선을 넘었다

2100년, 해수면 상승 상한치 1.8m?

* IPCC, 2014: Climate Change 2014 Synthesis Report, Approved Summary for Policymakers(1 November 2014).
* Jevrejeva, S., A. Grinsted and J. Moore, 2014: Upper limit for sea level projections by 2100. Environmental Research letters 9, doi: 10.1088/1748-9326/0/10/104008.
* NOAA, Tides & Currents (http://tidesandcurrents.noaa.gov/sltrends/sltrends.html)

지하수가 뜨거워진다

* Menberg, K., P. Blum, B. L. Kurylyk and P. Bayer, 2014: Observed groundwater temperature response to recent climate change. Hydrology and Earth System Sciences 18.

환경파괴 지구위험한계선을 넘었다

* Will Steffen, Katherine Richardson, Johan Rockström, Sarah E. Cornell, Ingo Fetzer, Elena M.

Bennett, R. Biggs, Stephen R. Carpenter, Wim de Vries, Cynthia A. de Wit, Carl Folke, Dieter Gerten, Jens Heinke, Georgina M. Mace, Linn M. Persson, Veerabhadran Ramanathan, B. Reyers, and Sverker Sörlin. 2015: Planetary boundaries: Guiding human development on a changing planet. Science, DOI:10.1126/science.1259855

남극 빙하, 이제 돌아올 수 없는 강을 건넜다

* Austrian Government, Department of the Environment, 2015 : Warm ocean water melts largest glacier in East Antarctica
http://www.antarctica.gov.au/news/2015/warm-ocean-water-melts-largest-glacier-in-east-antarctica#v153181
* J. S. Greenbaum, D. D. Blankenship, D. A. Young, T. G. Richter, J. L. Roberts, A. R. A. Aitken, B. Legresy, D. M. Schroeder, R. C.Warner, T. D. van Ommen, and M. J. Siegert. 2015: Ocean access to a cavity beneath Totten Glacier in East Antarctica. Nature Geoscience, DOI:10.1038/ngeo2388
* E. Rignot, J. Mouginot, M. Morlighem, H. Seroussi, B. Scheuchl. 2014: Widespread, rapid grounding line retreat of Pine Island, Thwaites, Smith and Kohler glaciers, West Antarctica from 1992 to 2011. Geophysical Research Letters, DOI:10.1002/2014GL060140

녹아내리는 남극 빙하… 지구 중력이 달라진다

* B. Wouters, A. Martin-Español, V. Helm, T. Flament, J. M. Van Wessem, S. R. M. Ligtenberg, M. R. Van Den Broeke, J. L. Bamber. 2015: Dynamic thinning of glaciers on the Southern Antarctic Peninsula. Science, DOI:10.1126/science.aaa5727
* J. Bouman, M. Fuchs, E. Ivins, W. van der Wal, E. Schrama, P. Visser, and M. Horwath, 2014: Antarctic outlet glacier mass change resolved at basin scale from satellite gravity gradiometry. Geophisical Research Letters, 10.1002/2014GL060637

2100년, 에베레스트 빙하 95% 녹을 수도

* J. M. Shea, W. W. Immerzeel, P. Wagnon, C. Vincent, and S. Bajracharya, 2015 : Modelling glacier change in the Everest region, Nepal Himalaya. The Cryosphere, DOI:10.5194/tc-9-1105-2015

동일본 대지진이 지구온난화와 오존층 파괴를 가속화시켰다

* Takuya Saito, Xuekun Fang, Andreas Stohl, Yoko Yokouchi, Jiye Zeng, Yukio Fukuyama, Hitoshi Mukai. 2015;Extraordinary halocarbon emissions initiated by the 2011 Tohoku earthquake. Geophysical Research Letters, DOI:10.1002/2014GL062814

지구온난화, 1.5℃ 상승과 2℃ 상승의 차이는?

* R. Warren, J. Price, E. Graham, N. Forstenhaeusler, J. VanDerWal. The projected effect on insects, vertebrates, and plants of limiting global warming to 1.5°C rather than 2°C. Science, 2018; 360 (6390): 791 DOI: 10.1126/science.aar3646

인류를 기후변화 재앙에서 구할 수 있는 데드라인은 언제?

* Matthias Aengenheyster, Qing Yi Feng, Frederick van der Ploeg, Henk A. Dijkstra, 2018;9(3):1085DOI:10.5194/esd-9-1085-2018

온실가스, 브레이크 없는 상승… 해마다 최고치 경신 또 경신

* WMO, 2020: WMO Greenhouse Gas Bulletin No. 16. The State of Greenhouse Gases in the Atmosphere Based on Global Observations through 2019, 23 November 2020
https://library.wmo.int/doc_num.php?explnum_id=10437
* Global Carbon Project, Global Carbon Budget
https://www.globalcarbonproject.org/carbonbudget/20/highlights.htm

기후의 경고 4 | 식량 안보 위협하는 오존

열대우림 파괴… 기후변화의 재앙 초래

* Deborah Lawrence and Karen Vandecar, 2015:Effects of tropical deforestation on climate and agriculture. Nature Climate Change 5 (1): 27 DOI:10.1038/nclimate2430
* Newswise, Peer-Reviewed Report: Clearing Tropical Rainforests Distorts Earth's Wind and Water Systems, Packs Climate Wallop Beyond Carbon, Climate Focus.
http://www.newswise.com/articles/view/627514?print-article
* Scientific American, 2009: Measuring the Daily Destruction of the World's Rainforests.
http://www.scientificamerican.com/article/earth-talks-daily-destruction/
* 국제자연보호협회(The Nature Conservancy)
http://www.nature.org/ourinitiatives/urgentissues/rainforests/rainforests-facts.xml

소고기 소비를 줄이고, 소 사육두수를 줄여라
* Ripple, W., P. Smith, H. Haberl, S. Montzka, C. McAlpine and D. Boucher, 2014: Ruminants, climate change and climate policy, Nature Climate Change 4. 2-4. doi:10.1038/nclimate2081
* Montzka. S., E. Dlugokencky and J. Butler, 2011: Non-CO2 greenhouse gases and climate change. Nature 476, 43-50.
* Nijdam, D., T. Rood and H. Westhoek, 2012: The price of protein: Review of land use and carbon footprints from life cycle assessments of animal food products and their substitutes, Food Policy 37, 760-770.

티베트의 땔감 야크(Yak) 똥, 온난화와 환경오염의 주범 되나
* Zengrang Xu, Shengkui Cheng, Lin Zhen, Ying Pan, Xianzhou Zhang, Junxi Wu, Xiuping Zou, G.C. Dhruba Bijaya, 2013 : Impacts of dung combustion on the carbon cycle of alpine grassland of the north Tibetan plateau. Environmental Management, Vol. 22, pp 441-449.
* Pengfei Chen, Shichang Kang, Jiankun Bai, Mika Sillanpää, Chaoliu Li. 2015: Yak dung combustion aerosols in the Tibetan Plateau: Chemical characteristics and influence on the local atmospheric environment. Atmospheric Research, 2015; 156: 58 DOI:10.1016/j.atmosres.2015.01.001

식량 안보 위협하는 오존
* Avnery, S., D.-L. Mauzerall, Junfeng Liu, Larry W. Horowitz, 2011a :Global Crop yield reductions due to surface ozone exposure : 1. Year 2000 crop production losses and economic damage. Atmospheric Environment 45 2284-2296, doi:10.1016/j.atmosenv.2010.11.045
* Avnery, S., D.-L. Mauzerall, Junfeng Liu, Larry W. Horowitz, 2011b :Global Crop yield reductions due to surface ozone exposure : 2. Year 2030 Potential crop production losses and economic damage under two scenarios of O3 pollution. Atmospheric Environment 45, 2297-2309, doi:10.1016/j.atmosenv.2011.01.002
* Booker, F., R. Muntifering, M. McGrath, K. Burkey, D. Decoteau, E. Fiscus, W. Manning, S. Krupa, A. Chappelka, and D. Grantz, 2009 : The Ozone Component of Global Change : Potential Effects on Agricultural and Horticultural Plant Yield, Product Quality and Interactions with Invasive Species, J. Integrative Plant Biology 51 (4): 337–351
* Feng Z. and K. Kobayashi, 2009: Assessing the impacts of current and future concentration of surface ozone on crop yield with meta-analysis. Atmospheric Environment 43, 1510-1519.
* Nawahda,A, 2014 : Effect of Ozone on the Relative Yield of Rice Crop in Japan Evaluated Based on Monitored Concentrations, Water Air Soil Pollution 225, 1797 doi: 10.1007/s11270-013-1797-5.
* Tai, A.P.K, M.-V. Martin and C.-L. Heald, 2014 : Threat to future global food security from climate change and ozone air pollution, Nature Climate Change, doi:10.1038/nclimate2317.
* Wang, X. and D.-L. Mauzerall, 2004 : Characterizing distributions of surface ozone and its impact on grain production in China, Japan and South Korea:1990 and 2020, Atmospheric Environment 38, 4383-4402, doi:10.1016/j.atmosenv.2004.03.067.

셰일가스 열풍이 지구온난화를 늦출 수 있을까?
* Haewon Mcjeon, J. Edmonds, N. Bauer, L. Clarke, B. Fisher, B. Flannery, J. Hilaire, V. Krey, G. Marangoni, R. Mi, K. Riahi, H. Rogner and M. Tavoni, 2014: Limited impact on decadal-scale climate change from increased use of natural gas. Nature, doi: 10.1038/nature13837.
* Davis, S. and C. Shearer, 2014: A crack in the natural-gas bridge, Nature, doi: 10.1038/nature13927.
* Howarth, R., A. Ingraffea, and T. Engelder, 2011: Natural gas: should fracking stop? Nature 477, 271-

275.
* US Energy Information Administration Natural Gas Weekly Update
http://www.eia.gov/naturalgas/weekly/#itn-tabs-2
http://www.eia.gov/dnav/ng/hist/n3045us3m.htm

습지 개발이 지구온난화를 재촉한다
* Ana Maria Roxana Petrescu et al, 2015 : The uncertain climate footprint of wetlands under human pressure. Proceedings of the National Academy of Sciences, DOI:10.1073/pnas.1416267112
* 환경부, 2014: 토지피복 대분류 면적 변화. 통계로 본 국토자연 환경

석유·가스 폐시추공은 메탄(CH4)가스의 슈퍼 배출원
* Davis, R. J. et al., 2014: Oil and gas wells and their integrity: Implications for shale and unconventional resource exploitation. Marine and Petroleum Geology 56, 239-254.
* Kang et al., 2014: Direct measurements of methane emissions from abandoned oil and gas wells in Pennsylvania, Proceedings of National Academy of Sciences. doi/10.1073/pnas.1408315111.

오존층 파괴, 이제 걱정 안 해도 될까? 새로운 복병이 나타났다
* Oram, D. E., Ashfold, M. J., Laube, J. C., Gooch, L. J., Humphrey, S., Sturges, W. T., Leedham-Elvidge, E., Forster, G. L., Harris, N. R. P., Mead, M. I., Abu Samah, A., Phang, S. M., Chang-Feng, O.-Y., Lin, N.-H., Wang, J.-L., Baker, A. K., Brenninkmeijer, C. A. M., and Sherry, D.: A growing threat to the ozone layer from short-lived anthropogenic chlorocarbons, Atmos. Chem. Phys., 17, 1192911941, 2017, https://doi.org/10.5194/acp-17-11929-2017

기후변화, 수은 섭취량 늘어난다. 이유는?
* 환경부, 제3기 국민환경보건 기초조사, 결과 발표(2018) * 질병관리본부, 환경과 건강(2018)
* Amina t. Schartup, Colin P. thackray, Asif Qureshi, Clifton Dassuncao, Kyle Gillespie, Alex Hanke & elsie M. Sunderland, Climate change and overfishing increase neurotoxicant in marine predators, Nature, 2019 https://doi.org/10.1038/s41586-019-1468-9

그린벨트 개발하면 바람 약해져 도심 미세먼지 심해진다
* 국립산림과학원, 2018, <대기오염물질 저감을 위한 도시숲 조성 및 관리 기술 개발 : 대기 모델링을 활용한 수도권 도시외곽림의 도시 미세먼지 저감 효과 시범 모형 개발 연구> 용역 결과 보고서

기후의 경고 5 | 아이슬란드가 솟아오른다

급증하는 대형 산불, 그 원인은 잡초?
* Balch, J.-K., B.-A. Bradley, C.-M. Dj¯antonio, and J.-G. Danse 2013 : Introduced annual grass increases regional fire activity across the arid western USA(1980-2009), Global Change Biology 19, 173-183, doi:10.1111/gcb 12046.

기후변화가 '메가 가뭄(Mega Drought)' 부른다
* Ault, T., J. Cole, J. Overpeck, G. Pederson and D. Mecho, 2014: Assessing the risk of the persistent drought using climate model simulations and paleoclimate Data, J. Climate.doi:10.1175/JCLI-D-12-00282.1, in press.

태풍은 늘어날까? 줄어들까? 강해질까? 약해질까?
* Emanuel, K. 2013 : Downscaling CMIP5 climate models shows increased tropical cyclone activity over the 21st century. Proceedings of the national Academy of Sciences 110, 12219-1224. doi 10.1073/pnas.2301293110.
* Holland, G. and C. Bruyere, 2014: Recent intense hurricane reponses to global climate change. Climate Dynamics 42, 617-627, doi 10.1007/s00382-013-1713-0.
* Gleixner, S., N. Keenlyside, K. Hodges, W. Tseng and L. Bengtsson, 2014: An inter-hemispheric comparison of the tropical storm response to global warming. Climate Dynamics 42, 2147-2157. doi

10.1007/s00382-013-1914-6.
* Grinsted, A., J. Moore and S. Jevrejeva, 2013: Projected Atlantic hurricane surge threat from rising temperature. Proceedings of the national Academy of Sciences 110, 5369-5373. doi.1073/pnas.1209980110.

여성 이름 허리케인의 피해가 더 큰 이유
* Jung, Kiju, S. Shavitt, M. Viswanathan, and J.Hilbe, 2014: Female hurricanes are deadlier than male hurricanes. Proceedings of the National Academy of Sciences. doi:10.1073/pnas.1402786111

가뭄, 美 서부가 솟아오른다
* Borsa, A.-A., D.-C. Agnew and D.-R. Cayan, 2014 : Ongoing drought-induced uplift in the western United States. Science, doi: 10.1126/science.1260279.

지구온난화, 강력한 엘리뇨·라니냐가 두 배 늘어난다
* K. Sponberg, 1999: Compendium of Climatological Impacts, University Corporation for Atmospheric Research Vol.1, National Oceanic and Atmospheric Administration, Office of Global Programs
* Wenju Cai, Simon Borlace. matthieu Lengaigne, Peter van Rensch, Mat Collins, Gabriel Vecchi, Axel Timmermann, Agus Santoso, Michael J. McPhaden, Lixin Wu, Matthew H. England, Goujian Wang, Eric Guilyardi and Fei-Fei Jin, 2014: Increasing frequency of extreme El Nino events due to greenhouse warming. Nature Climate Change, DOI:10.1038/nclimate2100
* Wenju Cai, Guojian Wang, Agus Santoso, Michael J. McPhaden, Lixin Wu, Fei-Fei Jin, Axel Timmermann, Mat Collins, Gabriel Vecchi, Matthieu Lengaigne, Matthew H. England, Dietmar Dommenget, Ken Takahashi, Eric Guilyardi, 2015: Increased frequency of extreme La Nina events under greenhouse warming. Nature Climate Change, DOI:10.1038/nclimate2492

슈퍼 태풍, 얼마나 더 강해질까?
* Kazuhisa Tsuboki, Mayumi K. Yoshioka, Taro Shinoda, Masaya Kato, Sachie Kanada, and Akio Kitoh, 2015: Future increase of supertyphoon intensity associated with climate change, Geophysical Research Letters, DOI:10.1002/2014GL061793
* F. Laliberte, J. Zika, L. Mudryk, P. J. Kushner, J. Kjellsson, K. Doos, 2015: Constrained work output of the moist atmospheric heat engine in a warming climate. Science, DOI:10.1126/science.1257103

기후변화 티핑 포인트(tipping point), 언제 어떤 현상으로 나타날까?
* Yongyang Cai, Timothy M. Lenton, Thomas S. Lontzek. 2016: Risk of multiple interacting tipping points should encourage rapid CO2 emission reduction. Nature Climate Change, DOI:10.1038/nclimate2964 * 이 자료는 한국과학기자협회보 5월 7일자에 실린 내용을 수정 보완한 것입니다.

아이슬란드가 솟아오른다
* Kathleen Compton, Richard A. Bennett, Sigrun Hreinsdöttir, 2015: Climate driven vertical acceleration of Icelandic crust measured by CGPS geodesy. Geophysical Research Letters, DOI:10.1002/2014GL062446
* Arizona University, 2015 : Iceland Rises as Its Glaciers Melt From Climate Change. UANews. http://uanews.org/story/iceland-rises-as-its-glaciers-melt-from-climate-change
* Adrian Antal Borsa, Ducan Carr Agnew and Daniel R. Cayan, 2014 : Ongoing drought-induced uplift in the western United States. Science, DOI: 10.1126/science.1260279

해양 컨베이어 벨트가 느려지고 있다. 해류 흐름이 멈춰서면?
* David J. R. Thornalley, Delia W. Oppo, Pablo Ortega, Jon I. Robson, Chris M. Brierley, Renee Davis, Ian R. Hall, Paola Moffa-Sanchez, Neil L. Rose, Peter T. Spooner, Igor Yashayaev, Lloyd D. Keigwin. Anomalously weak Labrador Sea convection and Atlantic overturning during the past 150 years. Nature, 2018; 556 (7700): 227 DOI:10.1038/s41586-018-0007-4
* L. Caesar, S. Rahmstorf, A. Robinson, G. Feulner, V. Saba, Observed fingerprint of a weakening Atlantic Ocean overturning circulation, Nature , 2018; 556, 191-196, DOI:10.1038/s41586-018-0006-5

기후의 경고 6 | 펄펄 끓는 지구촌… 세계 최고 기온은 몇 도?

호수가 급격하게 뜨거워진다
* Charles Verpoorter et al., 2014: A global inventory of lakes based on high-resolution satellite imagery. Geophysical Research Letters, DOI:10.1002/2014GL060641
* C. M. O'Reilly et al., 2015: Rapid and highly variable warming of lake surface waters around the globe. Geophysical Research Letters, DOI:10.1002/2015GL066235

지구온난화를 막기 위해 하얀 바다를 만들어라?
* Roger Angel, 2006: Feasibility of cooling the Earth with a cloud of small spacecraft near the inner Lagrange point (L1), Proceedings of National Academy of Sciences, DOI:10,1073/pnas.0608163103
* John Latham et al., 2012: Marine cloud brightening, Phil. Trans. R. Soc. A 370, 4217-4262, DOI:10.1098/rsta.2012.0086
* Ken Caldeira and Lowell Wood, 2008; Global and Arctic climate engineering: numerical model studies, Phil. Trans. R. Soc. A 366, 4039-4056, DOI:10.1098/rsta.2008.0132
* S. Tilmes et al., 2013: Can regional climate engineering save the summer Arctic sea ice, Geophysical Research Letters, DOI:10.1002/2013GL058731
* Ivana Cvijanovic, Ken Caldeira and Douglas G MacMartin, 2015:Impacts of ocean albedo alteration on Arctic sea ice restoration and Northern Hemisphere climate. Environmental Research Letters, DOI:10.1088/1748-9326/10/4/044020

지구온난화 때문에 북대서양 해류가 느려졌다
* Stefan Rahmstorf, Jason E. Box, Georg Feulner, Michael E. Mann, Alexander Robinson, Scott Rutherford, Erik J. Schaffernicht. 2015: Exceptional twentieth-century slowdown in Atlantic Ocean overturning circulation. Nature Climate Change, DOI:10.1038/nclimate2554
* D. A. Smeed1, G. McCarthy, S. A. Cunningham, E. Frajka-Williams, D. Rayner1, W. E. Johns, C. S. Meinen, M. O. Baringer, B. I. Moat, A. Duchez, and H. L. Bryden, 2014: Observed decline of the Atlantic Meridional Overturning Circulation 2004to 2012. Ocean Science, DOI:10.5194/os-10-29-2014

평균 2°C의 함정
* Martin Leduc, H. Damon Matthews, Ramon de Elia. Regional estimates of the transient climate response to cumulative CO2 emissions. Nature Climate Change, 2016; DOI:10.1038/nclimate2913

글로벌 워밍(Global Warming)이 아니라 글로벌 위어딩(Global Weirding)이 온다
* E.M. Fischer and R. Knutti 2015: Anthropogenic contribution to global occurrence of heavy-precipitation and high-temperature extremes, Nature Climate Change, doi: 10.1038/nclimate2617

지구온난화 부추기는 산불, 산불 부추기는 지구온난화
* Dennison, P.E., S.C. Brewer, J.D. Arnold, and M.A. Moritz, 2014 : Large wildfire trends in the western United States, 1984-2011, Geophys. Res. Lett. 41, 2928-2933,doi:10.1002/2014GL059576.
* China S., C. Mazzoleni, K. Gorkowski, A.-C. Aiken, M.-K. Dubey, 2013 : Morphology and mixing state of individual freshly emitted wildfire carbonaceous particles, Nature Communications, doi:10.1038/Ncomms 31222
* Finneran, M, Wildfires: A Symptom of Climate Change, NASA Langley Research Center (http://www.nasa.gov/topics/earth/features/wildfires.html).

3한4온? 3한20온!
* 이병설, 1971 : 삼한사온에 관하여 – 서울지방을 중심으로-, 한국기상학회지, Vol. 21., No. 1, 41~46
* 이병설, 1985 : 삼한사온과 기온 특이일, 한국기상학회지, Vol. 7., No. 1, 34~45

펄펄 끓는 지구촌… 세계 최고 기온은 몇 도?
* Carl-Friedrich Schleussner, Jonathan F. Donges, Reik V. Donner, Hans Joachim Schellnhuber. 2016: Armed-conflict risks enhanced by climate-related disasters in ethnically fractionalized countries. Proceedings of the National Academy of Sciences, DOI: 10.1073/pnas.1601611113

북극·남극 해빙 동시에 감소, 역대 최소… 기상이변 가속화되나?
* NASA, Sea Ice Extent Sinks to Record Lows at Both Poles.
https://www.nasa.gov/feature/goddard/2017/sea-ice-extent-sinks-to-record-lows-at-both-poles

이어지는 지구촌 고온현상, 온난기(Warm period) 접어들었나?
* Florian Sévellec, Sybren S. Drijfhout. A novel probabilistic forecast system predicting anomalously warm 2018-2022 reinforcing the long-term global warming trend. Nature Communications, 2018; 9 (1) DOI: 10.1038/s41467-018-05442-8

기후의 경고 7 | 소가 트림을 하지 못하게 하라

담요(Blanket)인가? 태닝 오일(Tanning oil)인가?
* Donohoe, A., K. Armour, A. G. endergrass, D. S. Battisti. 2014: Shortwave and longwave radiative contributions to global warming under increasing CO2. Proceedings of the National Academy of Sciences, DOI: 10.1073/pnas.1412190111 <도움말> 임이석(피부과 전문의)

마취가스 때문에 잠자는 동안 지구는 뜨거워진다
* Susan M. Ryan and Claus J. Nielsen, 2010: Global warming potential of inhaled anesthetics: application to clinical use. Anesth. Analg., 111(1), 92-98, DOI:10.1213/ANE.0b013e3181e058d7
* M. P. Sulbaek Andersen, S. P. Sander , O. J. Nielsen, D. S. Wagner, T. J. Sanford Jr and T. J. Wallington, 2010: Inhalation anaesthetics and climate change. British Journal of Anaesthesia, 105(6), 760-766, DOI:10.1093/bja/aeq259
* Martin K. Vollmer, Tae Siek Rhee, Matt Rigby, Doris Hofstetter, Matthias Hill, Fabian Schoenenberger, Stefan Reimann. 2015: Modern inhalation anesthetics: Potent greenhouse gases in the global atmosphere. Geophysical Research Letters, 42 (5), DOI:10.1002/2014GL062785
* George Mychaskiw II, 2012: Anesthesia and global warming: the real hazards of theoretic science. Medical Gas Research, 2:7, DOI:10.1186/2045-9912-2-7

바이오 연료는 온실가스 감축 효과가 있나?
* 환경부, 2014: 국가 온실가스 감축목표 달성을 위한 로드맵, 118pp.
* John M. DeCicco, 2015: The liquid carbon challenge: evolving views on transportation fuels and climate. Wiley Interdisciplinary Reviews: Energy and Environment, DOI:10.1002.wene.133
* John M. DeCicco, 2013: Biofuel's carbon balance: doubts, certainties and implications, Climate Change, 121:801-814, DOI:10.1007/s10584-013-0927-9
* Timothy Searchinger, Ralph Heimlich, R. A. Houghton, Fengxia Dong, Amani Elobeid, Jacinto Fabiosa, Simla Tokgoz, Dermot Hayes, Tun-Hsiang Yu, 2008: Use of U.S. Croplands for BiofuelsIncreases Greenhouse Gases Through Emissions from Land-Use Change. Science, DOI: 10.1126/science.1151861
* European Commission, 2014:JRC Science and Policy Report. EU renewable energy targets in 2020: Revised analysis of scenarios for transport fuels, 94pp.

온실가스 감축 실패… 최악의 시나리오 따라가나
* NOAA, Greenhouse gas benchmark reached.
http://research.noaa.gov/News/NewsArchive/LatestNews/TabId/684/ArtMID/1768/ArticleID/11153/Greenhouse-gas-benchmark-reached-.aspx
* UCSD Scripps Institution of Oceanography, The Keeling Curve.
https://scripps.ucsd.edu/programs/keelingcurve/
* Global Carbon Project, 2014: Global Carbon Budget 2014.

영구동토 메탄… 아직 대량 방출은 안됐다
* Chang, R., C. Miller, S. Dinardo, A. Karion, C. Sweeney, B. Daube, J. Henderson, M. Mountain, J. Eluszkiewicz, J. Miller, L. Bruhwiler and S. Wofsy. 2014: Methane emissions from Alaska in 2012 from

CARVE airborne observations. Proceedings of the National Academy of Sciences, DOI: 10.1073/pnas.1412953111.
* Köhler, P., G. Knorr, E. Bard, 2014 : Permafrost thawing as a possible source of abrupt carbon release at the onset of the Bølling/Allerød. Nature Communications, DOI:10.1038/ncomms6520.
* International Permafrost Association(http://ipa.arcticportal.org/resources/)

소가 트림을 하지 못하게 하라

* Alexander N. Hristov, Joonpyo Oh, Fabio Giallongo, Tyler W. Frederick, Michael T. Harper, Holley L. Weeks, Antonio F. Branco, Peter J. Moate, Matthew H. Deighton, S. Richard O. Williams, Maik Kindermann, Stephane Duval, 2015: An inhibitor persistently decreased enteric methane emission from dairy cows with no negative effect on milk production. Proceedings of the National Academy of Sciences, DOI:10.1073/pnas.1504124112
* Yasuo Kobayashi, 2010: Abatement of methane production from ruminants: Trends in the manipulation of rumen fermentation. Asian-Aust. J. Amin. Sci., Vol. 23, N0. 3 : 410-416

흰개미에게 '메탄세'를 물릴 수는 없지 않은가

* Akihiko Ito, Yasunori Tohjima, Takuya Saito, Taku Umezawa, Tomohiro Hajima, Ryuichi Hirata, Makoto Saito, Yukio Terao, 2019 : Methane budget of East Asia, 1990-2015: A bottom-up evaluation, Science of the Total Environment, 676, 40-52
https://doi.org/10.1016/j.scitotenv.2019.04.263

온난화 억제 목표 2℃ 달성하려면 화석연료 땅 속에 그대로 둬야

* Christophe McGlade, Paul Ekins, 2015: The geographical distribution of fossil fuels unused when limiting global warming to 2°C. Nature, 517 (7533): 187 DOI: 10.1038/nature14016

신음하는 아마존, 이산화탄소 흡수보다 배출이 더 많다?

* R. J. W. Brienen et al, 2015: Long-term decline of the Amazon carbon sink. Nature, DOI:10.1038/nature14283
* Christopher E. Doughty et al,2015: Drought impact on forest carbon dynamics and fluxes in Amazonia. Nature, DOI:10.1038/nature14213

온실가스 주범으로 지목된 '인류 최고의 재료, 플라스틱'

* Geyer, R., Jambeck, J. R. & Law, K. 2017: Plastics. Production, use, and fate of all plastics ever made. Science Advances, 2017;3:e1700782
* Jiajia Zheng, Sangwon Suh, 2019: Strategies to reduce the global carbon footprint of plastics, Nature Climate Change, DOI:10.1038/s41558-019-0459-z

기후의 경고 8 | 적도를 떠나는 물고기

기후변화, 기생충 다시 불러오나

* Andrea Mignatti, Brian Boag, Isabella M. Cattadori, 2016: Host immunity shapes the impact of climate changes on the dynamics of parasite infections. Proceedings of the National Academy of Sciences, doi:10.1073/pnas.1501193113
* M. Anouk Goedknegt, Nennifer E. Welsh, Jan Drent, David W. Thieltgs, 2015: Climate change and parasite transmission: how temperature affects parasite infectivity via predation on infective stages. Ecosphere, 6(6):96, http://dx.doi.org/10.1890/ES15-00016.1

지구온난화, 토종생물에 독이 되나?

* Fey, S.-B. and C._M. Herren, 2014 : Temperature-mediated biotic interaction influence enemy release of nonnative species in warming environment, Ecology 95(8), 2246-2256.
* EurekAiert, 2014 : Climate warming may have unexpected impact on invasive species, Dartmouth study finds. 7 Aug. 2014
* Suding, K.-N., K.-D. LeJeune and T.-R. Seastedt, 2004 : Competitive impacts and responses of an

invasive weed: Dependencies on nitrogen and phosphorus availability, Oecologia 141, 526-535.
* Thakur, M.-P, P.-B. Reich, W._C. Eddy, A. Stefansky, R. Rich, S. Hohhie and N. Eisenhauer, 2014 : Some Plants like it warmer : Increased growth of three selected invasive plant species in soil with a history of experimental warming, J. Soil Ecology 57, 57-60.
* Bradley B.-A., M. Oppenheimer, and D. Wilove, 2009 : Climate change and plant invasions: restoration opportunities ahead?, Global Change Biology 15, 1511-1521, doi:10.1111/j.1365-2486.2008.01814.x
* Dennison, P.E., S.C. Brewer, J.D. Arnold, and M.A. Moritz, 2014 : Large wildfire trends in the western United States, 1984-2011, Geophys. Res. Lett. 41, 2928-2933,doi:10.1002/2014GL059576

도롱뇽이 급격하게 작아지는 이유는?

* Caruso, N., M. Sears, D. Adams and K. Lips, 2014: Widespread rapid reductions in body size of adult salamanders in response to climate change. Global Change Biology 20, 1751-1759, doi:10.111/gcb.12550.
* Daufresne, M, K. Lengfellner and U. Sommer, 2009: Global warming benefits the small in aquatic ecosystems. Proceedings of the National Academy of Sciences 106, 12788-12793.
* Gardner. J., A. Peters, M. Kearney, L. Joseph and R. Heinsohn, 2011: Declining body size: a third universal response to warming? Trends in Ecology and Evolution 26, 285-291.
* Kingsolver, J and R. Huey, 2008: Size, temperature, and fitness: three rules. Evolutionary Ecology Research 10, 251-268.
* Sheridan J., and D. Bickford, 2011:Shrinking body size as an ecological response to climate change. Nature Climate Change. doi:101038/nclimate1259.
* University of Michigan, 2013: Global warming led to dwarfism in mammals - twice. http://www.ns.umich.edu/new/releases/21789-global-warming-led-to-dwarfism-in-mammals-twice

'적자생존'… 도마뱀의 적응

* Logan, M., R. Cox, and R. Calsbeek, 2014: Natural selection on thermal performance in a novel thermal environment. Proceedings of the National Academy of Sciences. 111, 14165-14169. doi 10.1073/pnas.1404885111

1만 년대를 이어온 석회동굴 송사리… 멸종 위기

* Hausner, M., K. Wilson, D. Gaines, F. Suarez, G. Scoppettone, and S. Tyler, 2014: Life in a fishbowl: Prospects for the endangered Devils Hole pupfish (Cyprinodon diabolis) in a changing climate. Water Resources Research 50, 7020-7034, doi: 10.1002/2014WR015511.
* University of Nevada, Reno. "Climate change puts endangered Devils Hole pupfish at risk of extinction" http://www.unr.edu/nevada-today/news/2014/devils-hole-pupfish
* Death Valley National park services, http://www.nps.gov/deva/naturescience/devils-hole.htm

적도를 떠나는 물고기

* Poloczanska, E.-S. et al, 2013:Global imprint of climate change on marine life, Nature Climate Change. doi: 10.1038/nclimate1958
* Jones, M. and W. Cheung, 2014: Multi-model ensemble projections of climate change effects on global marine biodiversity. ICES Journal of Marine Science, doi: 10.1093/icesjms/fsu172.

사라지는 바다표범의 보호막

* Erin Christine Pettit, Kevin Michael Lee, Joel Palmer Brann, Jeffrey Aaron Nystuen, Preston Scot Wilson, Shad O'Neel.Unusually Loud Ambient Noise in Tidewater Glacier Fjords: A Signal of Ice Melt. Geophysical Research Letters, 2015; DOI:10.1002/2014GL062950
* Jamie N. Womble, Grey W. Pendleton, Elizabeth A. Mathews, Gail M. Blundell, Natalie M. Bool and Scott M. Gende, 2010 : Harbor seal (Phoca vitulina richardii) decline continues in the rapidly changing landscape of Glacier Bay National Park, Alaska 1992–2008, Marine Mammal Science, DOI: 10.1111/j.1748-7692.2009.00360

다람쥐가 산 정상을 향해 올라가는 이유는?

* Benjamin G. Freeman, Julie A. Lee-Yaw, Jennifer M. Sunday, Anna L. Hargreaves, Expanding, shifting

and shrinking: The impact of global warming on species' elevational distributions, Global Ecology and Biogeography, 2018;DOI:10.1111/geb.12774

나비가 급격하게 사라진다. 연평균 2%씩 21년 동안 1/3 사라져
* Tyson Wepprich, Jeffrey R. Adrion, Leslie Ries, Jerome Wiedmann, Nick M. Haddad, Butterfly abundance declines over 20 years of systematic monitoring in Ohio, USA. PLOS ONE, 2019;14(7):e0216270
* Emily B. Dennis, Byron J.T. Morgan, David B. Roy and Tom M. Brereton, 2017: Urban indicators for UK butterflies, Ecological Indicators, 76, 184-193 http://dx.doi.org/10.1016/j.ecolind.2017.01.009
* Sei-Woong Choi, Sung-Soo Kim, Tae-Sung Kwon and Haechul Park, 2017: Significant decrease in local butterfly community during the last 15 years in a calcareous hill of the middle Korea. Entomological Research. doi:10.1111/1748-5967.12225

기후의 경고 9 | 기후변화… 사회갈등 부추기나?

기아(Hunger)인구 10% 이상 늘어날 수 있다
* Tomoko Hasegawa, Shinichiro Fujimori, Yonghee Shin, Akemi Tanaka, Kiyoshi Takahashi, Toshihiko Masui. 2015: Consequence of Climate Mitigation on the Risk of Hunger. Environmental Science & Technology, DOI:10.1021/es5051748

기후변화… 사회갈등 부추기나?
* Adam W. Schneider, Selim F. Adali 2014: "No harvest was reaped": demographic and climatic factors in the decline of the Neo-Assyrian Empire. Climatic Change, DOI:10.1007/s10584-014-1269-y
* S. Riehl, K. E. Pustovoytov, H. Weippert, S. Klett, F. Hole, 2014: Drought stress variability in ancient Near Eastern agricultural systems evidenced by in barley grain. Proceedings of the National Academy of Sciences, DOI:10.1073/pnas.1409516111
* Colin P. Kelley, Shahrzad Mohtao야, Mark A. Cane, Richard Seager, and Yochanan Kushnir, 2015 : Climate change in the Fertile Crescent and Implications of the recent Syrian drought. Proceedings of the National Academy of Sciences, DOI:10.1073/pnas.1421533112

식량안보 위협하는 기후변화… 생산량 얼마나 줄어들까?
* dpa, UN agency: After years of decline, world hunger is increasing. 3 July 2017
* Zhao, C., Liu, B., Piao, S., Wang, X., Lobell, D., Huang, Y., Huang, M., Yao, Y., Bassu, S., Ciais, P., Durand, J.-L., Elliott, L., Ewert, F., Janssens, I., Li, T., Lin, E., Liu, Q., Martre, P., Müller, C., Peng, S., Peñuelas, J., Ruane, A., Wallach, D., Wang, T., Wu, D., Liu, Z., Zhu, Y., Zhu, Z., Asseng, S. 2017. Temperature increase reduces global yields of major crops in four independent estimates. Proceedings of the National Academy of Sciences.

불공평한 기후변화… 가난한 나라에 더욱 혹독한 폭염이 몰려온다
* Sebastian Bathiany, Vasilis Dakos, Marten Scheffer, Timothy M. Lenton. Climate models predict increasing temperature variability in poor countries. Science Advances, 2018; 4 (5): eaar5809 DOI: 10.1126/sciadv.aar5809

온난화로 왕성해지는 해충의 식욕과 번식력, 식량안보를 위협한다
* Zhao, C., Liu, B., Piao, S., Wang, X., Lobell, D., Huang, Y., Huang, M., Yao, Y., Bassu, S., Ciais, P., Durand, J.-L., Elliott, L., Ewert, F., Janssens, I., Li, T., Lin, E., Liu, Q., Martre, P., Müller, C., Peng, S., Peñuelas, J., Ruane, A., Wallach, D., Wang, T., Wu, D., Liu, Z., Zhu, Y., Zhu, Z., Asseng, S. 2017. Temperature increase reduces global yields of major crops in four independent estimates. Proceedings of the National Academy of Sciences.
* Curtis A. Deutsch, Joshua J. Tewksbury, Michelle Tigchelaar, David S. Battisti, Scott C. Merrill, Raymond B. Huey, Rosamond L. Naylor. .,2018DOI:10.1126/science.aat3466

기후변화, 정신건강 위협… 저소득 여성, 고소득 남성보다 2배 더 위험

* Nick Obradovich, Robyn Migliorini, Martin P. Paulus, and Iyad Rahwan, 2018: Empirical evidence of mental health risks posed by climate change, Proceedings of the National Academy of Sciences, http://www.pnas.org/cgi/doi/10.1073/pnas.1801528115

지구를 구하는데 '부자들의 자비'를 기대할 수는 없는 것일까?
* Julian Vicens, Nereida Bueno-Guerra, Mario Gutiérrez-Roig, Carlos Gracia-Lázaro, Jesús Gómez-Gardeñes, Josep Perelló, Angel Sánchez, Yamir Moreno, Jordi Duch, (2018) Resource heterogeneity leads to unjust effort distribution in climate change mitigation. PLoS ONE 13(10):e0204369 https://doi.org/10.1371/journal.pone.0204369
* Magda Osman, Jie-Yu LV & Michael J. Proulx (2018): Can Empathy Promote Cooperation When Status and Money Matter?, Basic and Applied Social Psychology, DOI:10.1080/01973533.2018.1463225 https://doi.org/10.1080/01973533.2018.1463225

급증하는 상품 소비가 '미세먼지 불평등'을 강화한다면?
* Christopher W. Tessum, Joshua S. Apte, Andrew L. Goodkind, Nicholas Z. Muller, Kimberley A. Mullins, David A. Paolella, Stephen Polasky, Nathaniel P. Springer, Sumil K. Thakrar, Julian D. Marshall, and Jason D. Hill, 2019: Inequity in consumption of goods and services adds to racial–ethnic disparities in air pollution exposure, Proceedings of National Academy of Sciences, DOI: 10.1073/pnas.1818859116

미세먼지로 인한 사망률 지역에 따라 천차만별
* Honghyok Kim, Hyomi Kim, Jong-Tae Lee, Spatial variation in lag structure in the short-term effects of air pollution on   mortality in seven major South Korean cities, 2006–2013, Environment International, 125(2019), 595-605

빈곤도, 스모그도 민주적이지 않다. 취약 계층, 발암물질에 더 많이 노출
* Jeong-Il Park and Hye-Seon Kwon, Examining the Association between Socioeconomic Status and Exposure to Carcinogenic Emissions in Gyeonggi of South Korea: A Multi-Level Analysis. Sustainability, 2019, 11, 1777; doi:10.3390/su11061777

기후의 경고 10 | 6차 대멸종이 시작됐다. 그 원인은 인간

1945년 첫 핵실험과 함께 등장한 새로운 지질시대, '인류세(Anthropocene)'
* Paul J. Crutzen and Eugene F. Stoermer, 2000: The 'Anthropocene'. IGBP Newsletter 41:12.
* IGBP, 2010; The Anthropocene : Have we entered the "Anthropocene"? Global Change. http://www.igbp.net/news/opinion/opinion/ haveweenteredtheanthropocene.5.d8b4c3c12bf3be638a8000578.html
* Paul J. Crutzen, 2002: Geology of mankind-The Anthropocene, Nature 415:23.
* Jan Zalasiewicz, Colin N. Waters, Mark Williams, Anthony D. Barnosky, Alejandro Cearreta, Paul Crutzen, Erle Ellis, Michael A. Ellis, Ian J. Fairchild, Jacques Grinevald, Peter K. Haff, Irka Hajdas, Reinhold Leinfelder, John McNeill, Eric O. Odada, Clement Poirier, Daniel Richter, Will Steffen, Colin Summerhayes, James P.M. Syvitski, Davor Vidas, Michael Wagreich, Scott L. Wing, Alexander P. Wolfe, An Zhisheng, Naomi Oreskes, 2015: When did the Anthropocene begin? A mid-twentieth century boundary level is stratigraphically optimal. Quaternary International. http://www.sciencedirect.com/science/article/pii/S1040618214009136
* Will Steffen, Wendy Broadgate, Lisa Deutsch, Owen Gaffney, and Cornelia Ludwig, 2015 : The trajectory of the Anthropocene: The Great Acceleration. The Anthropocene Review, DOI:10.1177/2053019614564785

야크가 티베트 정상을 향해 올라가는 이유
* Joel Berger, George B. Schaller, Ellen Cheng, Aili Kang, Michael Krebs, Lishu Li, Mark Hebblewhite, 2015: Legacies of Past Exploitation and Climate affect Mammalian Sexes Differently on the Roof of the World - The Case of Wild Yaks. Scientific Reports, DOI:10.1038/srep08676

해양 생태계… 붕괴엔 수십 년, 회복엔 수천 년
* Takuya Nakanowatari, Kay I. Ohshima and Masaaki Wakatsuchi, 20107: Warming and oxygen decrease of intermediate water in the northwestern North Pacific, originating from the Sea of Okhotsk, 1955-2004. Geophysical Research Letters, DOI: 10.1029/2006GL028243
* Sarah G Purkey and Gregory C. Johnson, 2010: Warming of Global Abyssal and Deep Southern Ocean Waters between the 1990s and 2000s: Contributions to Global Heat and Sea Level Rise Budgets, Journal of Climate. DOI:10.1175/2010JCLI3682.1
* Sarah E. Moffitt, Tessa M. Hill, Peter D. Roopnarine, and James P. Kennett, 2015: Response of seafloor ecosystems to abrupt global climate change. PNAS, DOI:10.1073/pnas.1417130112

빠르게 진행되는 해양산성화… 대멸종 부르나
* M. O. Clarkson, S. A. Kasemann, R. A. Wood, T. M. Lenton, S. J. Daines, S. Richoz, F. Ohnemueller, A. Meixner, S. W. Poulton, E. T. Tipper. 2015: Ocean acidification and the Permo-Triassic mass extinction. Science, DOI:10.1126/science.aaa0193
* James C. Orr et al., 2005: Anthropogenic ocean acidification over the twenty-first century and its impact on calcifying organisms. Nature, DOI: 10.1038/nature04095

2100년 생물 6종 가운데 1종 멸종, 취약 지역은?
* M. C. Urban, 2015: Accelerating extinction risk from climate change. Science, DOI:10.1126/science.aaa4984
* Seth Finnegan, Sean C. Anderson, Paul G. Harnik, Carl Simpson, Derek P. Tittensor, Jarrett E. Byrnes, Zoe V. Finkel, David R. Lindberg, Lee Hsiang Liow, Rowan Lockwood, Heike K. Lotze, Craig R. McClain, Jenny L. McGuire, Aaron O'Dea, and John M. Pandolfi, 2015: Paleontological baselines for evaluating extinction risk in the modern oceans. Science, DOI:10.1126/science.aaa6635

지구온난화 때문에 식물이 자랄 수 있는 시간이 사라진다
* Camilo Mora , Iain R. Caldwell, Jamie M. Caldwell, Micah R. Fisher, Brandon M. Genco, Steven W. Running. 2015: Suitable Days for Plant Growth Disappear under Projected Climate Change: Potential Human and Biotic Vulnerability. PLOS Biology, June 10, DOI:10.1371/journal.pbio.1002167

현실로 바짝 다가선 인공식물
* Eva M. Nichols, Joseph J. Gallagher, Chong Liu, Yude Su, Joaquin Resasco, Yi Yu, Yujie Sun, Peidong Yang, Michelle C. Y. Chang, Christopher J. hang.Hybrid bioinorganic approach to solar-to-chemical conversion.Proceedings of the National Academy of Sciences, 2015; 201508075 DOI:10.1073/pnas.1508075112

6차 대멸종이 시작됐다. 그 원인은 인간
* Gerardo Ceballos, Paul R. Ehrlich, Anthony D. Barnosky, Andrés García, Robert M. Pringle and Todd M. Palmer. 2015: Accelerated modern human–induced species losses: Entering the sixth mass extinction. Science Advances, DOI: 10.1126/sciadv.1400253

도미노 멸종을 부르는 온난화… 기온 5~6℃ 상승하면 생태계 전멸할 수도
* Giovanni Strona, Corey J. A. Bradshaw. Co-extinctions annihilate planetary life during extreme environmental change. Scientific Reports, 2018; 8 (1) DOI: 10.1038/s41598-018-35068-1

2100년 한반도 기온 최대 7℃ 상승
* 기상청, 2021: 한반도 기후위기 탄소중립 없이는 벗어날 수 없다(2021.1.18)

시그널, 기후의 경고(개정증보판)

초판 1쇄	2017년 8월 10일
초판 4쇄	2018년 12월 28일
개정증보판 2쇄	2022년 9월 21일
지은이	안영인
펴낸곳	엔자임헬스 주식회사
펴낸이	김동석
기획	유혜미
디자인	송하현·이아름·안수지·오효현·김보름
경영지원	이현선·이설환
홍보	김민정

등록	2008년 7월 29일(제301-2008-143호)
주소	서울특별시 종로구 자하문로 52
전화	02.318.5840
팩스	02.318.5841
홈페이지	www.enzaim.co.kr
포스트	post.naver.com/enzaims
ISBN	979-11-952401-8-0